기출의 파급효과

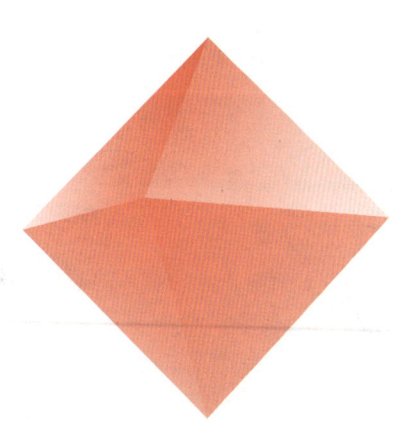

과탐 영역

생명과학 I (상)

해설

생명과학 I (상)

해설

빠른 정답

UNIT 1

문항번호	정 답	문항번호	정 답	문항번호	정 답	문항번호	정 답	문항번호	정 답
1	ㄱ, ㄴ, ㄷ	2	ㄱ, ㄴ, ㄷ	3	ㄱ, ㄴ, ㄷ	4	ㄱ, ㄴ, ㄷ	5	ㄱ, ㄴ, ㄷ
6	ㄴ	7	ㄴ, ㄷ	8	ㄱ, ㄴ	9	ㄱ, ㄴ, ㄷ	10	ㄱ
11	ㄱ	12	ㄴ, ㄷ	13	ㄷ	14	ㄱ, ㄴ	15	ㄱ

UNIT 2 – PART 1

문항번호	정 답	문항번호	정 답	문항번호	정 답	문항번호	정 답	문항번호	정 답
1	ㄴ, ㄷ	2	ㄱ, ㄴ, ㄷ	3	ㄴ, ㄷ	4	ㄱ, ㄴ	5	ㄱ, ㄴ, ㄷ
6	ㄱ, ㄴ	7	ㄱ, ㄴ, ㄷ	8	ㄴ				

– PART 2

문항번호	정 답	문항번호	정 답	문항번호	정 답	문항번호	정 답	문항번호	정 답
1	ㄱ, ㄴ, ㄷ	2	ㄱ, ㄴ	3	ㄱ, ㄴ, ㄷ	4	ㄴ, ㄷ	5	ㄱ, ㄴ
6	ㄱ, ㄴ, ㄷ	7	ㄱ, ㄴ, ㄷ	8	ㄱ, ㄷ	9	ㄱ, ㄴ, ㄷ	10	ㄱ, ㄴ, ㄷ
11	ㄱ, ㄴ								

UNIT 3 – PART 1

문항번호	정 답	문항번호	정 답	문항번호	정 답	문항번호	정 답	문항번호	정 답
1	ㄱ	2	ㄱ	3	ㄱ, ㄷ	4	ㄱ, ㄷ	5	ㄱ
6	ㄱ, ㄴ, ㄷ	7	ㄱ, ㄴ	8	ㄱ, ㄷ	9	ㄴ	10	ㄴ, ㄷ
11	ㄱ, ㄷ	12	ㄱ, ㄴ	13	ㄱ, ㄴ	14	ㄷ	15	ㄱ
16	ㄱ	17	ㄱ, ㄷ	18	ㄱ, ㄷ	19	ㄱ, ㄴ	20	ㄴ, ㄷ
21	ㄷ	22	ㄱ	23	ㄴ				

– PART 2

문항번호	정답	문항번호	정답	문항번호	정답	문항번호	정답	문항번호	정답
1	ㄱ	2	ㄱ	3	ㄱ, ㄷ	4	ㄱ, ㄴ	5	ㄱ, ㄴ
6	ㄴ	7	ㄱ	8	ㄱ, ㄴ	9	ㄴ, ㄷ	10	ㄴ, ㄷ
11	ㄱ, ㄴ, ㄷ	12	ㄴ	13	ㄱ	14	ㄴ	15	ㄴ
16	ㄱ	17	ㄱ, ㄴ, ㄷ	18	ㄱ, ㄷ	19	ㄱ, ㄷ	20	ㄴ, ㄷ
21	ㄱ	22	ㄱ, ㄷ	23	ㄱ, ㄴ, ㄷ	24	ㄴ	25	ㄴ, ㄷ

– PART 3

문항번호	정답	문항번호	정답	문항번호	정답	문항번호	정답	문항번호	정답
1	ㄱ, ㄴ	2	ㄱ, ㄴ	3	ㄱ	4	ㄴ, ㄷ	5	ㄱ, ㄴ
6	ㄱ	7	ㄱ, ㄷ	8	ㄱ	9	ㄱ	10	ㄱ
11	ㄱ, ㄴ	12	ㄴ, ㄷ	13	ㄱ	14	ㄱ, ㄷ	15	ㄱ, ㄴ, ㄷ

– PART 4

문항번호	정답	문항번호	정답	문항번호	정답	문항번호	정답	문항번호	정답
1	ㄱ, ㄴ	2	ㄱ, ㄴ, ㄷ	3	ㄱ, ㄴ	4	ㄴ	5	ㄱ, ㄷ
6	ㄱ, ㄷ	7	ㄴ	8	ㄱ, ㄴ	9	ㄱ, ㄴ	10	ㄱ, ㄴ
11	ㄱ	12	ㄱ	13	ㄴ, ㄷ	14	ㄱ, ㄷ	15	ㄱ, ㄴ
16	ㄴ, ㄷ	17	ㄱ	18	ㄷ	19	ㄱ, ㄴ, ㄷ	20	ㄱ
21	ㄱ, ㄷ	22	ㄱ, ㄴ	23	ㄱ, ㄴ, ㄷ	24	ㄱ	25	ㄱ
26	ㄷ	27	ㄱ	28	ㄴ	29	ㄴ, ㄷ	30	ㄱ
31	ㄴ, ㄷ	32	ㄱ	33	ㄴ				

– PART 5

문항번호	정답	문항번호	정답	문항번호	정답	문항번호	정답	문항번호	정답
1	ㄷ	2	ㄴ, ㄷ	3	ㄷ	4	ㄱ, ㄴ, ㄷ	5	ㄷ
6	ㄴ, ㄷ	7	ㄴ, ㄷ	8	ㄱ, ㄷ	9	ㄱ	10	ㄴ, ㄷ
11	ㄴ, ㄷ	12	ㄴ, ㄷ	13	ㄱ	14	ㄴ, ㄷ	15	ㄴ, ㄷ
16	ㄴ, ㄷ	17	ㄴ, ㄷ	18	ㄱ	19	ㄱ, ㄴ, ㄷ	20	ㄴ, ㄷ
21	ㄱ, ㄴ	22	ㄱ, ㄷ	23	ㄱ, ㄴ, ㄷ	24	④	25	ㄴ, ㄷ
26	ㄴ	27	ㄱ, ㄴ, ㄷ	28	22	29	ㄱ, ㄷ	30	ㄷ
31	ㄱ, ㄴ	32	ㄱ, ㄴ, ㄷ	33	ㄱ, ㄴ	34	ㄴ, ㄷ		

Unit

01

생명과학의 이해

01 해설

01 2022학년도 6월 평가원 1번

정답 : ㄱ, ㄴ, ㄷ

(가)에서 높아진 포도당 농도를 낮추기 위해 인슐린이 분비되는 것은 항상성의 예시, (나)에서 짚신벌레가 번식하는 것은 생식과 유전의 예시, (다)에서 고산 지대에 사는 사람들이 적혈구가 많도록 진화한 것은 적응과 진화의 예시에 해당한다.

→ ㄴ 정답

ㄱ. 인슐린은 β세포에서 분비된다. (○)

ㄷ. 더운 환경에 맞춰 큰 귀를 갖도록 진화한 것은 적응과 진화의 예시이다. (○)

02 2022학년도 수능 1번

정답 : ㄱ, ㄴ, ㄷ

ㄱ. (가)에서 벌새의 날개 구조가 서식 환경과 먹이에 맞춰 적합한 형태를 지니는 것은 '적응과 진화'의 예다. (○)

ㄴ. (나)에서 벌새가 먹이를 섭취하여 활동에 필요한 에너지를 얻는 과정에서 물질대사가 일어난다. (○)

ㄷ. 세포분열에 의해 개구리알이 올챙이를 거쳐 개구리가 되는 과정은 '발생과 생장'의 예다. (○)

03 2023학년도 6월 평가원 1번

정답 : ㄱ, ㄴ, ㄷ

ㄱ. 짝짓기 후 알을 낳는 것은 생물의 특성 중 생식과 유전의 예에 해당하며, 이때 유전 물질이 자손에게 전달된다. (○)

ㄴ. 물질대사는 생물체에서 일어나는 모든 화학 반응이므로 애벌레가 ATP를 분해하고 빛을 내는 과정에서 물질대사가 일어난다. (○)

ㄷ. 애벌레가 덫에 걸린 먹이의 움직임을 감지하여 실을 끌어 올리는 것은 자극에 대한 반응의 예에 해당한다. (○)

04 2023학년도 9월 평가원 1번

정답 : ㄱ, ㄴ, ㄷ

ㄱ. 세균은 섬유소 분해 효소를 이용하여 섬유소를 분해할 수 있으므로 ㉠에 효소가 이용된다. (○)

ㄴ. 생물은 환경에 적응해 나가는 적응과 진화의 특징을 갖는다. 생물인 소는 되새김질이라는 소화 과정에 적합한 구조의 소화 기관을 가지므로 ㉡은 적응과 진화의 예에 해당한다. (○)

ㄷ. 소는 세균의 대사산물을 에너지원으로 이용하고, 세균은 소를 통해 먹이와 공간을 제공받는다. 따라서 소는 세균과의 상호 작용을 통해 이익을 얻는다. (○)

05 2023학년도 수능 1번

정답 : ㄱ, ㄴ, ㄷ

ㄱ. 발생과 생장 과정에서는 세포 분열이 일어난다. (○)

ㄴ. 세포에서는 지속해서 한 물질이 다른 물질로 전환되는 물질대사가 일어난다. (○)

ㄷ. 해파리의 촉수에 물체가 닿는 자극이 주어지면 독이 분비되는 반응이 일어나므로 ⓒ은 자극에 대한 반응의 예에 해당한다. (○)

06 2021학년도 6월 평가원 20번

정답 : ㄴ

이 문제처럼 탐구 방법이 자료 해석과 관련해 출제되는 경우도 있다.

자료 해석 문항이지만 그래프만 보면 풀리는 매우 쉬운 문항이다.

ㄱ. 생존 개체 수는 측정되는 결과이므로 종속변인이다. 이 실험에서는 먹이의 양이 조작변인이다. (X)

ㄴ. 그래프를 보면 I구간에서 B보다 A의 개체수가 더 줄었으므로 A의 개체가 더 많이 사망했다. (○)

ㄷ. 그래프 상에서 50마리에 해당하는 시간이 A가 B보다 짧음을 확인할 수 있다. (X)

07 2021학년도 9월 평가원 1번

정답 : ㄴ, ㄷ

(가)에서 가설을 확인할 수 있으므로 연역적 탐구 방법에 해당한다.

→ ㄴ 정답

결론에 따르면 환경과 털색이 비슷하면 포식자에게 공격을 덜 받는다.

A에서는 흰색 생쥐가 공격을 덜 받았고, B에서는 갈색 생쥐가 공격을 덜 받았으므로

A는 흰색 모래 지역, B는 갈색 모래 지역이다.

→ ㄱ 오답

ㄷ. ⓐ는 적응과 진화에 해당한다. (○)

08 2022학년도 6월 평가원 20번

정답 : ㄱ, ㄴ

(가)에서 가설을 확인할 수 있으므로 연역적 탐구 방법이다.

→ ㄴ 정답

결론에 따르면 A가 P를 뜯어 먹으면 가시가 많아지므로 I에서보다 가시의 수가 적은 II에서 A의 접근을 차단했음을 알 수 있다. 그러므로 II는 ㉠, I은 ㉡이다.

→ ㄱ 정답

ㄷ. P의 가시의 수는 측정되는 값이므로 종속변인이다. (X)

09 2021년 7월 교육청 7번

정답 : ㄱ, ㄴ, ㄷ

(가)에서 탐구를 수행했고, (나)에서 탐구 결과를 확인했고, (다)에서 관찰을 통해 문제를 인식했고, (라)에서 가설을 설정했으므로 (다)→(라)→(가)→(나) 순으로 탐구가 진행됐음을 알 수 있다.

→ ㄷ 정답

ㄱ. 수국의 꽃 색깔은 관찰되는 결과이므로 종속변인이다. (O)
ㄴ. (라)에서 가설을 설정했으므로 연역적 탐구 방법이다. (O)

10 2022학년도 9월 평가원 3번

정답 : ㄱ

(가)에서 가설이 설정됐으므로 연역적 탐구 방법이다.

→ ㄱ 정답

결론에 따르면 같은 종류의 먹이를 먹고 자란 개체 사이의 짝짓기 빈도가 높으므로
I는 ㉠, II는 ㉡이다.

→ ㄷ 오답

짝짓기 빈도는 탐구 결과 측정된 값이므로 종속변인이다.

→ ㄴ 오답

11 2022년 3월 교육청 2번

정답 : ㄱ

ㄱ. 대조실험이 수행되었다. (○)

ㄴ. 아스피린의 처리 여부는 조작변인이다. (X)

ㄷ. 아스피린이 X의 생성을 억제한다고 결론을 내렸으므로 아스피린 처리를 한 집단은 ⓒ이다. (X)

12 2023학년도 9월 평가원 20번

정답 : ㄴ, ㄷ

(라)에서 X가 수컷 개구리의 생식 기관에 기형을 유발한다는 결론을 내렸고, (다)에서 비정상적인 생식 기관을 갖는 개체의 빈도는 ㉠에서가 ㉡에서보다 높으므로 ㉠은 X를 처리한 A, ㉡은 B이다.

ㄱ. ㉠은 X를 처리한 A이다. (X)

ㄴ. (가)에서는 가설 설정 단계가 있고, (나)와 (다)에서는 대조 실험이 이루어졌으므로 이 탐구에서는 연역적 탐구 방법이 이용되었다. (○)

ㄷ. (나)에서 조작 변인은 X의 처리 여부이다. (○)

13 2023학년도 수능 18번

정답 : ㄷ

ㄱ. A와 B 각각으로 이동한 갑오징어 개체의 빈도는 이 실험에서 종속변인이다. (X)

ㄴ. 갑오징어가 A로 이동한 경우가 더 많으므로 먹이의 양은 A에서가 B에서보다 많다. (X)

ㄷ. (마)에서 결론을 내렸으므로 (마)는 탐구 과정 중 결론 도출 단계에 해당한다. (○)

14 2024학년도 수능 1번

정답 : ㄱ, ㄴ

ㄱ. ㉠(잎)은 공변세포, 표피세포 등 다양한 세포로 구성된다. (○)

ㄴ. 'X의 털에 곤충이 닿는 것'은 자극에 해당하고, '잎을 구부려 곤충을 잡는 것'은 반응에 해당하므로 ㉡은 자극에 대한 반응의 예에 해당한다. (○)

ㄷ. X는 곤충을 잡아 영양분을 얻으므로 포식자에 해당하고, 곤충은 피식자에 해당하므로 X와 곤충 사이의 상호 작용은 서로 이익을 얻는 상리 공생에 해당하지 않는다. (X)

15 2024학년도 수능 3번

정답 : ㄱ

ㄱ. (나)에서 수조 I과 II 중 한 수조에만 S를 넣었으므로 S를 넣은 수조는 실험군, S를 넣지 않은 수조는 대조군으로 설정한 대조 실험이 수행되었다. (○)

ㄴ. 이 탐구에서 조작 변인은 S를 넣은 여부이고, 종속변인은 수조에 남아 있는 ㉠의 농도이다. (X)

ㄷ. (라)에서 S가 ㉠을 분해한다는 결론을 내렸고, (다)에서 ㉠의 농도는 I에서가 II에서보다 높았으므로 S를 넣은 수조는 II이다. (X)

Unit

02

사람의 물질대사

01 해설

01 2021학년도 6월 평가원 2번

정답 : ㄴ, ㄷ

ㄱ. ㉠에는 인산기(P)가 두 개만 있으므로 ATP가 아닌 ADP이다. (X)
ㄴ. 미토콘드리아에서 세포호흡이 일어나면 ATP가 형성된다. (O)
ㄷ. 과정 Ⅱ는 ATP에서 인산 결합이 끊어져 ADP가 되는 과정이다. (O)

02 2021학년도 수능 1번

정답 : ㄱ, ㄴ, ㄷ

㉠은 이산화 탄소, ㉡은 암모니아다.

ㄱ. 탄수화물이 포도당으로 분해되는 것은 이화 작용이다. (O)
ㄴ. 이산화 탄소는 호흡계를 통해 배출된다. (O)
ㄷ. 암모니아는 간에서 요소로 전환된 뒤 배설된다. (O)

03 21년 4월 교육청 9번

정답 : ㄴ, ㄷ

질소가 유일하게 포함된 ㉢은 암모니아 이고, ㉠에 탄소가 없는 것으로 보아 ㉠이 물, ㉡이 이산화 탄소이다.

ㄱ. 암모니아가 생성되는 (나)가 단백질이다. (X)
ㄴ. 이산화 탄소는 호흡계를 통해 배출된다. (O)
ㄷ. 간에서 암모니아가 요소로 전환된다. (O)

04 2022학년도 수능 2번

정답 : ㄱ, ㄴ

ㄱ. 아미노산이 합성되어 단백질이 형성되는 것은 동화 작용이다. (O)
ㄴ. 암모니아는 간에서 요소로 전환된다. (O)
ㄷ. 암모니아는 단백질의 세포 호흡 결과 생성된다. (X)

05 2023학년도 6월 평가원 2번

정답 : ㄱ, ㄴ, ㄷ

ⓐ는 O_2, ⓑ는 H_2O이고, ㉠은 ADP, ㉡은 ATP이다.

ㄱ. 세포 호흡을 통해 포도당이 분해되는 과정에서 이화 작용이 일어난다. (○)
ㄴ. 호흡계를 통해 H_2O(ⓑ)은 수증기나 김의 형태로 몸 밖으로 배출된다. (○)
ㄷ. 근육 수축 과정에서 ATP(㉡)에 저장된 에너지가 사용된다. (○)

06 2022년 7월 교육청 17번

정답 : ㄱ, ㄴ

㉠은 포도당, ㉡은 CO_2이다. ATP가 ADP와 무기 인산으로 분해되는 과정(II)은 이화 작용에 해당한다.

ㄱ. ㉠은 포도당이다. (○)
ㄴ. 세포 호흡 시 발생하는 에너지의 일부는 ATP 합성(I)에 사용된다. (○)
ㄷ. 과정 II는 이화 작용에 해당한다. (X)

07 2023년 수능 3번

정답 : ㄱ, ㄴ, ㄷ

㉠은 ATP, ㉡은 ADP이다.

ㄱ. 포도당이 세포 호흡을 통해 물과 이산화 탄소로 분해되는 과정에서 고분자 물질이 저분자 물질로 분해되는 이화 작용이 일어난다. (○)
ㄴ. 미토콘드리아에서는 세포 호흡의 일부가 일어나 ADP가 ATP로 전환된다. (○)
ㄷ. 포도당이 분해되어 생성된 에너지의 일부는 열에너지이며, 이 열에너지는 체온 유지에 사용된다. (○)

08 2020년 10월 교육청 2번

정답 : ㄴ

ㄱ. ㉠은 실험 결과 측정되는 값이니 종속 변인이다. (X)
ㄴ. B에서는 효모에서 생성된 CO_2가 발생한다. (○)
ㄷ. 포도당이 없는 A보다 B에서 기체가 더 많이 생성되므로 B에서가 더 낮다. (X)

02 해설

01 2021학년도 6월 평가원 7번

정답 : ㄱ, ㄴ, ㄷ

ㄱ. A는 배설계, B는 소화계에 대한 설명이다. (○)

ㄴ. 소장은 소화계에 속한다. (○)

ㄷ. 호르몬은 혈액을 통해 전달되므로 순환계를 통해 표적 기관으로 운반된다. (○)

02 2020년 7월 교육청 4번

정답 : ㄱ, ㄴ

A는 배설계, C는 소화계, B는 호흡계이다.
단백질에서만 ㉠이 생성되는 것으로 보아 ㉠이 암모니아, ㉡이 이산화 탄소이다.

ㄱ. 콩팥은 배설계에 속한다. (○)

ㄴ. 암모니아는 질소와 수소로 구성된다. (○)

ㄷ. 호흡계를 통해 이산화 탄소가 체외로 배출된다. (X)

03 2022학년도 9월 평가원 4번

정답 : ㄱ, ㄴ, ㄷ

A는 배설계, B는 신경계에 관한 설명이므로 C는 자동으로 소화계이다.
→ ㄱ 정답

ㄴ. 소화계는 음식물을 분해해 영양소를 흡수한다. (○)

ㄷ. 소화계는 자율 신경의 조절을 받으므로 신경계의 조절을 받는다. (○)

04 2022년 3월 교육청 4번

정답 : ㄴ, ㄷ

오줌을 저장한다 → 방광
순환계에 속한다 → 심장
자율신경과 연결된다 → 심장, 방광, 소장

ㄱ. ㉠은 2이다. (X)

ㄴ. A는 방광이다. (○)

ㄷ. 소장(B)에서 아미노산이 흡수된다. (○)

05 2023학년도 6월 평가원 5번

정답 : ㄱ, ㄴ

㉠은 폐, ㉡은 간, ㉢은 콩팥이다.

ㄱ. 폐로 들어온 산소 중 일부는 순환계에 속하는 혈관을 통해 운반된다. (O)
ㄴ. 암모니아는 간에서 요소로 전환된다. (O)
ㄷ. 콩팥은 배설계에 속한다. (X)

06 2022년 10월 교육청 2번

정답 : ㄱ, ㄴ, ㄷ

A는 소화계, B는 순환계, C는 배설계이다.

ㄱ. 소화계(A)에는 인슐린의 표적 기관인 간이 있다. (O)
ㄴ. 심장은 순환계(B)에 속한다. (O)
ㄷ. 호흡계로 들어온 O_2 중 일부는 순환계(B)를 통해 배설계(C)로 운반된다. (O)

07 2023학년도 수능 4번

정답 : ㄱ, ㄴ, ㄷ

ㄱ. 소화계에서 흡수된 영양소의 일부는 순환계를 통해 폐를 비롯한 다양한 기관으로 운반된다. (O)
ㄴ. 간에서 생성된 노폐물의 일부는 배설계를 통해 몸 밖으로 배출된다. (O)
ㄷ. 호흡계에서는 O_2를 받아들이고 CO_2를 내보내는 기체 교환이 일어난다. (O)

08 2021학년도 9월 평가원 4번

정답 : ㄱ, ㄷ

해설하기 민망할 정도로 매우 쉽다. 그냥 자료만 읽으면 상식으로도 풀 수 있다.

ㄱ. 고혈압은 대사성 질환이다. (O)
ㄴ. 그래프를 통해 B에서가 A에서보다 높음을 알 수 있다. (X)
ㄷ. 상대적으로 혈압이 높은 B가 고혈압 환자, A가 정상인이다. (O)

09 2021학년도 수능 2번

정답 : ㄱ, ㄴ, ㄷ

ㄱ. 왼쪽 표를 통해 정상 체중에 속한다는 것을 알 수 있다. (○)

ㄴ. 오른쪽 그래프를 통해 비만인 사람이 정상 체중인 사람에 비해 고지혈증 비율이 높음을 알 수 있다. (○)

ㄷ. 고지혈증은 대사성 질환에 속한다. (○)

10 2024학년도 수능 5번

정답 : ㄱ, ㄴ, ㄷ

ㄱ. A와 B에게는 고지방 사료를 먹이고, C에게는 일반 사료를 먹였으며, t_1일 때 B에게만 운동을 시켰으므로 체중이 상대적으로 더 많이 증가한 ㉠이 A, ㉡은 B이다. (○)

ㄴ. 구간 I에서 B(㉡)의 체중이 감량하였기 때문에 에너지 소비량이 에너지 섭취량보다 많다. (○)

ㄷ. 대사성 질환에는 고지혈증, 당뇨병 등이 있다. (○)

11 2025학년도 9월 평가원 12번

정답 : ㄱ, ㄴ

적은 양의 먹이를 섭취하여 체중과 체지방량이 감소한 것으로 나타난 ㉡이 B고, ㉠은 A 이다.

ㄱ. ㉠은 A 이다. (○)

ㄴ. 구간 I에서 ㉡은 에너지 소비량이 섭취량보다 많다. (○)

ㄷ. B의 체지방량은 t_1일 때가 t_2일 때보다 크다. (X)

항상성과 몸의 조절

Part
01 해설

01 2014학년도 6월 평가원 7번

정답 : ㄱ

ㄱ. 팔을 구부리면서 근육 ㉠의 길이가 수축한다. (○)

ㄴ. 액틴 필라멘트의 길이는 근수축과 상관 없이 길이가 일정하다. (X)

ㄷ. 근육이 수축하는 과정에서 H대의 길이는 짧아진다. (X)

02 2014학년도 9월 평가원 8번

정답 : ㄱ

ㄱ. ㉡에서 ㉠으로 근수축이 일어날 때 ATP가 소모된다. (○)

ㄴ. (가)는 겹대의 단면에 해당한다. (X)

ㄷ. (나)는 H대의 단면에 해당하고, 마이오신 필라멘트의 길이는 근수축과 상관 없이 길이가 일정하다. (X)

03 2019학년도 9월 평가원 11번

정답 : ㄱ, ㄷ

조건 정리 과정에서 ⓑ는 ㉠임을 알 수 있고,

t_1과 t_2일 때 X-ⓒ의 값이 일정하다는 것을 통해 X가 -2Δ할 때 같이 -2Δ하는 ⓒ이 ㉢임을 알 수 있다.

∴ ⓐ = ㉡, ⓑ = ㉠, ⓒ = ㉢

X가 -2Δ할 때, ⓑ+ⓒ는 -3Δ하게 된다.

표에서 t_1과 t_2일 때 ⓑ+ⓒ 값의 차이는 $1.2\mu m$이므로,

-3Δ = $1.2\mu m$ 감소, -2Δ = $0.8\mu m$ 감소가 된다.

〈 구간 INDEX 〉는 아래와 같이 채울 수 있고,

밑줄 친 내용들이 자료 해석과 추론을 통해 알아낼 수 있는 것들이다.

	ⓑ = ㉠	ⓐ = ㉡	ⓒ = ㉢	X
t_1				
t_2				
	$-\Delta$	$+\Delta$	-2Δ	-2Δ

ㄱ. ㉢는 H대이다. (○)

ㄴ. ㉡의 길이와 ㉢의 길이를 더한 값은 $t_1 > t_2$이다. (X)

ㄷ. X의 길이는 t_1일 때가 t_2일 때보다 $0.8\mu m$ 길다. (○)

04 2020학년도 수능 14번

정답 : ㄱ, ㄷ

A대의 길이에서 ㉠+㉡을 빼면 ㉢의 길이를 구할 수 있다.

따라서 t_1에서 ㉢의 길이는 1.6-1.3 = 0.3이 된다.

이를 통해 t_1에서의 〈 구간 INDEX 〉를 완성할 수 있고,

㉢을 기준으로 변화의 비율을 계산하면 나머지 〈 구간 INDEX 〉를 아래와 같이 채울 수 있다.

밑줄 친 내용들이 자료 해석과 추론을 통해 알아낼 수 있는 것들이다.

	㉠	㉡	㉢	X
t_1	<u>1.0</u>	<u>0.3</u>	0.7	<u>3.0</u>
t_2	<u>0.6</u>	<u>0.5</u>	0.5	<u>2.6</u>
	-2Δ	$+\Delta$	$-\Delta$	-2Δ

ㄱ. t_1일 때 X의 길이는 $3.0\mu m$이다. (○)

ㄴ. X와 ㉠은 변화의 비율이 같기 때문에 시점에 상관없이 같다. (X)

ㄷ. t_2일 때 $\dfrac{\text{H대의 길이}}{\text{㉡의 길이} + \text{㉢의 길이}} = \dfrac{0.6}{0.5 + 0.5} = \dfrac{3}{5}$이다. (○)

05 2021학년도 6월 평가원 13번

정답 : ㄱ

㉠의 길이는 A대의 길이를 의미하고,

X의 길이에서 ㉠의 길이를 빼면 양쪽 ㉢의 길이의 합을 구할 수 있다.

〈 구간 INDEX 〉는 아래와 같이 채울 수 있고,

밑줄 친 내용들이 자료 해석과 추론을 통해 알아낼 수 있는 것들이다.

	㉠	㉢	X
t_1	1.6	0.7	3.0
t_2	1.6	0.5	2.6
		$-\Delta$	-2Δ

ㄱ. t_1에서 t_2로 될 때 골격근이 수축하므로 이 과정에서 ATP에 저장된 에너지가 사용된다. (○)

ㄴ. t_1에서 t_2로 될 때 ㉠의 길이는 일정하고 ㉡의 길이는 $0.4\mu m$ 감소하므로 ㉠-㉡의 값은 t_2일 때가 t_1일 때보다 $0.4\mu m$ 크다. (X)

ㄷ. t_2일 때 ㉢의 길이는 $0.5\mu m$이다. (X)

06 2022학년도 6월 평가원 8번

정답 : ㄱ, ㄴ, ㄷ

(가)에서 (나)로 될 때 ㉠의 길이는 일정하고 ㉡의 길이는 수축한 것을 통해
㉠은 ⓐ(암대)이고, ㉡은 ⓑ(명대)임을 알 수 있다.

ㄱ. 명대에는 Z선이 존재한다. (○)
ㄴ. 암대에는 액틴 필라멘트와 마이오신 필라멘트가 겹쳐 있는 구간이 존재한다. (○)
ㄷ. (가)에서 (나)로 되는 근수축 과정에서 ATP에 저장된 에너지가 사용된다. (○)

07 2022학년도 9월 평가원 9번

정답 : ㄱ, ㄴ

문제에서 t_1일 때 ⓐ의 길이가 t_2일 때 ⓑ의 길이와 ⓒ의 길이를 더한 값과 같다고 했으므로,
t_2일 때 ⓒ의 길이는 $0.5\mu m$가 된다. 이어서 t_2일 때 X의 길이는 $3.0\mu m$가 된다.
t_1일 때 X의 길이가 t_2일 때보다 크려면 ⓐ는 ㉠, ⓑ는 ㉡이 되어야 한다.
좌우 대칭을 고려하여 t_1일 때 X의 길이를 계산하면 $3.2\mu m$가 나온다.
⟨ 구간 INDEX ⟩는 아래와 같이 채울 수 있고,
밑줄 친 내용들이 자료 해석과 추론을 통해 알아낼 수 있는 것들이다.

	ⓐ=㉠	ⓑ=㉡	ⓒ	X
t_1	0.8	0.2	<u>0.6</u>	3.2
t_2	0.7	0.3	<u>0.5</u>	3.0
	$-\Delta$	$+\Delta$	$-\Delta$	-2Δ

ㄱ. ⓐ는 ㉠이다. (○)
ㄴ. t_1일 때 H대의 길이는 ⓒ의 길이의 2배인 $1.2\mu m$이다. (○)
ㄷ. X의 길이는 t_1일 때가 t_2일 때보다 길다. (X)

08 2022학년도 수능 13번

정답 : ㄱ, ㄷ

t_2일 때 X의 길이에서 양쪽 명대의 길이를 빼면 A대의 길이가 $1.6\mu m$가 나온다.

ⓒ을 기준으로 변화의 비율을 계산하면 t_3일 때 X의 길이는 $2.8\mu m$가 나온다.

t_1일 때 A대의 길이가 $1.6\mu m$이고,

㉠+㉡이 $1.2\mu m$이므로 좌우 대칭을 이용해 ㉡이 $0.4\mu m$임을 알 수 있다.

X에서 액틴 필라멘트의 길이는 일정하기 때문에 t_1과 t_3에서의 길이가 같아야 한다.

0.4+ⓐ = 0.6+(1.6-ⓐ)이므로, ⓐ = 0.9이다.

〈 구간 INDEX 〉는 아래와 같이 채울 수 있고,

밑줄 친 내용들이 자료 해석과 추론을 통해 알아낼 수 있는 것들이다.

	㉠	㉡	㉢	X
t_1	0.8	0.4	ⓐ=0.9	
t_2			0.7	3.0
t_3	ⓐ=0.9		0.6	2.8
	-2Δ	$+\Delta$	$-\Delta$	-2Δ

ㄱ. t_2에서 t_3로 변할 때 X의 길이가 감소했으므로, X는 P의 근육 원섬유 마디에 해당한다. (○)

ㄴ. X에서 A대의 길이는 시점에 상관 없이 일정하다. (X)

ㄷ. t_1일 때 ㉡의 길이와 ㉢의 길이를 더한 값은 $1.3\mu m$이다. (○)

09 2023학년도 6월 평가원 10번

정답 : ㄴ

t_2일 때 X의 길이는 $3.0\mu m$이고, 시점에 상관없이 A대의 길이는 $1.6\mu m$이므로, ㉠은 0.7이다.

㉢=$1.6\mu m$-2㉡로 표현 가능하므로 $\dfrac{㉠-㉢}{㉡}=\dfrac{1}{2}$는 $\dfrac{0.7-(1.6-2㉡)}{㉡}=\dfrac{1}{2}$로 표현된다.

이를 활용하여 식을 정리하면 t_2일 때 ㉡은 $0.6\mu m$, ㉢은 $0.4\mu m$이다.

액틴 필라멘트의 길이는 $1.3\mu m$이다. ㉠은 $1.3\mu m$-㉡로 표현 가능하다.

t_1일 때 $\dfrac{㉠-㉢}{㉡}=\dfrac{1}{4}$이며 ㉠=$1.3\mu m$-㉡, ㉢=$1.6\mu m$-2㉡를 활용하면

$\dfrac{(1.3-㉡)-(1.6-2㉡)}{㉡}=\dfrac{1}{4}$로 표현된다. 이를 활용하면 t_1일 때 ㉠은 $0.9\mu m$, ㉡=$0.4\mu m$,

㉢=$0.8\mu m$이다. t_1에서 t_2로 변화할 때 X는 수축하며, X의 길이 변화량은 $0.4\mu m$이다.

ㄱ. 근육 섬유가 근육 원섬유로 구성되어있다 (X)

ㄴ. t_2일 때 H대의 길이는 t_2일 때 ㉢의 길이와 같으므로 $0.4\mu m$이다. (○)

ㄷ. X의 길이는 t_1일 때가 t_2일 때보다 $0.4\mu m$ 길다. (X)

정답 : ㄴ, ㄷ

F_1일 때 ㉠의 길이를 α, F_2일 때 ㉠의 길이를 2β라고 할 때 표로 정리하면 다음과 같다.

	㉠	㉡	㉢	X
t_1	α	$\frac{3}{2}\alpha$	α	6α
t_2	2β		3β	
	$-\Delta$	$+\Delta$	-2Δ	-2Δ

㉠과 ㉢은 동일한 방향으로 변화하며 ㉢의 변화량이 ㉠의 변화량의 두 배임을 활용하여 식을 세우면 $2(2\beta-\alpha)=3\beta-\alpha$이므로 $\alpha=\beta$이다. t_1에서 $\frac{3\alpha}{2}\times 2+\alpha=$ A대의 길이이므로 $\alpha=0.4\mu\text{m}$이다.

F_1에서 F_2로 변화할 때 X가 이완하며, X의 길이 변화량은 $0.8\mu\text{m}$이다.

ㄱ. X가 생성할 수 있는 힘(ⓐ)은 ㉡의 길이에 비례한다. H대의 길이가 더 짧은 시점에는 ㉡의 길이가 더 길기 때문에 ⓐ는 더 크다. (X)

ㄴ. ㉠과 ㉡의 길이를 더한 값은 $1.0\mu\text{m}$이다. (○)

ㄷ. F_2일 때 X의 길이는 $1.0\times 2+3\beta=3.2\mu\text{m}$이다. (○)

정답 : ㄱ, ㄷ

조건을 정리하면 t_1일 때 X의 길이는 L이고, t_2일 때만 ㉠~㉢길이가 모두 α로 같다고 하자.

$\dfrac{t_2\text{일 때 ⓐ의 길이}}{t_1\text{일 때 ⓐ의 길이}}$ 와 $\dfrac{t_1\text{일 때 ⓑ의 길이}}{t_2\text{일 때 ⓑ의 길이}}$ 가 같다는 조건은 ⓐ의 길이=ⓑ의 길이이므로

$\dfrac{\alpha}{t_1\text{일 때 ⓐ의 길이}} = \dfrac{t_1\text{일 때 ⓑ의 길이}}{\alpha}$ 로 정리할 수 있다. 이때 t_1일 때 ⓐ의 길이와 t_1일 때 ⓑ의 길이가 α를 중항으로 하여 순서대로 등비수열을 이루므로 다음과 같이 미지수를 정리할 수 있다.

1) ⓐ가 ㉠일 때 : ㉠과 ㉡의 변화량 자체는 동일하므로 $\dfrac{\alpha}{r}, \alpha, \alpha r$이 등간격이어야 한다.

   등비수열이므로 가능한 상황은 $r = 1$인 상황뿐이므로 모순이다. ⓐ=㉢이다.

	ⓐ=㉠	㉡	㉢
t_1	$\dfrac{\alpha}{r}$	αr	
t_2	α	α	α
	$-\Delta$	$+\Delta$	-2Δ

2) ⓐ가 ㉢일 때 : ㉡과 ㉢의 변화 방향은 다르고 변화량은 ㉢이 ㉡의 두 배이므로 다음과 같이 관계식을 작성할 수 있다.

   $2(\alpha r - \alpha) = \alpha - \dfrac{\alpha}{r}$ 이므로 미지수를 소거하면 $r = \dfrac{1}{2}$이다.

	㉠	㉡	ⓐ=㉢
t_1		αr	$\dfrac{\alpha}{r}$
t_2	α	α	α
	$-\Delta$	$+\Delta$	-2Δ

   이를 정리하면 다음과 같다.

	㉠	㉡	ⓐ=㉢
t_1	$\dfrac{3}{2}\alpha$	$\dfrac{1}{2}\alpha$	2α
t_2	α	α	α
	$-\Delta$	$+\Delta$	-2Δ

ㄱ. ⓐ는 ㉢이다. (O)

ㄴ. t_1에서 t_2로 변화할 때 수축하므로 H대의 길이는 t_1일 때가 t_2일 때보다 길다. (X)

ㄷ. $L = 6\alpha$이므로 X의 Z_1으로부터 Z_2인 방향으로 거리가 $\dfrac{3}{10}$L인 지점은 1.8α인 지점이므로 ㉡에 해당한다. (O)

정답 : ㄱ, ㄴ

t_2일 때 H대의 길이가 $1.0\mu m$이고,

A대의 길이가 $1.6\mu m$라는 것을 이용해 t_2의 구간 길이를 전부 알 수 있다.

이어서 ⓒ을 기준으로 변화의 비율을 계산하면 t_1일 때 X의 길이가 $2.0\mu m$라는 것을 알 수 있다.

〈 구간 INDEX 〉는 아래와 같이 채울 수 있고,

밑줄 친 내용들이 자료 해석과 추론을 통해 알아낼 수 있는 것들이다.

	㉠	㉡	X
t_1		0.2	2.0
t_2	0.3	0.7	3.0
	$+\Delta$	$-\Delta$	-2Δ

ㄱ. t_1일 때 X의 길이는 $2.0\mu m$이다. (○)

ㄴ. ㉡의 길이는 t_1일 때가 t_2일 때보다 짧다. (○)

ㄷ. t_2일 때 $\dfrac{㉠의\ 길이}{A대의\ 길이} = \dfrac{0.3}{1.6} = \dfrac{3}{16}$이다. (X)

정답 : ㄱ, ㄴ

이 문제에서는 예외적으로 변화의 비율을 X가 $+2\Delta$하는 것을 기준으로 생각하자.
주로 감소하는 것이 기준이 되지만, 간혹 학습자들의 센스가 필요할 때가 있다.

t_1에서 t_2로 변할 때 ㉠+㉡의 값에는 변화가 없으므로
ⓐ+ⓒ와 ⓑ+ⓒ는 각각 ㉠+㉢, ㉡+㉢ 중 하나이다.

t_1에서 t_2로 변하면서 X가 $+2\Delta$할 때 ㉠+㉢은 3Δ, ㉡+㉢은 $+\Delta$하므로
ⓐ=㉡, ⓑ=㉠, ⓒ=㉢임을 알 수 있다.

t_1일 때 {(ⓐ+ⓒ)+(ⓑ+ⓒ)}X2 = 3.6 = X+ⓒX3이므로 ⓒ = 0.4가 나온다.
t_1일 때 ⓒ의 길이와 X의 길이를 알고, X는 좌우 대칭이므로
t_1일 때 각 구간의 길이를 전부 알 수 있다.

이어서 변화의 비율을 고려하여 t_2일 때 각 구간의 길이와 X의 길이도 계산할 수 있다.

〈 구간 INDEX 〉는 아래와 같이 채울 수 있고,
밑줄 친 내용들이 자료 해석과 추론을 통해 알아낼 수 있는 것들이다.

	ⓑ=㉠	ⓐ=㉡	ⓒ=㉢	X
t_1	0.4	0.6	0.4	2.4
t_2	0.7	0.3	1.0	3.0
	$+\Delta$	$-\Delta$	$+2\Delta$	$+2\Delta$

ㄱ. ⓐ는 ㉡이다. (◯)

ㄴ. t_1일 때 $\dfrac{\text{A대의 길이}}{\text{H대의 길이}} = \dfrac{1.6}{0.4} = 4$이다. (◯)

ㄷ. t_2일 때 X의 길이는 $3.0\,\mu\text{m}$이다. (X)

14 2021년 3월 교육청 18번

정답 : ㄷ

A대의 길이 = ㉠X2+㉡인데, ⓐ가 ㉠이고 ⓑ가 ㉡이어야만 A대의 길이가 $1.6\mu m$으로 일정할 수 있다.
변화의 비율을 고려하여 t_1일 때 X의 길이를 구하면 $2.6\mu m$임을 알 수 있다.
〈 구간 INDEX 〉는 아래와 같이 채울 수 있고,
밑줄 친 내용들이 자료 해석과 추론을 통해 알아낼 수 있는 것들이다.

	ⓐ=㉠	ⓑ=㉡	X
t_1	<u>0.5</u>	<u>0.6</u>	<u>2.6</u>
t_2	<u>0.7</u>	<u>0.2</u>	2.2
	$+\Delta$	-2Δ	-2Δ

ㄱ. ⓑ는 ㉡이다. (X)

ㄴ. t_1일 때 X의 길이는 $2.6\mu m$이다. (X)

ㄷ. A대의 길이는 $1.6\mu m$이다. (○)

15 2021년 4월 교육청 10번

정답 : ㄱ

t_1일 때 ㉡의 길이와 t_2일 때 ㉠의 길이를 미지수 α로 설정한다.
A대의 길이는 항상 일정하므로 t_1일 때 ㉠의 길이와 t_2일 때 ㉡의 길이가 $0.6\mu m$임을 먼저 알 수 있다.
따라서 ⓐ가 $2.8\mu m$, ⓑ가 $2.4\mu m$가 되고, 변화의 비율을 고려하여 α = 0.4임을 알 수 있다.
〈 구간 INDEX 〉는 아래와 같이 채울 수 있고,
밑줄 친 내용들이 자료 해석과 추론을 통해 알아낼 수 있는 것들이다.

	㉠	㉡	㉢	X
t_1	0.6	<u>α=0.4</u>		2.8
t_2	<u>α=0.4</u>	<u>0.6</u>	0.4	2.4
	$+\Delta$	$-\Delta$	$+2\Delta$	$+2\Delta$

ㄱ. ⓐ는 $2.8\mu m$이다. (○)

ㄴ. t_1일 때 ㉠의 길이는 $0.6\mu m$이다. (X)

ㄷ. 액틴 필라멘트의 길이는 일정하고 ㉡의 길이는 t_1에서 t_2로 변하면서 증가하므로

$\dfrac{㉡의\ 길이}{액틴\ 필라멘트의\ 길이}$ 는 t_2일 때가 더 크다. (X)

16 2021년 7월 교육청 15번

정답 : ㄱ

A대−㉠ = 한 쪽 겹대X2이고 X는 좌우 대칭이므로

t_1과 t_2에서 겹대 구간의 길이를 표현할 수 있다.

t_1에서 겹대의 길이+㉡의 길이 = 액틴 필라멘트의 길이이므로

0.6+0.3 = (0.6+ⓐ)+(0.5+ⓐ), ⓐ = −0.1이 된다.

〈 구간 INDEX 〉는 아래와 같이 채울 수 있고,

밑줄 친 내용들이 자료 해석과 추론을 통해 알아낼 수 있는 것들이다.

	㉠	㉡	X
t_1	<u>0.4</u>	0.3	
t_2	0.6	0.5+ⓐ	
	-2Δ	$-\Delta$	-2Δ

ㄱ. ㉠은 H대이다. (○)

ㄴ. A대의 길이는 $1.6\mu m$이다. (X)

ㄷ. t_2일 때 ㉠의 길이는 ㉡의 길이보다 길다. (X)

17 2022년 7월 교육청 11번

정답 : ㄱ, ㄷ

t_1일 때 ㉠을 α, t_2일 때 ㉡을 β라고 할 때, 각 시점에 대하여 X의 길이를 활용하여 식을 정리하면

t_1일 때 $2.0 = 2(\alpha + 3\alpha) + (2\beta - 0.4)$, t_2일 때 $2.4 = 2(\alpha + 0.2 + \beta) + 2\beta$이다.

두 식을 연립하면 $\alpha = 0.2\mu m$, $\beta = 0.4\mu m$이다.

ㄱ. X에서 A대의 길이는 4β이므로 $1.6\mu m$이다. (○)

ㄴ. X에서 액틴 필라멘트만 있는 부분(㉠)이 명대이다. (X)

ㄷ. X의 길이가 $3.0\mu m$일 때 $\dfrac{\text{H대의 길이}}{\text{㉠의 길이}}$는 $\dfrac{1.4}{0.7} = 2$이다. (○)

답 : ㄱ, ㄷ

㉠ + ㉡의 합이 ⓐ + ⓑ로 일정함을 바탕으로 t_2에서 2ⓐ $+ 3$ⓑ $= 2.8\mu m$임을 알 수 있다.

해당 식에서 이를 만족하는 경우는 ⓐ $= 0.8\mu m$, ⓑ $= 0.4\mu m$인 경우만 존재하므로

자동으로 ⓒ는 $0.6um$이 된다.

〈 구간 INDEX 〉는 아래와 같이 채울 수 있고,

밑줄 친 내용들이 자료 해석과 추론을 통해 알아낼 수 있는 것들이다.

	㉠	㉡	㉢	X
t_1	ⓐ=0.8	ⓑ=0.4	ⓐ=0.8	3.2
t_2	ⓒ=0.6	0.6	ⓑ=0.4	2.8
	$-\Delta$	$+\Delta$	-2Δ	-2Δ

ㄱ. t_1일 때 H대의 길이는 $0.8\mu m$이다. (○)

ㄴ. X의 길이는 t_1일 때가 t_2일 때보다 $0.4\mu m$ 길다. (X)

ㄷ. t_1에서 t_2로 되는 과정은 수축 과정이므로 ATP에 저장된 에너지가 사용된다. (○)

답 : ㄱ, ㄴ

㉠의 변화량은 ㉢의 변화량의 절반이므로,

이를 이용하면 $t_2 \rightarrow t_3$ 과정에서 $2(0.7 - ⓑ) = ⓑ - 0.4$에 의해서 $ⓑ = 0.6\mu m$임을 알 수 있다.

이어서 t_1에서 t_2가 되는 과정 또한 ㉠의 변화량이 ㉢의 변화량의 절반이 되어야 하므로,

$2(ⓐ - 0.7) = ⓐ - 0.6$에 의해서 $ⓐ = 0.8\mu m$임을 알 수 있다.

t_1에서 ㉠과 ㉢의 길이가 각각 $0.8\mu m$인데,

Ⅰ + Ⅲ은 $1.2\mu m$이므로 t_1에서 ㉡의 길이는 $0.4\mu m$이 된다.

여기까지의 〈 구간 INDEX 〉를 정리하면 다음과 같다.

	㉠	㉡	㉢	Ⅰ + Ⅱ	Ⅰ + Ⅲ
t_1	ⓐ=0.8	0.4	ⓐ0.8		1.2
t_2	0.7		ⓑ=0.6	1.3	
t_3	ⓑ=0.6		0.4		
	$-\Delta$	$+\Delta$	-2Δ		

t_2에서 Ⅰ + Ⅱ의 합이 $1.3\mu m$이므로 Ⅰ, Ⅱ는 ㉠, ㉢이 되고 Ⅲ이 ㉡이 된다.

따라서 t_3에서 ㉢는 $1.0\mu m$이 된다. 이때 Ⅰ + Ⅱ와 Ⅰ + Ⅲ의 값이 같으므로 Ⅰ이 ㉢이 된다.

따라서 〈 구간 INDEX 〉는 아래와 같이 채울 수 있고,
밑줄 친 내용들이 자료 해석과 추론을 통해 알아낼 수 있는 것들이다.

	㉠	㉡	㉢	Ⅰ + Ⅱ	Ⅰ + Ⅲ
t_1	ⓐ=0.8	0.4	ⓐ0.8	1.6	1.2
t_2	0.7	0.5	ⓑ=0.6	1.3	1.1
t_3	ⓑ=0.6	0.6	0.4	ⓒ=1.0	ⓒ=1.0
	$-\Delta$	$+\Delta$	-2Δ		

ㄱ. t_1일 때 ㉡의 길이는 $0.4\mu m$이다. (○)

ㄴ. ⓒ는 1.0이다. (○)

ㄷ. t_3에서 Ⅰ이 ㉢이므로, 나머지 Ⅱ는 ㉠임을 알 수 있다. (X)

답 : ㄴ, ㄷ

X에서 ㉠+㉡의 합이 $1.0\mu m$으로 일정함을 이용하여 t_1 시기의 ㉢의 길이가 $1.2\mu m$로 구해진다. 귀류를 통해서 ⓐ와 ⓑ를 확정하자.

if) ⓐ가 ㉡에 대응되는 경우

ⓐ가 ㉡인 경우, ⓑ는 ㉠이 된다.

$\dfrac{t_1 \text{일 때 ⓑ의 길이}}{t_2 \text{일 때 ⓑ의 길이}} = \dfrac{1}{3}$ 조건에 의해서 $t_2 \to t_1$ 방향으로 수축함을 알 수 있다.

t_1 시기에 $\dfrac{\text{ⓐ의길이}}{\text{㉢의길이}} = \dfrac{2}{3}$ 이므로 t_1 시기에 ㉡의 길이는 $0.8\mu m$이고, ㉠의 길이는 $0.2\mu m$이다.

이는 t_2 시기에 $\dfrac{\text{ⓐ의길이}}{\text{㉢의길이}} = 1$ 이라는 조건에 맞지 않으므로 ⓐ가 ㉠에 대응되어야 한다.

귀류를 통해서 ⓐ가 ㉠, ⓑ는 ㉡이 된다.

$\dfrac{t_1 \text{일 때 ⓑ의 길이}}{t_2 \text{일 때 ⓑ의 길이}} = \dfrac{1}{3}$ 조건에 의해서 $t_2 \to t_1$ 방향으로 수축함을 알 수 있다.

t_1 시기에 $\dfrac{\text{ⓐ의길이}}{\text{㉢의길이}} = \dfrac{2}{3}$ 이므로 t_1 시기에 ㉠의 길이는 $0.8\mu m$이고, ㉡의 길이는 $0.2\mu m$ 이다.

t_2 시기에 $\dfrac{\text{ⓐ의길이}}{\text{㉢의길이}} = 1$ 이라는 조건을 만족한다.

〈 구간 INDEX 〉는 아래와 같이 채울 수 있고,
밑줄 친 내용들이 자료 해석과 추론을 통해 알아낼 수 있는 것들이다.

	㉠	㉡	㉢	X
t_1	<u>0.8</u>	<u>0.2</u>	<u>1.2</u>	<u>3.2</u>
t_2	<u>0.4</u>	<u>0.6</u>	<u>0.4</u>	2.4
	$-\Delta$	$+\Delta$	-2Δ	-2Δ

ㄱ. ⓑ는 ㉡이다. (X)

ㄴ. t_1일 때 A대의 길이는 2㉡+㉢ = $1.6\mu m$ 이다. (○)

ㄷ. X의 길이는 t_1일 때 $3.2\mu m$, t_2일 때 $2.4\mu m$ 이므로 t_1이 $0.8\mu m$ 길다. (○)

답 : ㄷ

t_1과 t_2 에서 $l_1 \sim l_3$가 모두 $\dfrac{X의 길이}{2}$ 보다 작기에, 지점이 해당하는 구간의 변화는 I대 에서만 발생할 수 있다. 따라서 l_2에 해당하는 지점에서 수축하기 이전의 단면은 ㉠이고, 수축한 이후의 단면은 ㉡이다.

l_2에 존재하는 구간이 ㉠과 ㉡이므로 ⓒ는 ㉢이다.

ⓒ(=㉢)의 길이가 t_1일 때가 t_2일 때보다 짧다고 했으므로,

$t_2 \rightarrow t_1$로 이완했다고 볼 수 있다.

이를 바탕으로 제시된 자료를 채우면 아래와 같다.

밑줄 친 내용들이 자료 해석과 추론을 통해 알아낼 수 있는 것들이다.

거리	지점이 해당하는 구간	
	t_1	t_2
l_1	ⓐ=㉠	㉠
l_2	ⓑ=㉡	ⓐ=㉠
l_3	ⓒ=㉢	㉢

ㄱ. l_1은 수축을 해도 ㉠이기에 l_1이 l_2보다 짧다. (X)

ㄴ. $t_2 \rightarrow t_1$에서 이완을 했으므로 X는 Q다. (X)

ㄷ. t_2에서 거리가 l_1에 해당하는 지점은 ㉠에 해당한다. (O)

답 : ㄱ

t_1일 때 ⓐ ~ ⓒ의 길이의 합이 $19d$, t_2일 때 ⓐ ~ ⓒ의 길이의 합이 $15d$이므로 $t_1 \rightarrow t_2$ 방향으로 수축한다. 이를 통해 $2\Delta = 4d$임을 알 수 있다.

〈 구간 INDEX 〉는 아래와 같이 채울 수 있고,

밑줄 친 내용들이 자료 해석과 추론을 통해 알아낼 수 있는 것들이다.

	㉠	㉡	㉢	X
t_1	8d	5d	6d	19d
t_2	6d	7d	2d	15d
	$-\Delta$	$+\Delta$	-2Δ	-2Δ

t_1일 때 A대의 길이가 ㉢의 길이의 2배라는 조건에 따라 A대의 길이는 $2㉡ + ㉢ = 16d$인데, 그 절반에 해당하는 $8d$는 구간 ㉠의 길이이므로 ㉢ = ㉠이다.

t_1에 ㉢ 구간이 아닌 나머지 구간들은 수축 과정에서 지점이 해당하는 구간이 변하지 않음을 이용해서 나머지 ⓐ,ⓑ를 ㉡,㉢에 대응시킬 수 있다.

밑줄 친 내용들이 자료 해석과 추론을 통해 알아낼 수 있는 것들이다.

거리	지점이 해당하는 구간	
	t_1	t_2
l_1	ⓐ=㉡	㉡
l_2	ⓑ=㉢	㉢
l_3	㉠	㉢=㉠

ㄱ. $l_2 > l_1$이다. (○)

ㄴ. t_1일 때, 거리가 l_3인 지점은 ㉠에 해당한다. (X)

ㄷ. t_2일 때, ⓐ=㉡의 길이는 $7d$, H대의 길이는 $2d$이다. (X)

답 : ㄴ

A대의 길이가 $1.6\mu m$, t_1에서 X대의 길이가 $3.4\mu m$임을 바탕으로

t_1에서 ㉠의 길이가 $0.9\mu m$임을 알 수 있다.

t_1 시점의 ㉡을 $0.9-5k$, ㉢을 $8k$라고 나타내면

2㉡$+$㉢$=$A대$=1.6\mu m$임을 이용하여 $k=0.1$이라는 값을 구할 수 있다.

이렇게 구해진 t_1 시점의 각 구간의 길이를 바탕으로 t_1 시점에서 t_2, t_3 시점으로의 변화량을 다른 문자로 두고 식을 작성해주면 모든 시점에서의 구간의 길이를 구할 수 있다.

〈구간 INDEX〉는 아래와 같이 채울 수 있다.

	㉠	㉡	㉢	X
t_1	0.9	0.4	0.8	3.4
t_2	0.8	0.5	0.6	3.2
t_3	0.7	0.6	0.4	3.0
	$-\Delta$	$+\Delta$	-2Δ	-2Δ

ㄱ. H대의 길이는 t_3일 때가 t_1일 때보다 $0.4\mu m$ 짧다. (X)

ㄴ. t_2일 때 ㉠의 길이는 t_1일 때 ㉡의 길이의 2배이다. (O)

ㄷ. t_3일 때, Z_1로부터 Z_2 방향으로 거리가 $\frac{1}{4}$L인 지점은 ㉡에 해당한다. (X)

01 2016학년도 6월 평가원 19번

정답 : ㄱ

I은 C, II은 B, III은 A이다.

ⓐ는 가지 돌기, ⓑ는 축삭 돌기 말단이다.

→ ㄷ 오답

ㄱ. 시냅스 소포는 가지 돌기보다 축삭 돌기 말단에 더 많다. (○)

ㄴ. K^+의 농도는 항상 세포 안이 세포 밖보다 높다. (X)

02 2017학년도 6월 평가원 15번

정답 : ㄱ

(나)에서 정상적으로 탈분극이 이루어지지 않을 것을 통해

X는 세포막에 있는 이온 통로를 통한 Na^+의 이동을 억제한다는 것을 알 수 있다.

→ ㄴ 오답

ㄱ. (가)에서 $\dfrac{K^+의\ 막투과도}{Na^+의\ 막투과도}$ 는 t_2일 때가 t_1일 때보다 크다. (○)

ㄷ. Na^+의 농도는 항상 세포 밖이 세포 안보다 높다. (X)

03 2017학년도 9월 평가원 11번

정답 : ㄱ, ㄷ

-80mV의 뒷시간이 3ms이므로 앞시간이 2ms임을 구할 수 있다.

5ms	d_1	d_2	d_3
A	(2+3) -80	?	?
B	-70	(2+3) -80	?

A는 d_1까지 2ms, B는 d_2까지 2ms가 소모되었으므로
흥분의 전도 속도는 A가 2cm/ms, B가 3cm/ms 이다.

ㄱ. 흥분의 전도 속도는 A보다 B에서 빠르다. (○)

ㄴ. 5ms일 때, A의 d_2에서는 (3+2)로 재분극이 일어나고 있다. (X)

ㄷ. ㄷ선지가 조금 애매하다. 5ms일 때 d_3에서 A에서는 (4+1), B에서는 $(\frac{8}{3}+\frac{7}{3})$로,

따져보면 $\dfrac{\text{A의 막전위}}{\text{B의 막전위}}$의 값은 1보다 크다. 직접 그래프에서 좌표를 따져봐야 알 수 있다.

조금 찝찝한 부분이 남을 수 있는데, 이는 흥분의 전도 유형의 초기 형태라서 그런 것이라고 생각하자.

04 2018학년도 6월 평가원 7번

정답 : ㄱ, ㄴ

㉠은 세포 안이고, ㉡은 세포 밖이다.

ㄱ. Na^+의 막투과도는 t_1일 때가 t_2일 때보다 크다. (○)

ㄴ. K^+의 확산 방향은 세포 안에서 세포 밖으로이다. (○)

ㄷ. $\dfrac{\text{세포 밖에서의 농도}}{\text{세포 안에서의 농도}}$는 항상 Na^+이 K^+보다 크다. (X)

05 2018학년도 9월 평가원 9번

정답 : ㄱ, ㄴ

짧은 시간 안에 P로부터의 거리가 크게 증가한 구간이 말이집으로 싸여 있는 부분이다.
I은 말이집으로 싸여 있지 않은 부분이고 II는 말이집으로 싸여 있는 부분이며,
말이집은 슈반 세포가 축삭 돌기를 감싼 구조이다.

→ ㄷ 오답

ㄱ. $\dfrac{세포\,안의\,농도}{세포\,밖의\,농도}$ 는 항상 K^+이 Na^+보다 크다. (O)

ㄴ. 말이집으로 싸여 있지 않은 부분에서는 활동 전위가 발생한다. (O)

06 2018학년도 수능 11번

정답 : ㄴ

B에서 IV의 과분극 막전위를 기준으로 I~III의 막전위와 가로비교시 IV(d_4)의 뒷시간이 가장 길어야
한다.
자극지점에 가장 가까워야 하므로 자극지점은 Q여야 한다.

B의 흥분 전도 속도가 A보다 빠르므로 세로비교시
I에서 막전위 값이 더 작은 $0mV$가 탈분극 상태이고,
II에서 막전위 값이 더 작은 $-45mV$가 재분극 상태이며,
III에서 막전위 값이 더 작은 $-65mV$가 탈분극 상태이다.

A의 III이 탈분극 상태이므로 막전위 값이 더 큰 I, II와 관계를 잡으면 I, II 〉 III이어야 하며,
A의 I이 탈분극 상태이므로 막전위 값이 더 큰 II와 관계를 잡으면 II 〉 I이어야 한다.
d_3~d_1순으로 자극지점에 더 가까우므로 II=d_3, I=d_2, III=d_1 이다.

ㄱ. II는 d_3이다. (X)

ㄴ. 자극을 준 지점은 Q이다. (O)

ㄷ. t_1일 때, B의 d_2에서는 I일 때가 III일 때보다 그래프에서 오른쪽에 위치하므로
재분극이 일어나고 있다. (X)

정답 : ㄱ

객관적으로 말해 좋은 문제가 아니다.

많은 해설지들에서는 $+10mV$가 모두 동일한 지점이라고 찍은 뒤 푸는 풀이가 수록되어있다.

$+10mV$가 모두 동일한 지점이라고 정해두고 푸는 것은 다소 비논리적이고 위험한 풀이다.

반면 이를 가정하고 풀지 않으면 풀이가 훨씬 복잡해지는,

즉 학습자로 하여금 찍는 풀이를 강요하는 문제라고 할 수 있다.

교재 본문의 2023 수능 15번의 해설과 다르게 찍지 않고 논리적으로 해결해보자.

풀이가 상대적으로 길고 복잡해진다.

그래프에서는 $-80mV$의 뒷시간이 $3ms$임을 알려주었고 전체 시간이 $3ms$이므로,

III이 자극 지점임을 알 수 있다.

자극 지점을 생각해보자.

만약 자극 지점이 d_1, d_2, d_3 중 하나라면, I~V 중 자극 지점으로부터 $1cm$ 떨어진 지점이 존재한다.

막전위 표의 $+10mV$, $+30mV$는 $1cm$ 떨어진 지점에서 나타날 수 없으므로 모순이다.

만약 자극 지점이 d_5라면, I~V 중 자극 지점으로부터 $6cm$ 떨어진 지점이 존재한다.

$6cm$ 떨어진 지점은 A에서 (3+0), B에서 (2+1)인데

표의 I~V에서 이를 만족하는 값은 존재하지 않으므로 모순이다.

그러므로 자극 지점은 d_4이다.

자극 지점으로부터 떨어진 거리가 각각 $2cm, 2cm, 3cm, 4cm$이므로 이를 이용하여 나머지를 Matching 하자.

3ms	I 2cm	II 4cm	III 자극 지점	IV 3cm	V 2cm
A	(1+2) +10	?	(0+3) -80	?	(1+2) +10
B	-40(재)	$(\frac{4}{3}+\frac{5}{3})$ +30	㉠	(1+2) +10	?

ㄱ. ㉠은 -80이다. (○)

ㄴ. 자극을 준 지점은 d_4이다. (X)

ㄷ. $3ms$일 때, B의 d_2에서 재분극이 일어나고 있다. (X)

정답 : ㄱ, ㄴ

⊙은 Na^+, ⓛ은 K^+이다.

ㄱ. Na^+의 막투과도는 t_1일 때가 t_2일 때보다 크다. (○)
ㄴ. t_2일 때 K^+는 K^+ 통로를 통해 세포 안에서 세포 밖으로 확산된다. (○)
ㄷ. $Na^+ - K^+$ 펌프를 통해 Na^+은 세포 밖으로 유출된다. (X)

정답 : ㄴ, ㄷ

그래프에서는 $-80mV$가 2ms or 3ms임을 알려주었다. 이 정보를 가지고 먼저 추론한다.

⊙이 3ms이므로 $-80mV$는 (가)에서는 0+3, (나)에서는 1+2이다.

d_1이 자극을 준 지점이므로 I의 d_1에서 $-80mV$는 0+3이 되어야 하고,
II의 d_2에서 $-80mV$는 1+2가 된다.
(∴ II = C, C의 흥분 전도 속도는 2cm/ms)

A의 흥분 전도 속도가 2cm/ms이므로 A의 d_1~d_4의 [앞시간+뒷시간]은
순서대로 0+3, 1+2, 2+1, 3+0이 된다.
A의 d_4에서 3+0이므로 막전위 값이 $-70mV$이어야 하므로 A = I, B = III이다.

B의 흥분 전도 속도를 구하기 위해서 $-60mV$를 이용하자.
A의 d_3에서 2+1이 $-60mV$임을 알 수 있다.
B의 d_3에서의 $+30mV$보다 그래프 상에서 왼쪽에 있는 d_4의 $-60mV$는 동일하게 2+1로 해석된다.
따라서, B의 흥분 전도 속도는 3cm/ms이다.

ㄱ. 흥분 전도 속도는 A와 C가 같다. (X)
ㄴ. ⊙이 3ms일 때 A의 d_2에서는 재분극이 일어나므로 K^+ 통로를 통해 K^+가 유출된다. (○)
ㄷ. ⊙이 5ms일 때 B의 d_4에서 측정한 막전위는 2+3이므로 $-80mV$이고, C의 d_4에서 측정한
막전위는 3+2이므로 동일하게 $-80mV$이다. (○)

정답 : ㄴ, ㄷ

I~IV 중 -80mV의 뒷시간은 3ms이고, 자극지점과 막전위의 측정지점이 다르기에 앞시간은 0ms보다 커야하므로 II와 IV에 대응되는 전체시간은 3ms 초과인 5ms와 7ms 중 하나이다.

이때 A의 II과 IV의 관계를 잡으면 IV 〉 II이므로 IV가 7ms, II가 5ms이다.

A의 IV는 [4+3]이고, B의 II는 [2+3]이기에 앞시간이 더 긴 A의 흥분 전도 속도가 1cm/ms이며, B의 흥분 전도 속도가 2cm/ms이다.

이를 고려했을 때 자극지점~d_2까지의 거리가 4cm가 되어야하므로 자극지점은 d_4이다.

B의 I이 [2+?]인데 -60mV임을 고려했을 때, 뒷시간이 0ms가 아니므로 I가 3ms이며, III가 2ms이다.

ㄱ. II는 5ms이다. (X)

ㄴ. B의 흥분 전도 속도는 2cm/ms이다. (○)

ㄷ. ㉠이 4ms일 때 A의 d_3에서의 막전위는 (3+1)이므로 -60mV이다. (○)

정답 : ㄱ, ㄴ, ㄷ

그래프에서는 -80mV가 3ms, $+30$mV가 2ms임을 알려주었다. 이 정보를 가지고 먼저 추론한다.

5ms	d_2	d_3
B	(2+3) -80	ⓐ
C	?	(2+3) -80
D	(3+2) $+30$	?

A와 B에서 시냅스를 포함한 구간 d_1~d_2에서 소모되는 시간은 2ms임을 알 수 있다.

C에서 d_3까지 2ms가 소모되었으므로 흥분의 전도 속도는 2cm/ms이다.

B도 동일하다고 했으므로 B의 흥분의 전도 속도도 2cm/ms이다.

D는 d_2까지 3ms 소모되었으므로 흥분의 전도 속도는 $\frac{2}{3}$cm/ms이다.

ㄱ. 흥분의 전도 속도는 C에서가 D에서보다 빠르다. (○)

ㄴ. ⓐ는 (3+2)이므로 $+30$이다. (○)

ㄷ. ㉠이 3ms일 때 C의 d_3에서는 (2+1)이므로 탈분극이 일어나고 있다. (○)

정답 : ㄴ

자극 지점이 동일하므로 자극 지점에서의 막전위는 A와 B에서 동일해야 한다.

또 0mV와 같은 값은 −80mV보다 그래프에서 왼쪽에 있으므로 자극 지점의 막전위가 될 수 없다.

그러므로 자극 지점 d_3=III이 될 수밖에 없다.

d_3로부터 대칭인 지점이 없으므로 A에서 0mV는 동일한 지점이 아니라 하나는 1.5ms, 다른 하나는 2.5ms일 것이다. d_3로부터 다른 지점들 사이의 거리가 각각 2cm, 3cm, 5cm인데 막전위 그래프에서의 시간이 1.5ms, 2.5ms, 3ms이다.

이를 통해 A에서는 1cm 더 갈 때마다 0.5ms가 더 걸림을 알 수 있다.

그러므로, A의 흥분 전도 속도는 2cm/ms이다.

A의 d_3에서 d_4까지는 흥분이 도달하는데 1ms가 소요되므로 전체 시간이 4ms임을 알 수 있다.

이에 따라 표를 채우면 다음과 같다.

4ms	d_4	II	d_3	IV
A	(1+3) −80	(?+1.5or2.5) 0	(0+4) −70	(?+1.5or2.5) 0
B	(?+1.5or2.5) 0	−60	(0+4) −70	?

시냅스는 ㉠~㉢중 한 구간에 존재한다.

그런데 만약 d_3~d_4사이에 존재하지 않으면, B의 d_4에서 0mV가 나올 수 없다.

B의 전도 속도는 1cm/ms이므로 중간에 시냅스가 존재하지 않는다면 d_4에서 (2+2)가 되어 모순이다.

그러므로, 시냅스는 ㉢에 존재하고, 시냅스에 의해 흥분의 도달이 지연되어 자극이 d_4에 도달하기까지 2.5ms가 소요되었다.

정보들을 바탕으로 매칭을 마무리하자.

4ms	d_4	d_2	d_3	d_1
A	(1+3) −80	(1.5+2.5) 0	(0+4) −70	(2.5+1.5) 0
B	(2.5+1.5) 0	(3+1) −60	(0+4) −70	(미도달) −70

ㄱ. t_1은 4ms이다. (X)

ㄴ. 시냅스는 ㉢에 있다. (O)

ㄷ. t_1일 때, A의 II에서는 재분극이 일어나고 있다. (X)

13 2022학년도 수능 14번

정답 : ㄱ

㉠은 탈분극, ㉡은 재분극, ㉢은 과분극 상태이다.

과분극 상태를 기준으로 관계 정보를 찾아보자.

A의 III에서 과분극 막전위가 존재하므로

가로 비교했을 때 III > I, 세로 비교했을 때 A > C라는 관계 정보를 잡을 수 있다.

C의 II에서 과분극 막전위가 존재하므로

가로 비교했을 때 II > I,III, 세로 비교했을 때 C > B라는 관계 정보를 잡을 수 있다.

변수를 고려하여 이를 종합하면 흥분 전도 속도는 A > C > B이며,

자극지점에 가까운 지점일수록 뒷시간이 길기 때문에 I = d_4, II = d_2, III = d_3이다.

ㄱ. ⓐ일 때 A의 III(d_3)의 막전위가 ㉢에 속하므로 A의 II(d_2)의 막전위도 ㉢에 속한다. (○)

ㄴ. ⓐ일 때 B의 d_2에서 탈분극이 일어나고 있으므로,
   d_3에서는 탈분극이 일어나거나 자극이 도달하지 못 했을 것이다. (X)

ㄷ. 흥분 전도 속도는 A가 가장 빠르다. (X)

14 2023학년도 6월 평가원 11번

정답 : ㄴ

A와 B의 자극 지점이 동일하며 ㉠이 3ms이므로 II가 자극 지점에 해당한다.

X가 d_4라면 B의 I, III, IV가 모두 -70이 나와야 하므로 모순이다.

X가 d_1 혹은 d_3라면 A의 I과 B의 IV 모두에서 +30이 나오는 것을 설명할 수 없다.

시냅스에 영향받지 않고 정상적으로 A와 B에서 거리가 1, 2인 지점에 +30이 등장해야 하므로

X가 d_2여야 하며, A가 1cm/ms, B가 2cm/ms이다.

A의 +30은 자극 지점으로부터 거리가 1인 지점에 나타나야 하므로 I = d_3이다.

A의 +30은 자극 지점으로부터 거리가 2인 지점에 나타나야 하므로 IV = d_1이다.

나머지 III이 d_4이며, A의 IV로는 흥분이 전달될 수 없으므로 ㉮는 -70이다.

ㄱ. X는 d_2이다. (X)

ㄴ. ㉮는 -70이다. (○)

ㄷ. ㉠이 5ms일 때 A의 III(d_3)에서 탈분극이 일어나고 있다. (X)

15 2023학년도 9월 평가원 15번

정답 : ㄴ

지점 간의 거리가 2cm로 등간격이며, A와 B의 속도가 1cm/ms 또는 2cm/ms이므로
각 지점에서 막전위가 변화하는 시간은 정수(초)이다. A의 d_2의 +10은 2초여야 하며,
A의 자극 지점에서 d_2까지 흥분이 전도되는데 걸린 시간이 1초이므로
A의 속도가 2cm/ms, B의 속도가 1cm/ms이다. A의 자극 지점은 d_1 또는 d_3이다.
㉠이 d_3이면 ⓐ가 −80이므로 B에서 ⓐ가 두 번이나 등장하는 것을 설명할 수 없다.
㉠이 d_1이며, ㉡이 d_3이다.

ㄱ. ㉡은 d_3이다. (X)
ㄴ. A의 흥분 전도 속도는 2cm/ms이다. (○)
ㄷ. B의 흥분 전도 속도는 1cm/ms이므로 3ms일 때 B의 d_2에서 탈분극이 일어나고 있다. (X)

16 2023학년도 수능 15번

정답 : ㄱ

d_2까지 도달하는데 1ms가 소요되었고, III의 흥분의 전도 속도는 $6v$이다.
d_2로부터 d_1, d_3, d_4, d_5가 떨어진 거리는 각각 3, 2, 1cm이므로
$6v$는 각각 1cm/ms, 2cm/ms, 3cm/ms 중 하나일 것이다.

(1) $6v$가 1cm/ms인 경우
자극 지점이 d_3인 경우이다. III의 d_4는 −80mV이므로 ⓐ=−80이다.

이때 I과 II는 자극 지점이 동일하고 속도는 II가 더 빠르므로, 자극 지점을 제외하면 그래프에서 동일한 지점의 막전위 값을 가질 수 없다. d_2에서 I과 II는 동일한 막전위 값을 가지므로 자극 지점 P가 되는데, 이 경우 ㉠이 4ms이므로 −70mV이어야 한다. 그러나 d_2에서 둘 다 −80mV가 되므로 모순이다. (ⓐ=−80이 아닌 경우에는 그래프의 다른 지점에서 우연히 같은 값일 수 있습니다.)

(2) $6v$가 3cm/ms인 경우
자극 지점이 d_5인 경우이다. III의 d_4는 −70mV이므로 ⓐ=−70이다.
ⓒ는 5cm 떨어진 지점에서 나타나므로 그래프에서 $\frac{7}{3}$ms인 지점이다.
정확한 값을 알 수는 없으나 반드시 −70mV보다는 크다.

이때 II에서 d_1이 ⓒ, d_2가 −70mV, d_4가 ⓒ이므로 d_1과 d_4의 중간 지점인 d_2를 자극 지점 P로 확정할 수 있다. II에서 d_1, d_4는 $\frac{4}{3}$ms인 지점인데, 이 경우 II와 III의 ⓒ가 서로 같은 값일 수 없으므로 모순이다.
∴ $6v$=2cm/ms이다.

모든 신경의 흥분의 전도 속도가 결정되었으므로, 가능한 ⓐ~ⓒ 값을 찾아 마무리하자.

III의 흥분의 전도 속도는 2cm/ms이므로, d_1과 d_4는 각각 자극 지점 Q 혹은 자극 지점으로부터 4cm 떨어진 지점이다. 즉, 각각 -70mV이거나 2ms의 막전위 값 (이해를 돕기 위해 10mV로 예를 들겠다.) 중 하나이다.

이때 ⓐ가 10mV이라면, I과 II의 d_2에서 모두 막전위 값이 10mV일 수 없다.

(II의 속도가 1cm/ms, I의 속도가 $\dfrac{2}{3}\text{cm/ms}$이므로

II의 자극 지점 P가 d_1이나 d_2가 되어야 하고, 이때 I의 d_2에서 10mV가 나올 수 없기 때문이다.)

즉, ⓐ는 -70mV이고, ⓒ는 10mV(예를 들자면)이 된다.

자극 지점 Q는 d_4이다.
자극 지점 P는 II의 d_1과 d_4에서가 모두 10mV이므로 d_2이다.

ㄱ. Q는 d_4이다. (O)
ㄴ. II의 흥분 전도 속도는 1cm/ms이다. (X)
ㄷ. ㉠이 5ms일 때 I의 d_5에서는 재분극이 일어나고 있지 않다. (X)

17 2024학년도 수능 10번

정답 : ㄱ, ㄴ, ㄷ

d_1이 자극지점이므로 자극지점에서의 앞시간이 0ms임을 고려했을 때 II가 2ms이다.
d_2의 -70mV, -80mV은 후보가 8ms, 4ms임을 고려하였을 때 뒷시간이 더 긴 I이 8ms,
III은 4ms이다.
III이 전체시간이 4ms인데 d_2에서 -80mV의 앞시간이 1ms이므로 A의 속도는 2cm/ms이다.
이를 고려하였을 때 d_3의 $+30\text{mV}$은 앞시간이 2ms이므로 ⓐ는 $4(\text{cm})$이다.

ㄱ. ㉮는 2cm/ms이다. (○)
ㄴ. ⓐ는 4이다. (○)
ㄷ. (8ms)에서 d_5의 0mV는 막전위 변화 그래프 상에 표시된 0mV에 해당한다.
   전체시간 8ms에서 뒷시간이 $1{\sim}2\text{ms}$ 사이의 값을 가지므로
   ㄷ보기에서 제시하는 전체시간 9ms 상황에서의 뒷시간은 $2{\sim}3\text{ms}$ 사이일 것이고,
   이때 d_5에서는 재분극이 일어나고 있다. (○)

정답 : ㄱ, ㄷ

A의 흥분 전도 속도는 $1cm/ms$이고, d_3와 d_4 사이의 거리가 $0.5cm$이므로
d_3와 d_4의 앞시간 차는 $0.5ms$이며 뒷시간차 또한 $0.5ms$이다.
$6ms$일 때 d_3와 d_4에서의 막전위 값이 각각 x, y인데 이 중에 $+30mV$가 존재하므로
나머지 $-60mV$의 앞시간은 $+30mV$보다 $0.5ms$만큼 크거나 작아야 한다.
이는 (가)가 아닌 (나) 막전위 변화 그래프에서 가능하므로
x는 $+30mV$, y는 뒷시간이 $1ms$인 $-60mV$이다.

$3ms$일 때 d_1과 d_2에서의 막전위 값은 각각 $-80mV$와 $-60mV$이며,
이는 각각 ㉠과 ㉡에 해당한다.
C의 흥분 전도 속도가 $2cm/ms$이므로 d_5와 d_6 사이의 시간차는 $1.5ms$이다.
㉢의 $-60mV$에서 뒷시간 $1.5ms$가 더해진 ㉣의 $0mV$는 (가)에서 재분극 상태이며,
㉣이 d_5, ㉢이 d_6이다.

ㄷ. 동일한 조건에서 $7ms$일 때 d_5에서 뒷시간은 $2.5ms$였다. 따라서 $6ms$일 때 d_5의 뒷시간은
$1.5ms$가 되고, 탈분극 구간에 해당한다. (○)

19 2025학년도 9월 평가원 10번

정답 : ㄱ, ㄷ

ⓒ가 $+30$ mV이거나 -80 mV이면 III에서 d_2와 d_5에서 앞시간은 물론 뒷시간도 같은 것이 되는데, 이는 d_2~d_5 간의 거리 간격과 시냅스의 유무를 고려하더라도 모순이다.

ⓒ는 -70 mV이며, ⓑ와 ⓐ는 -80 mV 또는 $+30$ mV이다.

I의 d_2~d_4에서의 막전위 값 ⓑ, ⓒ(-70), ⓑ 배치를 고려하였을 때

I의 자극 지점은 d_3이며 d_3와 d_2, d_3와 d_4 사이에 시냅스가 존재하지 않아야 한다.

각 지점 간의 거리 간격이 1 cm이고 B와 C의 흥분 전도 속도는 1 cm/ms 또는 2 cm/ms 중 하나이므로 t_1은 4 ms이고, I의 흥분 전도 속도는 1 cm/ms이며, ⓑ는 -80 mV이다.

나머지 ⓐ가 $+30$ mV이며, d_3에서 II, III의 막전위 값이 I과 같은 -70 mV가 아니므로 I은 C이다.

II, III의 자극 지점이 P로 동일하므로 막전위 값 또한 -70 mV로 동일해야 하는데, 이는 d_2와 d_5만 가능하다.

III에서 ⓐ($+30$ mV)와 ⓑ(-80 mV)의 배치를 고려하였을 때 자극 지점 P는 d_5이다.

II는 B, III은 A이며 시냅스가 ㉮에 있어 III의 d_2에서 막전위 값이 -70 mV(ⓒ)로 나타나는 것이다.

ㄱ. ⓐ는 $+30$이다. (○)

ㄷ. B의 흥분 전도 속도는 2 cm/ms이므로 ㉠이 3 ms일 때 B의 d_2에서 앞시간은 2 ms, 뒷시간은 1 ms가 된다. 따라서 이 시점에 B의 d_2에서는 탈분극이 일어나고 있다. (○)

20 2025학년도 수능 12번

정답 : ㄴ, ㄷ

표에서 C의 d_3와 d_5가 대칭이고, 그림에서 나타난 위치도 d_4를 기준으로 1 cm 거리로 대칭이다.

㉯에는 시냅스가 존재하지 않고, Q는 d_4이다. -80 mV의 앞시간 1이므로 y는 1이다.

d_1의 -70은 ㉱에 시냅스가 있어서 형성되는 것이다.

P가 d_2이면 A의 d_1이 $+30$인 것에 모순이다.

P가 d_4이면 A의 d_3가 -70인 것에 모순이다.

P는 d_3이며 d_5에 대해 B의 $+30$과 A의 -60을 보았을 때 앞시간이 ㉡과 ㉣에 시냅스가 없는 상황보다 길기 때문에 시냅스는 ㉡과 ㉣에 있어야 한다.

ⓐ는 -80이다.

ㄷ. ㉮가 3 ms일 때, B의 d_5에서 뒷시간이 1이 되므로 탈분극 구간에 해당한다. (○)

정답 : ㄱ

그래프에서는 -60mV가 1ms, 0mV가 2ms, -80mV가 3ms인 것을 알려주었다. 이 정보를 가지고 먼저 추론한다.

t_2일 때 B의 d_2와 d_4를 비교하면, d_2의 -70mV가 활동 전위가 종료된 상태임을 알 수 있다. 따라서 t_2일 때 A와 B의 d_2를 비교했을 때, B의 흥분 전도 속도가 더 빨라야 한다. B의 흥분 전도 속도는 3cm/ms가 되어야 하고, A의 흥분 전도 속도는 1cm/ms가 된다.

A와 B의 흥분 전도 속도를 바탕으로 [앞시간+뒷시간] 정보를 정리하면 다음과 같다.

신경	t_1일 때 측정한 막전위(mV)			t_2일 때 측정한 막전위(mV)		
	d_2	d_3	d_4	d_2	d_3	d_4
A	?	−70	?	?+3 −80	?	−70
B	−70	?+2 0	?+1 −60	−70	?	?+2 0

B에서 d_3까지 흥분이 도달하기까지는 3ms가 소요되므로 t_1일 때 B의 d_3는 3+2가 되어 $t_1 = 5\text{ms}$이다.

A에서 d_2까지 흥분이 도달하기까지는 3ms가 소요되므로 t_2일 때 A의 d_2는 3+3이 되어 $t_2 = 6\text{ms}$이다.

ㄱ. $t_1 = 5\text{ms}$이다. (○)

ㄴ. B의 흥분 전도 속도는 3cm/ms이다. (X)

ㄷ. 6ms일 때 B의 d_3는 〈시간 분할 해석〉에 따라 해석하면 3+3이므로, 탈분극 상태가 아니다. (X)

정답 : ㄱ, ㄷ

그래프에서는 $-60\mathrm{mV}$가 $1\mathrm{ms}$와 $2.5\mathrm{ms}$, $0\mathrm{mV}$가 $2\mathrm{ms}$, $-80\mathrm{mV}$가 $3\mathrm{ms}$인 것을 알려주었다.
이 정보를 가지고 먼저 추론한다.

자극을 준 지점은 $2\mathrm{ms}$일 때 $0\mathrm{mV}$, $3\mathrm{ms}$일 때 $-80\mathrm{mV}$, $4\mathrm{ms}$부터는 $-70\mathrm{mV}$이어야 하므로 자극을 준 지점은 II가 된다.

표의 $2\mathrm{ms}$부터 순서대로 [앞시간+뒷시간] 정보를 구해보겠다.
I의 $-60\mathrm{mV}$는 1+1이 되고, III의 $-60\mathrm{mV}$는 3+1이나 1.5+2.5가 되고,
IV의 $-80\mathrm{mV}$는 2+3이 된다.

A의 흥분 전도 속도가 $x\,\mathrm{cm/ms}$라고 할 때,
II로부터 x, $2x$, $3x$만큼 떨어진 거리의 지점이 존재하거나
x, $2x$, $1.5x$만큼 떨어진 거리의 지점이 존재해야 한다.
이를 만족하는 경우는 I이 d_4, II가 d_3, III이 d_2, IV가 d_1인 경우다.
계산해보면 A의 흥분 전도 속도는 $4\,\mathrm{cm/ms}$가 나온다.

ㄱ. IV는 d_1이다. (○)
ㄴ. A의 흥분 전도 속도는 $4\,\mathrm{cm/ms}$이다. (X)
ㄷ. ㉠이 $3\mathrm{ms}$일 때 d_4는 1+2가 되어 재분극이 일어나고 있다. (○)

정답 : ㄱ, ㄴ, ㄷ

그래프에서는 $+30\mathrm{mV}$가 $2\mathrm{ms}$인 것과 $-80\mathrm{mV}$가 $3\mathrm{ms}$인 것을 알려주었다.
이 정보를 가지고 먼저 추론한다.

ⓐ를 모르기 때문에 [앞시간+뒷시간] 정보를 구해보면 A의 d_2는 x+3, C의 d_3는 y+2로 표현할 수 있다.
ⓐ가 4라면 x는 1이 되어 A의 흥분 전도 속도는 $3\,\mathrm{cm/ms}$가 되고,
B의 d_2는 3+1 또는 2+2가 되어야 하는데, 그럴 경우 B의 d_2에서는 $-70\mathrm{mV}$가 측정될 수 없다.
따라서 ⓐ는 5이고, A의 흥분 전도 속도는 $1.5\,\mathrm{cm/ms}$이다.
B의 d_2는 1+4가 되어 B의 흥분 전도 속도는 $3\,\mathrm{cm/ms}$이고, C의 흥분 전도 속도는 $1\,\mathrm{cm/ms}$이다.

ㄱ. ⓐ는 5이다. (○)
ㄴ. A의 d_5는 4+1로 해석되고, C의 d_4는 (3+1)+1로 해석되어 두 지점에서의 막전위 값은 같다. (○)
ㄷ. 흥분 전도 속도는 B가 A의 2배이다. (○)

24 2022년 4월 교육청 12번

정답 : ㄴ

(가)와 (나)의 속도비가 1:2이므로 자극 지점이 d_1이면 (가)의 d_2와 (나)의 d_3의 막전위 값이 동일하고, (가)의 d_3와 (나)의 d_4의 막전위 값이 동일해야 한다.

㉠, ㉡, ㉢ 세 종류의 막전위 값만 가지고 (가)와 (나)의 $d_2 \sim d_4$의 막전위를 모두 구성할 수 있는 것으로 보아 X는 d_1이며 B가 d_3, A가 d_4여야 상황을 만족시킨다.

3ms에 해당하는 -80이 ㉠~㉢ 중에 존재한다.
㉢이 -80이면 (가)와 (나)의 속도가 각각 1cm/ms, 2cm/ms이 되지만, 0과 -70의 위치를 모순 없이 배치할 수 없다.
㉡이 -80이면 (가)와 (나)의 속도비가 1:2라는 조건에 모순이다.
따라서 ㉠이 -80이며 (가)와 (나)의 속도가 각각 1cm/ms, 2cm/ms이다.

ㄱ. X는 d_1이다. (X)
ㄴ. ㉠은 -80이다. (○)
ㄷ. ⓐ가 5ms일 때 (나)의 B(d_3)에서 탈분극이 일어나고 있지 않다 (X)

25 2023년 7월 교육청 18번

정답 : ㄴ, ㄷ

d_3와 d_4에서 흥분 전도 속도가 1cm/ms인 뉴런과 2cm/ms인 뉴런의 앞시간은 각각 2ms, 1ms이므로 전체시간이 5ms일 때 뒷시간은 각각 3ms, 4ms이다. 즉 -80mV이 d_3, -70mV이 d_4이다. 전체시간이 4ms가 되면 뒷시간이 1ms씩 감소하므로 이때 d_3와 d_4의 뒷시간은 각각 2ms, 3ms이므로 막전위 값은 각각 0mV과 -80mV에 대응되어 ㉠이 -80mV이어야 한다.

A와 B의 흥분 전도 속도가 1cm/ms, C의 흥분 전도 속도가 2cm/ms라면, 전체 시간이 5ms일 때, d_1, d_2, d_4에서의 막전위가 -70mV가 되고, d_3, d_6에서의 막전위는 -80mV가 된다. 남은 지점은 d_5 하나 인데, 표에서는 -60mV와 -50mV가 남아 모순이 발생한다.
따라서 A와 B의 흥분 전도 속도가 2cm/ms, C의 흥분 전도 속도가 1cm/ms가 된다.

ㄱ. ⓐ는 2이다. (X)
ㄴ. ㉠은 -80mV이다. (○)
ㄷ. d_5에서 전체시간이 4ms일 때의 막전위 값은 $+10$mV, 전체시간이 5ms일 때의 막전위 값은 -50mV이다. 두 막전위 값 사이에는 1ms의 텀이 존재하기에 막전위 그래프 상에서 뒷시간이 더 긴 5ms의 -50mV가 재분극 구간에 위치하고, $+10$mV는 그보다 1ms 뒤처진 약 1~1.5ms의 탈분극 구간에 위치해야 한다. (○)

memo

01 2015학년도 9월 평가원 11번

정답 : ㄱ, ㄴ

ㄱ. 신경 a의 축삭 돌기에서는 $Na^+ - K^+$ 펌프를 통해 K^+이 세포 안으로 유입된다. (○)

ㄴ. 자료에서 신경 b는 운동 뉴런으로 말이집이 존재하기 때문에 흥분의 이동이 도약 전도를 통해 일어난다. (○)

ㄷ. ⓐ가 일어나는 동안 ㉠의 근육이 이완되면서 근육 원섬유 마디는 늘어난다.

이때 A대 길이는 항상 일정하고, I대 길이는 증가하면서 $\dfrac{\text{A대의 길이}}{\text{I대의 길이}}$ 가 작아진다. (X)

02 2018학년도 9월 평가원 13번

정답 : ㄱ, ㄴ

ㄱ. ㉠은 연합 뉴런이다. (○)

ㄴ. ㉡은 척수에 연결된 운동 뉴런으로, ㉡의 신경 세포체는 척수의 회색질(회백질)에 존재한다. (○)

ㄷ. 근육 ⓐ가 수축하는 과정에서 A대의 길이는 일정하고 I대와 H대의 길이는 짧아지므로

$\dfrac{\text{A대의 길이}}{\text{I대의 길이} + \text{H대의 길이}}$ 는 커진다. (X)

03 2022학년도 9월 평가원 2번

정답 : ㄱ

A는 감각 뉴런, B는 운동 뉴런이다.

→ ㄱ 정답, ㄴ 오답

ㄷ. 무릎 반사의 조절 중추는 척수이다. 척수는 뇌줄기를 구성하지 않는다. (X)

04 2023학년도 수능 5번

정답 : ㄴ, ㄷ

A는 자극을 중추 신경계에 전달하는 감각 뉴런이며, B는 척수에 위치한 연합 뉴런이고, C는 중추 신경계의 명령을 팔의 근육에 전달하는 운동 뉴런이다.

ㄱ. A는 감각뉴런이다. (X)

ㄴ. 운동뉴런(C)의 신경 세포체는 척수에 있다. (○)

ㄷ. 자극을 받은 A의 축삭 돌기 말단에 B가 시냅스를 이루고 있기 때문에 A에서 B로 흥분의 전달이 발생한다. (○)

05 2018학년도 수능 13번

정답 : ㄱ, ㄴ

㉠과 ㉡은 부교감 신경을 구성하고 연수에 연결되어 있다.
㉢과 ㉣은 교감 신경을 구성하고 척수에 연결되어 있다.
㉤은 운동 뉴런을 구성하고 척수의 전근으로부터 나온다.
→ ㄱ 정답, ㄷ 오답

ㄴ. ㉡과 ㉢의 말단에서는 동일하게 아세틸콜린이 분비된다. (○)

06 2019학년도 수능 12번

정답 : ㄱ

ㄱ. 자율 신경은 말초 신경계에 속한다. (○)
ㄴ. ㉠의 말단에서는 아세틸콜린이, ㉢의 말단에서는 노르에피네프린이 분비된다. (X)
ㄷ. 방광에 연결된 부교감 신경의 신경절 이전 뉴런의 신경 세포체는 척수에 존재한다. (X)

07 2020학년도 6월 평가원 11번

정답 : ㄱ, ㄷ

A는 교감 신경, B는 부교감 신경이다.
(나)에서 심장 세포에서의 활동 전위 발생 빈도가 증가하였기 때문에 교감 신경을 자극한 결과이다.
→ ㄷ 정답

ㄱ. 자율 신경은 말초 신경계에 속한다. (○)
ㄴ. 심장에 연결된 부교감 신경의 신경절 이전 뉴런의 신경 세포체는 연수에 존재한다. (X)

08 2020년 3월 교육청 6번

정답 : ㄱ

A는 중간뇌, B는 연수이다.
중간뇌는 동공 반사의 중추이다.
→ ㄱ 정답, ㄴ 오답

ㄷ. 연수와 심장을 연결하는 자율 신경은 부교감 신경으로, 신경절은 ㉡에 존재한다. (X)

09 2021학년도 6월 평가원 3번

정답 : ㄱ

ㄱ. 교감 신경은 신경절 이전 뉴런이 신경절 이후 뉴런보다 짧다. (○)

ㄴ. 부교감 신경은 자율 운동 신경이다. (X)

ㄷ. ⓐ는 '촉진됨'이다. (X)

10 2021학년도 9월 평가원 16번

정답 : ㄱ

㉠과 ㉡은 교감 신경을, ㉢과 ㉣은 부교감 신경을 이룬다.

ㄱ. 교감 신경의 신경절 이전 뉴런의 신경 세포체는 척수의 회색질에 있다. (○)

ㄴ. 빛의 세기가 강할수록 동공의 크기가 작아지므로 P_1보다 빛의 세기가 더 강한 P_2에서 교감 신경의 작용이 줄어든다. 따라서 ㉡의 말단에서 분비되는 신경 전달 물질의 양이 줄어든다. (X)

ㄷ. ㉣의 말단에서 분비되는 신경 전달 물질은 아세틸콜린이다. (X)

11 2021년 3월 교육청 5번

정답 : ㄱ, ㄴ

㉠~㉣ 모두 부교감 신경을 구성한다.

㉠~㉣의 말단에서는 동일하게 아세틸콜린이 분비된다.

→ ㄱ, ㄴ 정답

ㄷ. ㉣의 말단에서 아세틸콜린이 분비되며, 그 결과로 심장 박동은 억제된다. (X)

12 2021년 7월 교육청 10번

정답 : ㄴ, ㄷ

ⓐ는 ㉠, ⓑ는 ㉢, ⓒ는 ㉡이다.

→ ㄱ 오답

ㄴ. 교감 신경의 신경절 이전 뉴런의 신경 세포체는 척수에 존재한다. (○)

ㄷ. ㉡은 운동 신경이다. (○)

13 2023학년도 9월 평가원 13번

정답 : ㄱ

I에 연결된 A에 자극을 주고 I과 II의 심장 세포에서 활동 전위 발생 빈도를 측정했을 때 자극 이후 활동 전위 발생 빈도가 감소하였다. 이는 부교감 신경(A)의 작용에 의한 결과이고, 부교감 신경(A)의 신경절 이후 뉴런의 축삭 돌기 말단에서는 아세틸콜린이 분비된다.

ㄱ. A는 자율 신경인 부교감 신경으로 말초신경계에 속한다. (○)

ㄴ. ㉮는 아세틸콜린이다. (X)

ㄷ. (나)의 ㉡에 아세틸콜린을 처리하면 II의 세포에서 활동 전위 발생 빈도가 감소한다. (X)

14 2024학년도 수능 7번

정답 : ㄱ, ㄷ

ㄱ. 신경절 이후 뉴런의 축삭 돌기 말단에서 아세틸콜린이 분비되는 I은 부교감 신경이고, 위에 연결되어있으므로 (가)는 뇌줄기이다. (○)

ㄴ. 뇌줄기에서 나와 심장에 연결된 II는 부교감 신경에 해당한다. 부교감 신경에서 신경절 이후 뉴런의 축삭 돌기 말단에서 분비되는 신경 전달 물질은 아세틸콜린이므로 ㉠은 아세틸콜린이다. (X)

ㄷ. III에서 신경절 이후 뉴런의 축삭 돌기 말단에서 아세틸콜린이 분비되므로 III도 부교감 신경이다. (○)

15 2025학년도 6월 평가원 7번

정답 : ㄱ, ㄴ, ㄷ

A는 교감신경, B는 부교감신경에 해당한다.

ㄱ. A의 신경절 이후 뉴런의 축삭 돌기 말단에서 노르에피네프린이 분비된다. (○)

ㄴ. B의 신경절 이전 뉴런의 신경 세포체는 척수에 있다. (○)

ㄷ. A와 B는 모두 말초 신경계에 속한다. (○)

04 해설

01 2022학년도 9월 평가원 8번

정답 : ㄱ, ㄴ

㉠은 ADH, ㉡은 TSH이다.
TSH는 뇌하수체 전엽에서, ADH는 뇌하수체 후엽에서 분비된다.
→ ㄴ 정답

ㄱ. ADH는 혈액을 통해 표적 세포로 이동한다. (○)
ㄷ. 혈중 티록신 농도가 증가하면 TSH의 분비가 억제된다. (X)

02 2023학년도 6월 평가원 6번

정답 : ㄱ, ㄴ, ㄷ

티록신은 갑상샘에서 분비되는 호르몬이고, 항이뇨 호르몬(ADH)은 뇌하수체 후엽에서 분비되는 호르몬이므로, A는 티록신, B는 항이뇨 호르몬(ADH)이다.

ㄱ. A는 티록신이다. (○)
ㄴ. B는 항이뇨 호르몬이므로 콩팥에서 물의 재흡수를 촉진한다. (○)
ㄷ. 갑상샘 자극 호르몬(TSH)은 뇌하수체 전엽에서 분비되는 호르몬으로 ㉠은 뇌하수체 전엽이다. (○)

03 2024학년도 6월 평가원 7번

정답 : ㄱ, ㄴ

ㄱ. 티록신은 갑상샘에서 분비되는 호르몬이다. (○)
ㄴ. A는 물질대사량이 정상보다 증가하였으므로 ㉠은 '정상보다 높음'이고, B는 물질대사량이 정상보다 감소하였으므로 ㉡은 '정상보다 낮음'이다. (○)
ㄷ. 자료에 의하면 B는 갑상샘 기능에 이상이 있어 티록신 농도가 정상보다 낮게 분비되는 사람이다. 티록신은 물질대사를 촉진하는 호르몬이므로 B에게 티록신을 투여하면 이전보다 물질대사량이 증가할 것이다. (X)

04 2024학년도 9월 평가원 8번

정답 : ㄴ

사람 A에서 티록신의 농도가 정상보다 낮은 이유는 TSH가 분비되지 않기 때문이므로
TSH를 투여하면 티록신의 농도는 정상으로 돌아와야 한다.
사람 B에서 티록신의 농도가 정상보다 낮은 이유는 TSH의 표적 세포가 TSH에 반응하지 못하기 때문
이므로 TSH를 투여해도 그 효과는 없어야 한다.
따라서 ㉠은 A, ㉡은 B가 되어야 한다.

ㄱ. ㉠은 A이다. (X)
ㄴ. A는 TSH가 분비되지 못하더라도 TSH 투여 후 티록신의 농도가 정상으로 회복되었기 때문에
   A의 갑상샘에서 티록신이 분비된 것이다. (O)
ㄷ. 정상인에서 혈중 티록신의 농도가 증가하면 음성 피드백으로 뇌하수체 전엽에서 TSH의 분비가
   억제된다. (X)

05 2024학년도 수능 14번

정답 : ㄱ, ㄷ

2024학년도 9월 평가원 8번에서 업그레이드된 문항이다.
9월 평가원에서는 혈중 티록신의 농도가 정상보다 낮은 원인 2가지를 제시했다면,
수능에서는 혈중 티록신의 농도가 정상적이지 않은 원인 3가지를 제시하였다.

뇌하수체 전엽에 이상이 생겨 TSH의 분비량이 정상보다 적은 A에서는 TSH와 티록신의 혈중 농도
가 모두 정상보다 낮아야 할 것이다.
갑상샘에 이상이 생겨 티록신 분비량이 정상보다 많은 B에서는 티록신의 혈중 농도는 정상보다 높겠
지만, 음성 피드백에 의해 TSH의 혈중 농도는 정상보다 낮아야 할 것이다.
갑상샘에 이상이 생겨 티록신 분비량이 정상보다 적은 C에서는 B와는 반대로 티록신의 혈중 농도는
정상보다 낮겠지만, 음성 피드백에 의해 TSH의 혈중 농도는 정상보다 높아야 할 것이다.
이렇게 정리한 것을 표 (나)에 매칭해보면 ㉠은 C, ㉡은 B, ㉢은 A가 되겠고, ⓐ='－'가 되어야 한다.

ㄱ. ⓐ='－'이다, (O)
ㄴ. ㉠(C)에 티록신을 투여하면 음성 피드백에 의해 TSH의 분비량은 감소한다. (X)
ㄷ. 시상 하부에서 분비되는 TRH는 뇌하수체 전엽을 자극하여 TSH의 분비를 촉진한다. 따라서 정
   상인에서 뇌하수체 전엽에 TRH의 표적 세포가 있다. (O)

06 2020학년도 6월 평가원 7번

정답 : ㄱ, ㄷ

㉠은 글루카곤, ㉡은 인슐린이다.

글루카곤은 이자의 α세포에서 분비된다.

→ ㄱ 정답

ㄴ. 인슐린의 분비를 조절하는 중추는 간뇌의 시상하부이다. (X)

ㄷ. 혈중 인슐린 농도는 C_2일 때가 C_1일 때보다 높다. (○)

07 2021학년도 6월 평가원 8번

정답 : ㄴ

A는 당뇨병 환자, B는 정상인이다.

X는 인슐린이고, 이자의 β세포에서 분비된다.

→ ㄱ 오답, ㄴ 정답

ㄷ. 글루카곤은 혈당을 상승시키므로 정상인에서 혈중 글루카곤의 농도는
혈중 포도당 농도가 높은 t_1에서가 탄수화물 섭취 시점에서보다 낮다. (X)

08 2021학년도 9월 평가원 8번

정답 : ㄱ, ㄴ

A의 당뇨병은 (가)에 해당한다.

→ ㄱ 정답

ㄴ. 인슐린은 세포로의 포도당 흡수를 촉진한다. (○)

ㄷ. t_1일 때 혈중 포도당 농도는 A가 정상인보다 높다. (X)

09 2021년 7월 교육청 3번

정답 : ㄱ, ㄴ

A는 글루카곤, B는 인슐린이다.

㉠은 인슐린이다.

→ ㄱ 정답

ㄴ. 글루카곤은 이자의 α세포에서 분비된다. (○)

ㄷ. 인슐린을 처리했을 때 세포 밖 포도당 농도가 높을수록
세포 밖에서 세포 안으로 이동하는 포도당의 양이 더 많다.(X)

10 2022학년도 수능 8번

정답 : ㄱ, ㄴ

㉠은 인슐린이다. 인슐린은 세포 안으로의 포도당 흡수를 촉진한다.
→ ㄴ 정답

ㄱ. 글루카곤은 이자의 α세포에서 분비된다. (○)
ㄷ. 간에서 단위 시간당 생성되는 포도당의 양은 혈중 포도당 농도가 낮아진 t_1일 때가 더 많다. (X)

11 2023학년도 6월 평가원 16번

정답 : ㄱ

정상인이 탄수화물을 섭취하여 혈당량이 높을 때 혈중 농도가 높은 ㉠은 혈당량을 감소시키는 기능을 하는 인슐린이고, 혈중 농도가 낮은 ㉡은 혈당량을 증가시키는 기능을 하는 글루카곤이다.
인슐린이 분비되는 X는 β세포이고, 글루카곤(㉡)이 분비되는 Y가 α세포이다.

ㄱ. 인슐린과 글루카곤은 혈중 포도당 농도 조절에 길항적으로 작용한다. (○)
ㄴ. 글루카곤(㉡)은 간에서 글리코젠이 포도당으로 전환되는 과정을 촉진한다. (X)
ㄷ. X는 β세포이다. (X)

12 2023학년도 수능 10번

정답 : ㄱ

인슐린 투여 후 혈중 포도당 농도는 감소하고, 혈중 글루카곤 농도는 증가할 것이다.
(가)에서 t_2이후 II에서 ㉠이 감소했으므로
㉠은 혈중 포도당 농도이고, (나)에서 t_1이후 II에서 ㉡이 증가했으므로 ㉡은 혈중 글루카곤 농도이다.
I은 t_1이후 ㉠(혈중 포도당 농도)과 ㉡(혈중 글루카곤 농도)의 변화가 없고,
II는 t_1 이후 ㉠과 ㉡의 변화가 있으므로 인슐린을 투여받은 사람은 II이다.

ㄱ. 인슐린은 세포로의 포도당 흡수를 촉진한다. (○)
ㄴ. ㉡은 혈중 글루카곤 농도이다. (X)
ㄷ. I의 혈중 글루카곤 농도는 t_1일 때와 t_2일 때가 같고, II의 글루카곤 농도는 t_1일 때가 t_2일 때보다 작으므로 $\dfrac{\text{I의 혈중 글루카곤 농도}}{\text{II의 혈중 글루카곤 농도}}$ 는 t_2일 때가 t_1일 때보다 작다. (X)

13 2014년 7월 교육청 12번

정답 : ㄴ, ㄷ

A는 교감 신경에 의한, B는 호르몬에 의한 조절이다.

→ ㄱ 오답

ㄴ. 열 발생량을 증가시켜 체온을 높이는 B 과정은 구간 I에서보다 구간 II에서 활발하게 일어난다.

(○)

ㄷ. 열 발산으로 체온을 낮추기 위해 피부 모세 혈관을 흐르는 혈액량은 구간 II에서보다 구간 III에서 많다. (○)

14 2020학년도 9월 평가원 9번

정답 : ㄱ, ㄷ

㉠은 피부에서의 열 발산량(열 방출량)이다.

→ ㄱ 정답

ㄴ. 교감 신경의 신경절 이후 뉴런의 축삭 돌기 말단에서 분비되는 신경 전달 물질은 노르에피네프린이다. (X)

ㄷ. 피부 근처 모세 혈관으로 흐르는 단위 시간당 혈액량이 증가할수록

피부에서의 열 발산량이 증가하므로 T_2일 때가 T_1일 때보다 많다. (○)

15 2020년 3월 교육청 4번

정답 : ㄱ, ㄴ

호르몬 ㉠은 티록신이다.

→ ㄱ 정답

ㄴ. 척수에서 나오는 신경 A는 원심성 신경이다. (○)

ㄷ. 피부의 혈관이 수축하면 열 발산량이 감소한다. (X)

16 2021학년도 6월 평가원 5번

정답 : ㄴ, ㄷ

㉠은 피부 근처 모세 혈관을 흐르는 단위 시간당 혈액량이다.

→ ㄱ 오답, ㄴ 정답

ㄷ. 체온 조절 중추는 간뇌의 시상 하부이다. (○)

17 2021학년도 9월 평가원 7번

정답 : ㄱ

㉠은 '피부 근처 혈관 수축'이다.

→ ㄱ 정답

ㄴ. 혈중 ADH의 농도가 증가하면, 생성되는 오줌의 삼투압은 증가한다. (X)

ㄷ. 체온 조절과 체내 삼투압 조절 중추는 간뇌의 시상하부이다. (X)

18 2022학년도 6월 평가원 12번

정답 : ㄷ

㉠은 저온, ㉡은 고온이다.

→ ㄱ 오답

ㄴ. 사람의 체온 조절 중추에 고온 자극을 주면 피부 근처 혈관이 확장된다. (X)

ㄷ. 사람의 체온 조절 중추는 간뇌의 시상 하부이다. (○)

19 2018학년도 9월 평가원 16번

정답 : ㄱ, ㄴ, ㄷ

호르몬 X는 ADH이다.

㉠은 정상 상태일 때보다 전체 혈액량이 증가한 상태이다.

→ ㄱ 정답

ㄴ. 혈중 ADH 농도는 p_2일 때가 p_1일 때보다 높으므로 단위 시간당 오줌 생성량은 p_1일 때 더 많다. (○)

ㄷ. 혈중 ADH 농도는 오줌 생성량이 더 적은 t_2일 때가 t_1일 때보다 높다. (○)

20 2019학년도 6월 평가원 14번

정답 : ㄱ

ㄱ. 혈중 항이뇨 호르몬 농도는 오줌 생성량이 더 적은 구간 I에서가 구간 II에서보다 높다. (○)

ㄴ. 혈장 삼투압은 구간 II에서가 구간 III에서보다 낮다. (X)

ㄷ. t_1일 때 땀을 많이 흘리면 혈장 삼투압이 증가하면서 혈중 항이뇨 호르몬 농도가 증가하기 때문에 생성되는 오줌의 삼투압이 증가한다. (X)

21 2020학년도 수능 8번

정답 : ㄱ, ㄷ

㉠은 단위 시간당 오줌 생성량이다.

→ ㄴ 오답

ㄱ. 간뇌의 시상 하부는 ADH의 분비를 조절한다. (○)
ㄷ. 콩팥에서 단위 시간당 수분 재흡수량은 혈중 ADH 농도가 더 높은 C_2일 때가 C_1일 때보다
  많다. (○)

22 2021학년도 6월 평가원 12번

정답 : ㄱ, ㄴ

㉠은 전체 혈액량, ㉡은 혈장 삼투압이다.

→ ㄱ 정답

ㄴ. 콩팥은 ADH의 표적 기관이다. (○)
ㄷ. (가)에서 단위 시간당 오줌 생성량은 혈중 ADH 농도가 더 낮은 t_2에서가 t_1에서보다 많다. (X)

23 2020년 10월 교육청 9번

정답 : ㄱ, ㄴ, ㄷ

물을 섭취하면 혈장 삼투압이 감소하여 혈중 항이뇨 호르몬 농도가 감소한다.
이로 인해 오줌 생성량은 증가하고 오줌 삼투압은 감소한다.

→ ㄱ, ㄴ, ㄷ 정답

24 2023학년도 9월 평가원 5번

정답 : ㄱ

정상 개체 II는 호르몬 X의 분비를 촉진하는 자극 ⓐ에 의해 오줌 생성량이 감소했으므로 X는 항이
뇨 호르몬(ADH)이고, ㉠이 제거된 개체 I은 자극 ⓐ에 의해 오줌 생성량이 크게 감소하지 않았으므
로 ㉠은 항이뇨 호르몬(ADH)이 분비되는 뇌하수체 후엽이다.

ㄱ. ㉠은 뇌하수체 후엽이다. (○)
ㄴ. 콩팥에서 단위 시간당 수분 재흡수량이 많을수록 오줌 생성량이 감소한다. t_1일 때 오줌 생성량은
  I에서가 II에서보다 많으므로 콩팥에서의 단위 시간당 수분 재흡수량은 I에서가 II에서보다 적다.
  (X)
ㄷ. t_1일 때 I에게 항이뇨 호르몬(ADH)을 주사하면 콩팥에서 수분 재흡수량이 증가하고, 오줌 생성량
  이 감소하며, 오줌의 삼투압이 증가한다. (X)

25 2023학년도 수능 8번

정답 : ㄱ

전체 혈액량 변화에 대해 혈중 ADH 농도가 높은 II는 'ADH가 과다하게 분비되는 사람'이고, I은 'ADH가 정상적으로 분비되는 사람'이다.

ㄱ. 호르몬인 ADH는 혈액을 통해 표적 세포로 이동한다. (○)

ㄴ. II는 'ADH가 과다하게 분비되는 사람'이다. (X)

ㄷ. ADH는 콩팥에서 수분 재흡수를 촉진하여 오줌 생성량을 감소시킨다. I에서 단위 시간당 오줌 생성량은 ADH 농도가 높은 V_1에서가 ADH 농도가 낮은 V_2에서보다 적다, (X)

26 2024학년도 6월 평가원 11번

정답 : ㄷ

혈중 ADH 농도가 증가함에 따라서 증가하는 양상을 보이는 것은 오줌 삼투압이다.
따라서 ⊙은 오줌 삼투압에 해당한다.

ㄱ. ADH의 분비량이 증가하면 콩팥에서 물의 재흡수량이 증가하여 단위 시간당 오줌 생성량이 감소하므로 단위 시간당 오줌 생성량은 C_2일 때가 C_1일 때보다 적다. (X)

ㄴ. 수분 공급이 중단되면 혈장 삼투압의 증가로 인해 ADH의 분비량이 증가한다. 이로 인해 콩팥의 수분 재흡수가 촉진되며 오줌 삼투압이 증가한다. 따라서 수분 공급이 중단된 사람은 오줌 삼투압 (=⊙)이 상승한 A이고, t_1시점에서 A의 혈중 ADH 농도는 B의 혈중 ADH 농도보다 높으므로 $\dfrac{\text{B의 혈중 ADH 농도}}{\text{A의 혈중 ADH 농도}}$ 는 1보다 작다. (X)

ㄷ. ADH의 분비 기관은 뇌하수체 후엽이고, ADH의 표적 기관은 콩팥이다. (○)

27 2024학년도 9월 평가원 6번

정답 : ㄱ

문제에서는 고온 환경에 노출시켜 땀을 흘리게 하는 상황을 제시하고 있다.
땀을 흘리면 시간에 따라 체액의 손실이 발생할 것이고, 이에 따른 보상작용으로 ADH가 분비되겠음을 생각할 수 있다. 그리고 ADH가 분비되면 몸의 혈장 삼투압이 낮아진다.
따라서 ADH가 정상적으로 분비되는 개체는 B이고,
ADH가 정상보다 적게 분비되는 개체는 A이다.

ㄱ. ADH는 물의 재흡수를 촉진하는 호르몬이다. (O)
ㄴ. A는 '항이뇨 호르몬(ADH)이 정상보다 적게 분비되는 개체'이다. (X)
ㄷ. 땀이 계속해서 흐르도록 고온 환경에 노출시킨 상황이므로
t_2에서 흘린 땀의 총량이 t_1보다 많겠음을 알 수 있다.
즉, 체액의 손실량이 t_2에서 더 많은 것이다.
따라서 ADH의 작용에 따라 B에서 생성되는 오줌의 삼투압은 t_2일 때가 t_1일 때보다 높다. (X)

28 2024학년도 수능 9번

정답 : ㄴ

갈증 정도는 혈장 삼투압과 비례하게 증가하므로 ⓐ는 혈장 삼투압이다.

ㄱ. 혈장 삼투압이 높을수록 콩팥에서 재흡수되는 물의 양이 증가하므로
생성되는 오줌의 삼투압이 높아진다.
따라서 생성되는 오줌의 삼투압은 안정 상태일 때가 p_1일 때보다 낮다. (X)
ㄴ. t_2일 때 혈장 삼투압이 B에서 더 높기 때문에 갈증을 느끼는 정도는 B에서가 A에서보다 크다.
(O)
ㄷ. 혈장 삼투압이 높을수록 항이뇨 호르몬(ADH)의 분비가 증가하므로,
B의 혈중 항이뇨 호르몬(ADH) 농도는 t_1일 때가 t_2일 때보다 낮다. (X)

29 2025학년도 6월 평가원 4번

정답 : ㄴ, ㄷ

ㄱ. ㉠은 뇌하수체 전엽, ㉡은 뇌하수체 후엽이다. (X)
ㄴ. ADH는 콩팥에서 물의 재흡수를 촉진한다. (O)
ㄷ. TSH와 ADH는 모두 혈액을 통해 표적 기관으로 운반된다. (O)

30 2025학년도 9월 평가원 6번

정답 : ㄱ

호르몬 주입에 ⓐ가 더 즉각적으로 반응하므로,
ⓐ가 간에서 단위 시간당 글리코젠으로부터 생성되는 포도당의 양
ⓑ가 혈중 포도당의 농도에 해당한다.
호르몬 X의 주입에 따라서 ⓐ, ⓑ가 모두 증가했으므로 X는 글루카곤에 해당한다.

ㄱ. ⓑ는 혈중 포도당 농도이다. (○)
ㄴ. 혈중 인슐린 농도는 구간 II에서가 I에서보다 높다. (X)
ㄷ. 혈중 포도당 농도가 증가하면 인슐린의 분비가 촉진된다. (X)

31 2025학년도 9월 평가원 9번

정답 : ㄴ, ㄷ

ⓛ의 농도가 감소함에 따라 ⑤의 농도가 증가하므로 ⑤은 TSH, ⓛ은 티록신이다.

ㄱ. ⑤은 TSH이다. (X)
ㄴ. ⓛ의 분비는 음성 피드백에 의해 조절된다. (○)
ㄷ. t_1은 t_2 시기에 비해 물질 대사량은 높고, TSH 농도는 낮다. (○)

32 2025학년도 수능 5번

정답 : ㄱ

⑤의 섭취량이 증가함에 따라 I과 II 모두에서 혈장 삼투압이 증가하였으므로 ⑤은 소금이다.

ㄱ. 콩팥은 ADH의 표적 기관이다. (○)
ㄴ. 혈장 삼투압이 더 큰 폭으로 증가한 I이 ADH가 정상보다 적게 분비되는 개체이다. (X)
ㄷ. II에서 단위 시간당 오줌 생성량은 C_1일 때가 C_2일 때보다 많다. (X)

33 2025학년도 수능 10번

정답 : ㄴ

X 투여 이후 간에서 단위 시간당 글리코젠으로부터 생성되는 포도당의 양과 혈중 포도당 농도가 모두 감소하였으므로 X는 인슐린이다.

ⓐ가 상승한 이후에 ⓑ가 상승했으므로 ⓐ는 간에서 단위 시간당 글리코젠으로부터 생성되는 포도당의 양, ⓑ는 혈중 포도당의 농도이다.

ㄱ. 혈중 포도당의 농도는 구간 I에서가 구간 III에서보다 높다. (X)
ㄴ. 혈중 인슐린의 농도는 구간 I에서가 구간 II에서보다 낮다. (◯)
ㄷ. 혈중 글루카곤 농도는 구간 II에서가 구간 III에서보다 낮다. (X)

memo

01 2020학년도 9월 평가원 6번

정답 : ㄷ

특징 '바이러스성 질병이다.'에는 독감과 후천성 면역 결핍 증후군(AIDS)이 해당한다.
특징 '병원체는 유전 물질을 가진다.'에는 세 가지 질병 모두가 해당한다.
특징 '병원체는 인간 면역 결핍 바이러스(HIV)이다.'에는 후천성 면역 결핍 증후군(AIDS)이 해당한다.

∴ ㉠ : '병원체는 유전 물질을 가진다.'
  ㉡ : '바이러스성 질병이다.'
  ㉢ : '병원체는 인간 면역 결핍 바이러스(HIV)이다.'
  A : 결핵, B : 독감, C : 후천성 면역 결핍 증후군(AIDS)
→ ㄱ 오답

ㄴ. 독감의 병원체인 바이러스는 세포 구조로 되어 있지 않다. (X)
ㄷ. 후천성 면역 결핍 증후군(AIDS)의 병원체인 바이러스는 스스로 물질대사를 하지 못한다. (○)

02 2021학년도 9월 평가원 5번

정답 : ㄴ, ㄷ

표의 4가지 질병은 모두 감염성 질병이다.
천연두와 홍역의 병원체는 바이러스이고, 결핵과 콜레라의 병원체는 세균이다.
→ ㄱ 오답, ㄷ 정답

ㄴ. 결핵의 병원체는 세균으로, 치료에 항생제가 사용된다. (○)

03 2021학년도 수능 3번

정답 : ㄷ

ㄱ. 말라리아의 병원체는 원생생물이다. (X)
ㄴ. 독감의 병원체인 바이러스는 세포 구조로 이루어져 있지 않다. (X)
ㄷ. 결핵, 탄저병의 병원체는 세균으로, (나)의 특징을 모두 갖는다. (○)

04 2022학년도 6월 평가원 5번

정답 : ㄱ, ㄴ, ㄷ

독감의 병원체는 바이러스로, (가)에서 1개의 특징을 갖는다.
무좀의 병원체는 균류(진핵생물)로, (가)에서 3개의 특징을 갖는다.
말라리아의 병원체는 원생생물로, (가)에서 2개의 특징을 갖는다.

∴ A : 무좀, B : 독감, C : 말라리아

→ ㄱ 정답

ㄴ. 독감의 병원체인 바이러스는 단백질을 갖는다. (○)
ㄷ. 말라리아는 모기를 매개로 전염된다. (○)

05 2022학년도 9월 평가원 1번

정답 : ㄷ

(가)는 후천성 면역 결핍증(AIDS)의 병원체, (나)는 결핵의 병원체이다.

→ ㄱ 오답

ㄴ. (나)는 세균이다. (X)
ㄷ. 바이러스와 세균 모두 단백질을 갖는다. (○)

06 2022학년도 수능 5번

정답 : ㄴ, ㄷ

ㄱ. 말라리아의 병원체는 원생생물이다. (X)
ㄴ. 결핵의 병원체는 세균으로, 치료에 항생제가 사용된다. (○)
ㄷ. 헌팅턴 무도병은 유전에 의해 발생하는 비감염성 질병이다. (○)

07 2023학년도 6월 평가원 3번

정답 : ㄴ, ㄷ

ㄱ. 무좀의 병원체는 곰팡이다. (X)
ㄴ. 독감의 병원체인 독감 바이러스는 숙주 세포 밖에서는 입자로 존재하고 살아 있는 숙주 세포 안에서만 증식할 수 있다. (○)
ㄷ. 낫 모양 적혈구 빈혈증은 유전자 돌연변이에 의해 나타나는 질병이다. (○)

08 2023학년도 수능 2번

정답 : ㄱ, ㄷ

ㄱ. 바이러스는 스스로 물질대사를 하지 못하므로 특징 '스스로 물질대사를 하지 못한다.'는 (가)에 해당한다. (○)

ㄴ. 무좀의 병원체는 곰팡이고, 말라리아의 병원체는 원생생물이다. (X)

ㄷ. 결핵과 독감은 모두 감염성 질병이다. (○)

09 2018학년도 9월 평가원 10번

정답 : ㄱ

결과 자료를 확인하면, III에서 얻은 혈청 ⓐ에는 병원체A에 대한 항체가 들어있다.

즉, 백신 ㉠은 병원체A의 병원성을 약화시켜 얻은 물질이다.

→ ㄱ 정답

ㄴ. 혈청에는 기억 세포가 들어있지 않다. (X)

ㄷ. (마)의 IV에는 A에 대한 기억 세포가 들어있지 않으므로 2차 면역 반응이 일어나지 않는다. (X)

10 2018학년도 수능 16번

정답 : ㄴ, ㄷ

결과 자료를 확인하면 B에는 X에 대한 기억 세포가 존재하고, X를 주사하기 전에도 항체가 존재했다.

ㄱ. ㉠은 혈청이므로 X에 대한 T 림프구가 들어있지 않다. (X)

ㄴ. 구간 I에서 X에 대한 체액성 면역 반응이 일어났다. (○)

ㄷ. 구간 II에서 X에 대한 2차 면역 반응이 일어났다. (○)

11 2019학년도 6월 평가원 16번

정답 : ㄴ, ㄷ

결과 자료를 확인하면 ㉠에서 A에 대한 기억 세포는 형성되어 2차 면역 반응이 일어났고,

어떠한 이유인지 알 수 없으나 B에 대한 기억 세포는 형성되지 않아 2차 면역 반응이 일어나지 않았다.

ㄱ. 2차 면역반응은 일어나지 않았으나 체액성 면역은 일어난다. ⓐ는 'O'이다. (X)

ㄴ. 구간 I에서 B에 대한 항원과 항체가 모두 존재하므로 특이적 면역(방어) 작용이 일어났다. (○)

ㄷ. 구간 II에서 A에 대한 항체가 형질 세포로부터 생성되었다. (○)

12 2019학년도 9월 평가원 10번

정답 : ㄴ, ㄷ

결과 자료를 확인하면 ⓛ에게 주사한 ⓐ에는 X에 대한 기억 세포가 존재하고,
ⓒ에게 주사한 ⓑ에는 X에 대한 항체가 존재한다. ⓑ는 혈청이다.

ㄱ. ⓐ는 기억 세포이다. (X)
ㄴ. 구간 I에서 X에 대한 체액성 면역 반응이 일어났다. (○)
ㄷ. 구간 II에서 혈중 항체 농도가 증가하므로 X에 대한 B림프구가 형질 세포로 분화한다. (○)

13 2020학년도 6월 평가원 9번

정답 : ㄱ

㉠은 보조 T림프구, ㉡은 B림프구 이다.

ㄱ. (가)에서 비특이적 방어 작용 중 하나인 식균 작용이 일어났다. (○)
ㄴ. B림프구는 골수에서 성숙된다. (X)
ㄷ. 세균 X에 처음 감염된 것이므로 1차 면역 반응이다. (X)

14 2019년 10월 교육청 9번

정답 : ㄴ, ㄷ

백신 X에 A의 모든 항원이 포함되어 있으므로,
백신을 주사하면 항원 ㉠과 ㉡에 대한 기억 세포가 생성된다.

생쥐1에 ⓟ를, 생쥐2에 ⓡ를 주사한 결과 생쥐1에서는 2차 면역 반응이 일어났고,
생쥐2에서는 2차 면역 반응이 일어나지 않았으므로 ⓡ에는 항원 ㉠과 ㉡이 모두 존재하지 않고,
ⓟ에는 항원 ㉠ 또는 ㉡이 존재한다.
즉 ⓟ=B, ⓡ=C이다.

ㄱ. ⓡ은 ㉠~㉢ 중 ㉢만 포함하므로 1가지 항원이 있다. (X)
ㄴ. A와 B가 공통적으로 포함하는 항원은 ㉡이므로 구간 I의 생쥐1에서 ㉡에 대한 기억 세포가 형질
   세포로 분화되었다. (○)
ㄷ. 구간 II의 생쥐2에서 특이적 방어 작용이 일어났다. (○)

15 2020학년도 수능 11번

정답 : ㄴ, ㄷ

㉠은 B림프구, ㉡은 보조 T림프구이다.

→ ㄱ 오답

ㄴ. 항체 농도가 양수 값이기 때문에 구간 I에서 형질 세포로부터 항체가 생성되었다. (○)

ㄷ. 2차 침입에서 항체의 농도가 급증한 것을 통해 구간 II에서 2차 면역 반응이 일어났음을 알 수 있다. (○)

16 2021학년도 6월 평가원 15번

정답 : ㄴ, ㄷ

㉠은 '가슴샘에서 성숙된다.', ㉡은 '특이적 방어 작용에 관여한다.',
㉢은 '병원체에 감염된 세포를 직접 파괴한다.'이다.
I은 세포독성 T림프구, II는 형질 세포, III은 보조 T림프구이다.

→ ㄱ 오답, ㄷ 정답

ㄴ. 형질 세포에서 항체가 분비된다. (○)

17 2021학년도 9월 평가원 12번

정답 : ㄴ, ㄷ

㉠은 세포독성 T림프구, ㉡은 B림프구, ㉢은 기억 세포이다.
(가)는 세포성 면역이고, (나)는 체액성 면역이다.

→ ㄱ 오답

ㄴ. 보조 T림프구는 B림프구에서 기억 세포로의 분화를 촉진한다. (○)

ㄷ. 2차 면역 반응에서 기억 세포가 형질 세포로 분화하는 과정이 일어난다. (○)

18 2021학년도 수능 14번

정답 : ㄱ

결과 자료를 확인하면 ㉠을 주입했을 때 II의 혈장(혈청)을 함께 주입한 V만 생존하였음을 알 수 있다.
I에는 생리 식염수를, II에는 죽은 ㉠을, III에는 죽은 ㉡을 각각 주사했으므로,
II에서 죽은 ㉠이 백신 역할을 하여 기억세포를 형성시켰음을 알 수 있다.

ㄱ. (나)의 II에서 ㉠에 대한 특이적 방어 작용이 일어났다. (O)
ㄴ. (다)의 V에서는 II의 혈장을 주입하였으므로 기억 세포는 주입되지 않았다. 2차 면역이 일어나지
  않는다. (X)
ㄷ. ⓐ는 혈장이므로 형질 세포가 존재할 수 없다. (X)

19 2022학년도 6월 평가원 10번

정답 : ㄱ, ㄴ, ㄷ

결과 자료를 확인하면 C에서는 기억 세포가 존재하고, D에서는 X를 주사하기 전부터 항체가 존재한다.
그러므로 ㉠은 기억 세포, ㉡은 혈장이다.

ㄱ. ⓐ는 'O'이다. (O)
ㄴ. 구간 I에서 항체가 존재하므로 X에 대한 항체가 형질 세포로부터 생성되었다. (O)
ㄷ. 구간 II에서 항원과 항체가 존재하므로 X에 대한 1차 면역 반응이 일어났다. (O)

20 2022학년도 9월 평가원 18번

정답 : ㄴ, ㄷ

결과 자료를 확인하면 P를 주사한 결과 II와 V만 생존했다.
II에는 ㉡, V에는 ㉡을 주사한 III으로부터 형성된 ㉡에 대한 기억 세포를 주사했다.
그러므로 ㉡이 백신으로 적합한 물질에 해당한다.
→ ㄱ 오답

ㄱ. P에 대한 백신으로는 ㉡이 더 적합하다. (X)
ㄴ. (다)의 II에서 ㉡에 대한 백신이 주사되었기 때문에 이 과정에서 항체와 기억 세포가 생성되는
  등의 1차 면역 반응이 일어났다. (O)
ㄷ. (마)의 V에는 기억 세포가 존재하므로 기억 세포로부터 형질 세포로의 분화가 일어났을 것이다.
                                                                              (O)

21 2022학년도 수능 9번

정답 : ㄱ, ㄴ

(가)에서는 체액성 면역이, (나)에서는 세포성 면역 반응이 일어났다.

→ ㄱ 정답

ㄴ. 세포성 면역은 특이적 방어 작용에 해당한다. (○)
ㄷ. 재감염 시에는 기억 세포가 형질 세포로 분화한다. (X)

22 2023학년도 6월 평가원 12번

정답 : ㄱ, ㄷ

㉠은 보조 T 림프구, ㉡은 세포독성 T 림프구이다.

ㄱ. 보조 T 림프구는 대식세포가 제시한 항원을 인식한다. (○)
ㄴ. 형질 세포로 분화되는 것은 B 림프구이고, 세포독성 T 림프구는 형질 세포로 분화되지 않는다.

(X)

ㄷ. P에서 활성화된 세포독성 T 림프구가 X에 감염된 세포를 직접 파괴하였으므로,
　　P에서 세포성 면역 반응이 일어났다. (○)

23 2023학년도 9월 평가원 14번

정답 : ㄱ, ㄴ, ㄷ

그림에서 ㉠은 X(ⓐ와 결합한 상태)와 결합하고 있고, ㉡은 ⓐ와 결합하고 있다.
따라서 ㉠은 'X에 대한 항체'이고, ㉡은 'ⓐ에 대한 항체'이다.
ⓐ와 결합한 X가 ㉠에 결합하면 ⓐ에 의해 I에서 발색 반응(띠)이 나타나고,
X와 결합하지 않은 ⓐ가 ㉡에 결합하면 II에서 발색 반응(띠)이 나타난다.

ㄱ. ㉡은 'ⓐ에 대한 항체'이다. (○)
ㄴ. X에 감염된 사람은 ⓐ와 결합한 X가 X에 대한 항체에 결합하여 I에서 띠가 나타난다.
　　검사 결과 A는 I과 II 중 II에서만 띠가 나타났고, B는 I과 II에 모두 띠가 나타났으므로
　　A와 B 중 X에 감염된 사람은 B이다. (○)
ㄷ. 'X에 대한 항체'와 'ⓐ에 대한 항체'를 이용하여 검사 키트를 제작하였으므로,
　　검사 키트에는 항원 항체 반응의 원리가 이용된다. (○)

24 2024학년도 6월 평가원 13번

정답 : ④

III은 시료와 함께 이동하는 물질 @에 반응하므로 B에서도 띠가 나타나야 한다.

항원-항체 반응에 의해서 색소가 나타난다는 것은 해당 항체에 대한 항원이 검출되었음을 의미한다. 따라서 B가 Q에 감염되었다는 것은 II에서 Q에 대한 항체와 반응이 일어난다는 것을 의미하므로 B의 검사 결과에서는 II와 III에서 띠가 나타난다.

25 2022년 10월 교육청 10번

정답 : ㄴ, ㄷ

ㄱ. III이 사망하였으므로 @에는 ㉠에 대한 항체가 없다. (X)

ㄴ. IV에서 ㉠에 대한 체액성 면역 반응이 일어나 IV가 생존하였다. (O)

ㄷ. V에서 II로부터 받은 ㉠에 대한 기억세포로부터 형질 세포로 분화가 일어나 V가 생존하였다. (O)

26 2023학년도 수능 14번

정답 : ㄴ

ㄱ. III에서 ㉮에 대한 혈중 항체 농도는 t_1일 때가 t_2일 때보다 낮다. (X)

ㄴ. 구간 ㉠에서 ㉮에 대한 항체가 존재하므로 ㉮에 대한 특이적 방어 작용인 항원 항체 반응이 일어났음을 알 수 있다. (O)

ㄷ. 형질 세포는 분화가 완료된 세포로 기억 세포로 분화할 수 없다. (X)

27 2024학년도 수능 18번

정답 : ㄱ, ㄴ, ㄷ

ㄱ. 바이러스 X는 유전 물질인 핵산을 갖는다. (O)

ㄴ. 정상 생쥐에서는 가슴샘에서 성숙(분화)하는 T 림프구에 의해 X에 대한 세포성 면역 반응이 일어나고, 가슴샘이 없는 생쥐에서는 X에 대한 세포성 면역 반응이 일어나지 않는다. (다)의 B에서 X에 대한 세포성 면역 반응이 일어났으므로 ㉠은 '정상 생쥐'이고, (다)의 D에서는 X에 대한 세포성 면역 반응이 일어나지 않았으므로 ㉡은 '가슴샘이 없는 생쥐'이다. (O)

ㄷ. (다)의 B에서 세포독성 T 림프구가 @(X에 감염된 세포)를 파괴하는 세포성 면역 반응이 일어났다. (O)

28 2016학년도 9월 평가원 15번

정답 : 22

자료를 바탕으로 아래와 같이 표를 그려볼 수 있다.

밑줄 친 칸이 자료 해석을 통해 알아낼 수 있는 것이다.

굵은 선으로 테두리 쳐진 4개의 칸 안에 들어있는 숫자들의 합이 200이 나와야 한다.

	응집원 ㉠	응집소 ㉡'	
응집원 ㉠'	<u>22</u>	<u>67</u>	
응집소 ㉡	57	<u>54</u>	111
	79		

혈액 응집 반응 결과를 보았을 때, 철수는 AB형이다.

응집원 ㉠과 ㉠'을 모두 가지는 혈액형이 AB형이다.

29 2024학년도 수능 16번

정답 : ㄱ, ㄷ

O형의 적혈구에는 응집원이 없으므로 O형의 적혈구는 그 어떤 혈액형의 혈장과도 응집 반응을 일으키지 않는다. 표에서 이 조건을 만족하는 적혈구는 II의 적혈구이므로 II의 혈액형은 O형이다.

AB형의 혈장에는 응집소가 없으므로 AB형의 혈장은 그 어떤 혈액형의 적혈구와도 응집 반응을 일으키지 않는다. 표에서 이 조건을 만족하는 혈장은 ㉠이고, ㉠은 AB형의 혈장이 된다.

A형의 적혈구는 A형, AB형, O형의 혈장과 섞었을 때 O형의 혈장과만 응집 반응을 일으키므로 I이 A형이 되고, ㉢은 O형의 혈장이 된다. 나머지 III은 AB형이고, ㉡은 A형의 혈장이다.

이를 바탕으로 표를 작성하면 다음과 같다.

밑줄 친 부분은 추론할 수 있는 내용이다.

적혈구	혈장		
	㉠(=AB형)	㉡(=A형)	㉢(=O형)
I의 적혈구(=A형)	−	−	+
II의 적혈구(=O형)	−	−	−
III의 적혈구(=AB형)	−	+	+

ㄱ. I의 ABO식 혈액형은 A형이다. (○)

ㄴ. ㉡은 A형의 혈장이다. (X)

ㄷ. III(AB형)의 적혈구와 ㉢(O형의 혈장)을 섞으면 항원 항체 반응이 일어난다. (○)

30 2025학년도 6월 평가원 10번

정답 : ㄷ

A는 결핵, B는 말라리아. C는 독감이다.

ㄱ. 결핵의 병원체는 세균이므로 유전 물질을 갖는다. (X)
ㄴ. B는 감염성 질병이다. (X)
ㄷ. C의 병원체는 바이러스다. (○)

31 2025학년도 9월 평가원 4번

정답 : ㄱ, ㄴ

ㄱ. 말라리아 병원체는 원생생물이다. (○)
ㄴ. 낫 모양 적혈구 빈혈증은 유전자 이상으로 비감염성 질병이다. (○)
ㄷ. 자료에 의하면 S를 갖는 사람은 R만 갖는 사람에 비해 말라리아 발병 확률이 낮다. (X)

32 2025학년도 9월 평가원 18번

정답 : ㄱ, ㄴ, ㄷ

ㄱ. 라이소자임은 ㉠에 해당한다. (○)
ㄴ. ⓐ는 X이다. (○)
ㄷ. 사람의 침과 눈물은 비특이적 방어 작용에 관여한다. (○)

33 2025학년도 수능 7번

정답 : ㄱ, ㄴ

ㄱ. 세균성 감염병의 치료에 항생제가 사용된다. (○)
ㄴ. HIV 바이러스는 살아있는 숙주 세포 안에서만 증식이 가능하다. (○)
ㄷ. 결핵 발병 확률은 구간 I이 구간 II보다 낮다. (X)

34 2025학년도 수능 9번

정답 : ㄴ, ㄷ

ⓐ는 ㉡이다

ㄱ. ⓐ에 대한 보조 T림프구를 주사한 IV는 생존하고 VI는 죽었으므로 ⓐ는 ㉡이다. (X)
ㄴ. (다)의 IV에서 B림프구로부터 형질 세포로의 분화가 일어난 결과로 항원 항체 반응이 일어났다.
(○)
ㄷ. (다)의 VI에서 ㉡에 대한 특이적 방어 작용이 일어났다. (○)

기출의 파급효과

과탐 영역

생명과학 I (상)

생명과학 I (상)
기출의 파급효과

생명과학 I (상)

저자의 말

"도서의 COLOR & MANUAL"

FOR 1등급 :

1등급인 학습자들의 궁극적인 학습 방향은 반드시 **"킬러와 신유형에 대한 대비"**와 **"안정적인 시험지 운영"**, 이 두 가지가 되어야 합니다. 전자는 N제, 후자는 실전 모의고사가 Main Contents가 될 것입니다.

문항의 트렌드가 계속 바뀌고 추론형 문항의 난도가 꾸준히 어려워지는 생명과학1의 과목적 특성상, 기출의 다회독은 안정적인 1등급 학습자들에 한해서는 추천하지 않습니다. N제와 모의고사는 기출 문항을 Base로 하여 추론의 난도와 자료를 재조합하여 만드므로, **기출을 따로 공부하지 않더라도 기출의 선지, 조건, 자료, 문항 구성들을 꾸준히 새로운 형태로 접할 수 있기 때문입니다.** 이미 1등급인 학습자들이 기출만으로 얻을 수 있는 것은 굉장히 제한적입니다.

[기출의 파급효과 생명과학1]은 이런 학습자들에게 **"COMPACT한 보조 개념서"의 역할을 합니다.** 핵심적인 기출 문항들을 바탕으로 정리한 실전 개념의 GUIDELINE을 통해 과하지 않은 선에서 COMPACT하게 실전 개념을 재정비하기를 바랍니다.

FOR 2&3등급 :

2~3등급인 학습자들은 **"특정 문제 유형들에 대한 약점"**이 분명히 존재할 것입니다. 약점이 존재하는 가장 큰 이유는 **추론형 문제, 소위 킬러/준킬러 문제들에 대한 유의미한 방법론의 결여입니다.**
해당 학습자들의 학습 방향은 약점이 되는 유형들에 대한 극복이 되어야 합니다.

[기출의 파급효과 생명과학1]은 UNIT-PART-THEME의 도서 구성을 바탕으로 각 THEME에 대한 IDEA/ GUIDELINE/METHOD의 단계적 해석을 제시합니다. [기출의 파급효과 생명과학1]에서 기출 문제 유형들에 대한 분석을 바탕으로 한 효율적인 GUIDELINE과 METHOD를 통해 약점 유형의 극복에 대한 도움을 얻기를 바랍니다.

FOR 4등급 이하 :

4등급 이하인 학습자들의 가장 큰 문제점 중 하나는 **"절대적인 학습량 부족"**입니다.

학습자도 본인 스스로가 개념이 약하다는 것을 알고 있을 것입니다. 다른 과목이 전부 안정적이고 생명과학1 에만 시간 투자를 할 것이 아니라면 개념 강의로의 회귀는 추천하지 않습니다. **생명과학1 성적 상승을 위한 1순위 Contents는 당연히 기출이어야 합니다.**

[기출의 파급효과 생명과학1]은 생명과학1을 관통하는 핵심적인 기출 문항들을 통해 실전 개념의 GUIDELINE 을 제시합니다. 모든 개념이 문항으로 직결되는 것이 아니며 문항의 유형에 따라 어떻게 학습해야 하는지도 달라집니다.
개념형, 자료해석형, 추론형으로 문항의 유형을 나누고 유의미한 기출 문항을 선별하여 예제와 유제로 각각 수록하였습니다. [기출의 파급효과 생명과학1]을 통해 생명과학1의 주요 기출 문항들을 학습하고 "어디까지 알아야 하는가"와 "어떻게 풀 것인가"에 대한 GUIDELINE을 얻어가기를 바랍니다.

파급의 기출효과

cafe.naver.com/spreadeffect
파급의 기출효과 NAVER 카페

기출의 파급효과 시리즈는 기출 분석서입니다. 기출의 파급효과 시리즈는 국어, 수학, 영어, 물리학 1, 화학 1, 생명과학 1, 지구과학 1, 사회·문화가 예정되어 있습니다.

준킬러 이상 기출에서 얻어갈 수 있는 '꼭 필요한 도구와 태도'를 정리합니다.
'꼭 필요한 도구와 태도' 체화를 위해 관련도가 높은 준킬러 이상 기출을 바로바로 보여주며 체화 속도를 높입니다. 단시간 내에 점수를 극대화할 수 있도록 교재가 설계되었습니다.

학습하시다 질문이 생기신다면 '파급의 기출효과' 카페에서 질문을 할 수 있습니다.
교재 인증을 하시면 질문 게시판을 이용하실 수 있습니다.

기출의 파급효과 팀 소속 오르비 저자분들이 올리시는 학습자료를 받아보실 수 있습니다.
위 저자 분들의 컨텐츠 질문 답변도 교재 인증 시 가능합니다.

더 궁금하시다면 https://cafe.naver.com/spreadeffect/15에서 확인하시면 됩니다.

모킹버드

mockingbird.co.kr
수능 대비 온라인 문제은행

모킹버드는 수능 대비에 초점을 맞춘 문제은행 서비스입니다. AI 문항 추천 알고리즘을 통해 이용자의 학습에 최적화된 맞춤형 모의고사를 제공하여 효율적인 수능 성적향상을 목표로 합니다. **수학, 과탐을 서비스 중입니다.**

문항 제작과 검수에 기출의 파급효과 팀뿐만 아니라 지인선 님을 포함한 시대/강대/메가 컨텐츠 팀에서 근무하였고 여러 문항 공모전에서 수상한 이력이 있는 여러 문항 제작자들이 함께 하였습니다.
웹 개발과 알고리즘 개발에는 서울대 컴공, 카이스트 전산학부 출신 개발자들이 참여하였습니다.

모킹버드를 통해 싸고 맛좋은 실모를 온라인으로 뽑아 풀어보고,
AI 문항 추천 알고리즘 기술의 도움을 받아 학습 효율을 극대화해보세요.
가입만 해도 기출은 무제한 무료 이용 가능하고, 자작 실모 1회도 무료로 제공됩니다.

Unit

01

생명과학의 이해

01 생명과학의 이해

생명과학1에서 가장 간단하지만 가장 높은 적중률을 보이는 **PART 1. 생명과학의 이해**다.

워낙 어렵지 않게 출제되는 PART이니만큼 이번 PART의 학습자들은 책을 처음부터 쭉 학습하려는
학습자이거나, 특정 개념을 다시 정리하는 목적으로 학습에 임할 것이다.
빈출 개념과 자료들을 가볍게 정리한다는 생각으로 학습해주길 바란다.

시험지에서 두 문제가 출제되고, 두 개의 THEME가 있다.
즉, 한 THEME당 한 문제씩 거의 **100% 출제**되는 식이다.

이번 PART는 다음 두 개의 THEME로 구성된다.

❶ THEME 01 : 생물의 특성
❷ THEME 02 : 생명과학의 탐구 방법

THEME 01. 생물의 특성은 생물의 6가지 특성에 대해서 다룬다.
수능은 서술형이나 빈칸을 뚫어놓고 묻는 시험이 아니기 때문에 6개 모두를 상세하게 외워둘 필요는 없고,
문제에 제시된 현상을 보고 어떤 특성과 관련이 있는지 판단만 할 수 있으면 된다.
개념형 유형으로 어렵지 않고 물을 수 있는 예시 현상도 한계가 있으니,
예제와 함께 가볍게 정리하고 넘어가자.

THEME 02. 생명과학의 탐구 방법은 생명과학의 두 가지 탐구 방법인
연역적 탐구 방법과 귀납적 탐구 방법을 다룬다.
자료로 주어진 현상을 해석하여 탐구 방법, 변인 등의 개념에 대해서 묻는다.
주요 개념들을 살펴보고 어떤 식으로 자료를 해석하면 되는지 예제와 함께 살펴보자.

덧붙여 이번 PART에는 교육과정상 "바이러스" 소단원이 포함된다.
그러나 이 소단원은 단독 문항으로 출제되는 경우가 없다고 봐도 무방하고,
UNIT 3 – PART 4. 방어 작용의 THEME에 포함되어 출제되므로 이번 PART에서는 다루지 않겠다.
해당 내용은 UNIT 3에서 상세히 다루겠다.

❙THEME 01. 생물의 특성

IDEA.

주로 첫 번째 문항에서 만날 수 있는, 간단한 개념형 문항이다.
해석해야 하는 예시가 주어지지만, 개념과 직결되는 간단한 해석이기에 개념형 유형으로 분류했다.
개념만 정확히 알면 주어진 예시 현상과 개념이 별도의 해석 과정 없이 연결된다.
개념을 정리한 뒤 예제 몇 문항만 풀어보면 된다.

GUIDELINE.

생물은 다음과 같은 특성을 가진다. 다음 6가지 특성에 대해 알아두자.

(1) 세포로 구성

모든 생물은 **세포로 구성**된다. 세포는 생물을 구성하는 기본 단위이다. 세균과 같이 하나의 세포로 구성된 생물을 단세포 생물이라고 하고, 사람과 같이 여러 개의 세포로 구성된 생물을 다세포 생물이라고 한다.

(2) 물질대사

물질대사는 효소가 작용하는 화학 반응이다. 체온은 여러 화학 반응이 일어나기에 적합한 온도가 아니므로, 물질대사를 위해서는 **효소가 반드시 필요**하다. 효소가 사용되지 않는 기계적 소화와 같은 반응은 물질대사가 아니다. 물질대사는 고분자 물질과 저분자 물질 사이를 매개하는 반응이므로 에너지 출입을 동반한다.

구분	동화작용	이화작용
물질 전환	합성 (저분자 물질 → 고분자 물질)	분해 (고분자 물질 → 저분자 물질)
에너지 출입	에너지 흡수	에너지 방출
예시	단백질 합성, 광합성 등	세포 호흡, 소화 등

(3) 자극에 대한 반응과 항상성

생물은 외부 환경의 변화를 자극으로 받아들이고 **자극에 대해 반응**한다.

예를 들어, 밝은 곳에서 동공이 작아지고 어두운 곳에서 동공이 커지는 현상이 있다.

생물은 환경의 변화에 대해 체내 환경을 정상 범주 내로 유지하려는 경향을 가진다. 이를 **항상성**이라고 한다.

혈당량, 체온, 혈장 삼투압 등 체내 환경을 일정하게 유지하려는 현상이 있다.

(4) 발생과 생장

다세포 생물은 **발생과 생장**을 거친다.

하나의 수정란이 세포 분열과 분화를 통해 개체가 되는 현상을 발생이라고 한다.

발생을 통해 생성된 개체가 세포의 수를 늘려 성체로 자라는 현상을 생장이라고 한다.

단세포 생물은 세포 하나가 개체이므로 발생하거나 생장하지 않는다.

그래도 생물이라는 사실에는 변함이 없다.

(5) 생식과 유전

생물은 **생식과 유전**을 통해 종족을 보존한다. 자손을 만드는 현상을 생식이라고 한다.

어버이의 특성이 자손에게 전달되는 현상을 유전이라고 한다.

단세포 생물의 세포 분열은 발생과 생장이 아닌 생식(증식)에 해당한다.

단세포 생물의 생식에서는 **어버이와 자손이 완전히 동일하여 구별이 불가능하다**는 특징이 있다.

(6) 적응과 진화

생물은 외부 환경에 **적응**하며 다른 종으로 **진화**한다.

생물이 **자신이 사는 환경에 맞추어 변화**하는 현상을 **적응**이라고 한다.

여러 세대를 거쳐 환경에 적응한 결과 다른 형질을 가진 **새로운 종이 탄생**하는 현상을 **진화**라고 한다.

학습자 입장에서 적응과 진화는 어떻게 다른지 헷갈릴 수 있다.

적응과 진화를 서로 구분 짓는 문제는 나오기 어려우므로 고민하지 말자.

다음은 그동안 출제된 주요 현상들을 특성에 따라 정리한 것이다.

문항에서 제시될 수 있는 현상이 많지 않으므로 이 정도 예시만 익숙해져도 판단하는 데 어려움이 없을 것이라고 본다. 정리한 표를 잘 참고하여 학습하자.

특성	예시
세포로 구성	• 강아지는 세포로 구성된다. (로봇 강아지는 세포로 구성되지 않는다.)
물질대사	• 근육 세포는 ATP 합성을 위해 포도당을 세포 호흡에 이용한다. • 콩을 특정 미생물과 함께 발효시키면 독특한 향을 낸다. • 소나무는 빛을 합성하여 포도당을 합성한다. • 효모를 이용하여 막걸리를 만들면 이산화 탄소가 발생한다.
자극에 대한 반응과 항상성	• 미모사라는 식물의 잎은 다른 물체가 닿으면 오므라든다. • 지렁이는 빛을 피해 이동한다. • 뜨거운 물체에 손이 닿으면 순간적으로 손을 뗀다. • 물을 많이 마시면 오줌의 양이 늘어난다. • 신경계와 내분비계의 작용으로 혈당량과 체온이 조절된다.
발생과 생장	• 개구리알은 올챙이를 거쳐 성체 개구리가 된다. • 식물 종자가 발아하여 뿌리, 줄기, 잎으로 분화한다.
생식과 유전	• 적록 색맹인 어머니로부터 적록 색맹인 아들이 태어났다. • 짚신벌레는 분열법으로 증식한다.
적응과 진화	• 나무가 많은 지역에 사는 도마뱀은 나뭇잎과 같은 문양을 가져 포식자로부터 몸을 숨긴다. • 추운 지역에 사는 여우와 더운 지역에 사는 여우는 생김새가 다르다. • 살충제를 살포한 후 살충제에 저항성을 띤 모기의 수가 증가하였다.

표는 생물의 특성의 예를 나타낸 것이다. (가), (나), (다)는 각각 물질대사, 발생과 생장, 생식과 유전을 순서 없이 나타낸 것이다.

생물의 특성	예
(가)	개구리알은 올챙이를 거쳐 개구리가 된다.
(나)	㉠ 식물은 빛 에너지를 이용하여 포도당을 합성한다.
(다)	엄마가 적록 색맹이면 아들도 적록 색맹이다.
적응과 진화	㉡

이 자료에 대한 설명으로 옳은 것만을 <보기>에서 있는 대로 고르시오

〈 보 기 〉

ㄱ. (가)는 발생과 생장이다.
ㄴ. ㉠은 이화작용에 해당한다.
ㄷ. 단세포 생물은 (다)의 특성을 가진다.
ㄹ. '가랑잎벌레의 몸의 형태가 주변의 잎과 비슷하여 포식자의 눈에 띄지 않는다.'는 ㉡에 해당한다.
ㅁ. ㉠은 사람에게서 일어난다.

(가)는 발생과 생장, (나)는 물질대사, (다)는 생식과 유전이다.
㉠은 광합성이다. 광합성은 동화작용이고, 사람에게서는 일어나지 않는다.
→ ㄱ 정답, ㄴ 오답, ㅁ 오답

단세포 생물은 발생과 생장하지 않고, 증식(생식)한다.
→ ㄷ 정답

가랑잎벌레가 외부 환경에 맞추어 변화하였으므로, 적응과 진화에 해당한다.
→ ㄹ 정답

정답 : ㄱ, ㄷ, ㄹ

▌THEME 02. 생명과학의 탐구 방법

이번 THEME에서는 몇 개의 단계로 수행한 탐구 자료가 제시된다.
제시된 자료를 바탕으로 연역적/귀납적 탐구 방법의 구분을 묻고,
대조 실험이 진행됐다면 대조군/실험군 구분과 변인의 종류를 묻는다.
관련 주요 개념들과 탐구의 절차를 숙지한 뒤 예제를 통해 자료 해석을 연습하자.
실험 결과 해석도 종종 요구되고 있으니 기출을 잘 학습해두도록 하자.

GUIDELINE.

(1) 귀납적 탐구 방법

귀납적 탐구 방법이란 별도의 가설 설정과 대조 실험 없이 자연현상을 **관찰**하여 일반적인 법칙과 결론을 이끌어내는 탐구 방법이다.

귀납적 탐구 방법은 다음 순서로 진행된다.

> 자연현상 관찰 → 관찰 주제 선정 → 관찰 방법과 절차 고안
> → 관찰 수행 → 관찰 결과 분석 및 결론 도출

(2) 연역적 탐구 방법

연역적 탐구 방법이란 자연현상을 관찰하여 인식한 문제에 대한 답을 찾기 위해 **가설을 세우고 실험을 통해** 결론을 이끌어내는 탐구 방법이다.

연역적 탐구 방법은 다음 순서로 진행된다.

> 자연현상 관찰 → 문제 인식 → 가설 설정 → 탐구 설계 및 수행
> → 관찰 결과 정리 및 분석 → 결론 도출 → 일반화

가설과 결론이 일치하면 일반화 과정을 거치고 일치하지 않으면 가설을 다시 설정한다.

(3) 가설

가설은 관찰한 현상을 설명할 수 있도록 추측하여 내린 잠정적인 결론이다.
문제에서는 주로 '~것이라고 생각하였다', '~라는 가설을 세웠다'와 같이 주어진다.
귀납적 탐구 방법에서는 가설을 설정하지 않는다.

(4) 대조 실험

연역적 탐구 방법에서 탐구를 수행할 때는 대조군을 설정해서 **대조 실험**을 수행하여
실험군과 비교해 탐구의 타당성을 높인다.

문제에서는 실험을 두 번 했다고 주어지거나 집단을 나누어 실험을 수행했다고 주어진다.
대조 실험이라 하기 애매한 경우는 문제에서 물어보지 않는다.

대조군은 실험군과 비교하기 위해 **아무 요인도 바꾸지 않은** 집단이다.
실험군은 가설의 검정을 위해 의도적으로 **어떤 요인을 변화시킨** 집단이다.

가설의 상황을 실험한 것을 실험군이라고 생각해도 된다.
예를 들어, '비타민 C를 먹은 사람은 감기에 덜 걸릴 것이라고 생각했다'가 가설이고,
'비타민 C를 먹은 집단'과 '비타민 C를 먹지 않은 집단'으로 대조 실험을 했다고 하면
전자가 실험군, 후자가 대조군이다.

(5) 변인

변인은 탐구와 관계된 다양한 요인들이다.
독립변인은 탐구 결과에 영향을 줄 수 있는 요인으로, **조작변인**과 **통제변인**이 있다.
종속변인은 탐구에서 측정되는 값으로 독립변인의 영향을 받는다.

독립변인	조작변인	실험군에서 의도적으로 변화시킨 요인, 한쪽에서만 다른 요인
	통제변인	대조군과 실험군 모두에서 일정하게 유지되는 요인
종속변인		독립변인의 영향을 받는 요인, 탐구의 결과, 탐구에서 측정되는 값

(6) 탐구 방법의 비교

구분	연역적 탐구 방법	귀납적 탐구 방법
자연현상 관찰	O	O
가설 설정	O	X
대조 실험	O	X
예시	페니실린 실험, 탄저병 백신 실험, 각기병 연구 등	세포설, 진화론 등

가설과 실험이 있는 탐구 방법은 연역적 탐구 방법이고,
가설 설정과 실험 없이 관찰이 중심이 되는 탐구 방법은 귀납적 탐구 방법이다.
문제에서는 주로 **가설 설정의 유무**로 둘을 구분한다.

연역적 탐구 방법은 **가설, 실험군과 대조군, 변인** 등의 자료 해석이 필요한 만큼
귀납적 탐구 방법보다 자주 출제된다.

다음은 어떤 과학자가 수행한 탐구이다.

> (가) 바다 달팽이가 갉아 먹던 갈조류를 다 먹지 않고 이동하여 다른 갈조류를 먹는 것을 관찰하였다.
>
> (나) ㉠ 바다 달팽이가 갉아 먹은 갈조류에서 바다 달팽이가 기피하는 물질 X의 생성이 촉진될 것이라는 가설을 세웠다.
>
> (다) 갈조류를 두 집단 ⓐ와 ⓑ로 나눠 한 집단만 바다 달팽이가 갉아 먹도록 한 후, ⓐ와 ⓑ 각각에서 X의 양을 측정하였다.
>
> (라) 단위 질량당 X의 양은 ⓑ에서가 ⓐ에서보다 많았다.
>
> (마) 바다 달팽이가 갉아 먹은 갈조류에서 X의 생성이 촉진된다는 결론을 내렸다.

이 자료에 대한 설명으로 옳은 것만을 <보기>에서 있는 대로 고르시오.

〈 보 기 〉

ㄱ. ㉠은 (가)에서 관찰한 현상을 설명할 수 있는 잠정적인 결론(잠정적인 답)에 해당한다.

ㄴ. (다)에서 대조 실험이 수행되었다.

ㄷ. (라)의 ⓐ는 바다 달팽이가 갉아 먹은 갈조류 집단이다.

ㄹ. ⓑ는 대조군이다.

ㅁ. 측정된 단위 질량당 X의 양은 종속변인이다.

ㅂ. 바다 달팽이가 갈조류를 갉아 먹도록 하는 것은 통제변인이다.

문제에서 물어볼 요소가 많아 선지를 여러 개 추가했다.

(나)에서 가설이 언급됐으므로 연역적 탐구 방법에 해당한다.
가설은 관찰한 현상을 설명할 수 있는 잠정적인 결론이다.
→ ㄱ 정답

연역적 탐구 방법에서는 실험의 타당성을 높이기 위해 대조 실험을 수행한다.
(다)에서 갈조류를 두 집단으로 나누어 대조 실험을 수행했다.
→ ㄴ 정답

결론에 따르면 X는 바다 달팽이가 갈조류를 갉아 먹으면 생성된다.
그러므로 X의 농도가 높은 ⓑ에서 바다 달팽이가 갈조류를 갉아 먹도록 했음을 알 수 있다.
→ ㄷ 오답

ⓑ는 가설의 검정을 하기 위한 집단(가설의 상황과 일치)이므로 실험군이고, ⓐ는 대조군이다.
→ ㄹ 오답

이 실험에서 '바다 달팽이가 갈조류를 갉아 먹도록 하는 것'은 독립변인 중 조작변인에 속하고,
탐구를 통해 측정되는 값인 'X의 농도'는 종속변인에 속한다.
통제변인은 실험군과 대조군 모두에서 같아야 한다.
→ ㅁ 정답, ㅂ 오답

정답 : ㄱ, ㄴ, ㅁ

다음은 곰팡이 ⊙과 옥수수를 이용한 탐구의 일부를 순서 없이 나타낸 것이다.

> (가) '⊙이 옥수수의 생장을 촉진한다.'라고 결론을 내렸다.
> (나) 생장이 빠른 옥수수의 뿌리에 ⊙이 서식하는 것을 관찰하고, ⊙이 옥수수의 생장에 영향을 미칠 것으로 생각했다.
> (다) ⓐ ⊙이 서식하는 옥수수 10개체와 ⊙이 제거된 옥수수 10개체를 같은 조건에서 배양하면서 ⓑ 질량 변화를 측정했다.

이 자료에 대한 설명으로 옳은 것만을 <보기>에서 있는 대로 고르시오.

〈 보 기 〉

> ㄱ. 옥수수에서 ⊙의 제거 여부는 종속변인이다.
> ㄴ. 이 탐구에서는 대조 실험이 수행되었다.
> ㄷ. 탐구는 (나)→(다)→(가)의 순으로 진행되었다.
> ㄹ. ⓐ는 실험군이다.
> ㅁ. ⓑ는 통제변인이다.

(가)는 결론 도출에 해당하고, (나)는 관찰, 문제 인식, 가설 설정에 해당하고,
(다)는 탐구 설계 및 수행에 해당하므로 실험은 (나)→(다)→(가) 순서로 진행됐음을 알 수 있다.
→ ㄷ 정답

(나)에서 가설이 설정됐으므로 연역적 탐구 방법에 해당한다.

(다)에서 두 집단으로 나누어 대조 실험이 진행됐음을 알 수 있다.
ⓐ는 가설의 상황과 일치하는 집단이므로 실험군이다.
→ ㄴ 정답, ㄹ 정답

⊙은 한 집단에서만 제거됐으므로 ⊙의 제거 여부는 독립변인 중에서 조작변인이다.
ⓑ는 탐구 결과 측정된 값에 해당하므로 종속변인이다.
→ ㄱ 오답, ㅁ 오답

정답 : ㄴ, ㄷ, ㄹ

memo

01 2022학년도 6월 평가원 1번

표는 생물의 특성의 예를 나타낸 것이다. (가)와 (나)는 생식과 유전, 항상성을 순서 없이 나타낸 것이다.

생물의 특성	예
(가)	혈중 포도당 농도가 증가하면 ⓐ인슐린의 분비가 촉진된다.
(나)	짚신벌레는 분열법으로 번식한다.
적응과 진화	고산 지대에 사는 사람은 낮은 지대에 사는 사람보다 적혈구 수가 많다.

이에 대한 옳은 설명만을 <보기>에서 있는 대로 고르시오.

―――――――― 〈보 기〉 ――――――――

ㄱ. ⓐ는 이자의 β세포에서 분비된다.

ㄴ. (나)는 생식과 유전이다.

ㄷ. '더운 지역에 사는 사막여우는 열 방출에 효과적인 큰 귀를 갖는다.'는 적응과 진화의 예에 해당한다.

02 2022학년도 수능 1번

다음은 벌새가 갖는 생물의 특성에 대한 자료이다.

(가) 벌새의 날개 구조는 공중에서 정지한 상태로 꿀을 빨아먹기에 적합하다.

(나) 벌새는 자신의 체중보다 많은 양의 꿀을 섭취하여 ㉠ 활동에 필요한 에너지를 얻는다.

(다) 짝짓기 후 암컷이 낳은 알은 ㉡ 발생과 생장 과정을 거쳐 성체가 된다.

이에 대한 옳은 설명만을 <보기>에서 있는 대로 고르시오.

―――――――― 〈보 기〉 ――――――――

ㄱ. (가)는 적응과 진화의 예에 해당한다.

ㄴ. ㉠ 과정에서 물질대사가 일어난다.

ㄷ. '개구리알은 올챙이를 거쳐 개구리가 된다.'는 ㉡의 예에 해당한다.

03 2023학년도 6월 평가원 1번

다음은 곤충 X에 대한 자료이다.

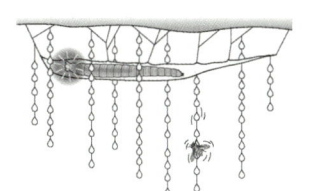

(가) 암컷 X는 짝짓기 후 알을 낳는다.

(나) 알에서 깨어난 애벌레는 동굴 천장에 둥지를 짓고 끈적끈적한 실을 늘어뜨려 덫을 만든다.

(다) 애벌레는 ATP를 분해하여 얻은 에너지로 청록색 빛을 낸다.

(라) 빛에 유인된 먹이가 덫에 걸리면 애벌레는 움직임을 감지하여 실을 끌어 올린다.

이에 대한 설명으로 옳은 것만을 <보기>에서 있는 대로 고르시오.

〈 보 기 〉

ㄱ. (가)에서 유전 물질이 자손에게 전달된다.

ㄴ. (다)에서 물질대사가 일어난다.

ㄷ. (라)는 자극에 대한 반응의 예에 해당한다.

04 2023학년도 9월 평가원 1번

다음은 소가 갖는 생물의 특성에 대한 자료이다.

소는 식물의 섬유소를 직접 분해할 수 없지만 소화 기관에 섬유소를 분해하는 세균이 있어 세균의 대사산물을 에너지원으로 이용한다. ㉠ 세균에 의한 섬유소 분해 과정은 소의 되새김질에 의해 촉진된다. 되새김질은 삼킨 음식물을 위에서 입으로 토해내 씹고 삼키는 것을 반복하는 것으로, ㉡ 소는 되새김질에 적합한 구조의 소화 기관을 갖는다.

이 자료에 대한 설명으로 옳은 것만을 <보기>에서 있는 대로 고르시오.

〈 보 기 〉

ㄱ. ㉠에 효소가 이용된다.

ㄴ. ㉡은 적응과 진화의 예에 해당한다.

ㄷ. 소는 세균과의 상호 작용을 통해 이익을 얻는다.

05 2023학년도 수능 1번

다음은 어떤 해파리에 대한 자료이다.

이 해파리의 유생은 ㉠ 발생과 생장 과정을 거쳐 성체가 된다. 성체의 촉수에는 독이 있는 세포 ⓐ가 분포하는데, ㉡ 촉수에 물체가 닿으면 ⓐ에서 독이 분비된다.

이 자료에 대한 설명으로 옳은 것만을 <보기>에서 있는 대로 고르시오.

〈 보 기 〉

ㄱ. ㉠ 과정에서 세포 분열이 일어난다.

ㄴ. ⓐ에서 물질대사가 일어난다.

ㄷ. ㉡은 자극에 대한 반응의 예에 해당한다.

다음은 먹이 섭취량이 동물 종 ⓐ의 생존에 미치는 영향을 알아보기 위한 실험이다.

[실험 과정]

(가) 유전적으로 동일하고 같은 시기에 태어난 ⓐ의 수컷 개체 200마리를 준비하여, 100마
리씩 집단 A와 B로 나눈다.

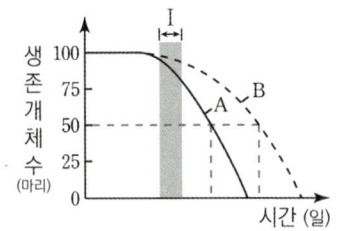

(나) A에는 충분한 양의 먹이를 제공하고 B에는 먹이 섭취량을 제한하면서 배양한다. 한
개체당 먹이 섭취량은 A의 개체가 B의 개체보다 많다.

(다) A와 B에서 시간에 따른 ⓐ의 생존 개체 수를 조사한다.

[실험 결과]

그림은 A와 B에서 시간에 따른 ⓐ의 생존 개체 수를 나타낸 것이다.

이에 대한 옳은 설명만을 <보기>에서 있는 대로 고르시오. (단, 제시된 조건 이외는 고려하지
않는다.)

〈보 기〉

ㄱ. 이 실험에서의 조작 변인은 ⓐ의 생존 개체 수이다.

ㄴ. I구간에서 사망한 ⓐ의 개체 수는 A에서가 B에서보다 많다.

ㄷ. 각 집단에서 ⓐ의 생존 개체 수가 50마리가 되는 데 걸린 시간은 A에서가 B에서보다 길다.

다음은 어떤 과학자가 수행한 탐구이다.

> (가) 서식 환경과 비슷한 털색을 갖는 생쥐가 포식자의 눈에 잘 띄지 않아 생존에 유리할 것
> 이라고 생각했다.
>
> (나) ㉠ 갈색 생쥐 모형과 ㉡ 흰색 생쥐 모형을 준비해서 지역 A와 B각각에 두 모형을 설치
> 했다. A와 B는 각각 갈색 모래 지역과 흰색 모래 지역 중 하나이다.
>
> (다) A에서는 ㉠이 ㉡보다, B에서는 ㉡이 ㉠보다 포식자로부터 더 많은 공격을 받았다.
>
> (라) ⓐ 서식 환경과 비슷한 털색을 갖는 생쥐가 생존에 유리하다는 결론을 내렸다.

이 자료에 대한 옳은 설명만을 <보기>에서 있는 대로 고르시오.

> ───────── 〈보 기〉 ─────────
>
> ㄱ. A는 갈색 모래 지역이다.
>
> ㄴ. 연역적 탐구 방법이 이용되었다.
>
> ㄷ. ⓐ는 생물의 특성 중 적응과 진화의 예에 해당한다.

다음은 초식 동물 종 A와 식물 종 P의 상호 작용에 대한 어떤 과학자가 수행한 탐구이다.

> (가) P가 사는 지역에 A가 유입된 후 P의 가시의 수가 많아진 것을 관
> 찰하고, A가 P를 뜯어 먹으면 P의 가시의 수가 많아질 것이라고
> 생각했다.
>
> (나) 같은 지역에 서식하는 P를 집단 ㉠과 ㉡으로 나눈 후, ㉠에만 A의
> 접근을 차단하여 P를 뜯어 먹지 못하도록 했다.
>
> (다) 일정 시간이 지난 후, P의 가시의 수는 I에서가 II에서보다 많았다. I과 II는 ㉠과
> ㉡을 순서 없이 나타낸 것이다.
>
> (라) A가 P를 뜯어 먹으면 P의 가시의 수가 많아진다는 결론을 내렸다.

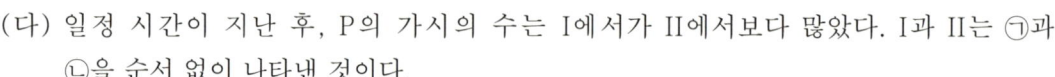

이 자료에 대한 옳은 설명만을 <보기>에서 있는 대로 고르시오.

> ───────── 〈보 기〉 ─────────
>
> ㄱ. II는 ㉠이다.
>
> ㄴ. 연역적 탐구 방법이 이용되었다.
>
> ㄷ. 조작 변인은 P의 가시의 수이다.

다음은 철수가 수행한 탐구 과정의 일부를 순서 없이 나타낸 것이다.

(가) 화분 A ~ C를 준비하여 A에는 염기성 토양을, B에는 중성 토양을, C에는 산성 토양을 각각 500 g씩 넣은 후 수국을 심었다.

(나) 일정 기간이 지난 후 ㉠ 수국의 꽃 색깔을 확인하였더니 A에서는 붉은색, B에서는 흰색, C에서는 푸른색으로 나타났다.

(다) 서로 다른 지역에 서식하는 수국의 꽃 색깔이 다른 것을 관찰하고 의문이 생겼다.

(라) 토양의 pH에 따라 수국의 꽃 색깔이 다를 것이라고 생각하였다.

이 자료에 대한 옳은 설명만을 <보기>에서 있는 대로 고르시오.

〈보 기〉

ㄱ. ㉠은 종속변인이다.

ㄴ. 연역적 탐구 방법이 이용되었다.

ㄷ. 탐구는 (다)→(라)→(가)→(나) 순으로 진행 되었다.

다음은 어떤 과학자가 수행한 탐구이다.

(가) 초파리는 짝짓기 상대로 서로 다른 종류의 먹이를 먹고 자란 개체보다 같은 먹이를 먹고 자란 개체를 선호할 것이라고 생각했다.

(나) 초파리를 두 집단 A와 B로 나눈 후 A는 먹이 ⓐ를, B는 먹이 ⓑ를 주고 배양했다. ⓐ와 ⓑ는 서로 다른 종류의 먹이다.

(다) 여러 세대를 배양한 후, ㉠ 같은 먹이를 먹고 자란 초파리 사이에서의 짝짓기 빈도와 ㉡ 서로 다른 종류의 먹이를 먹고 자란 초파리 사이에서의 짝짓기 빈도를 관찰했다.

(라) (다)의 결과, Ⅰ이 Ⅱ보다 높게 나타났다. Ⅰ과 Ⅱ는 ㉠과 ㉡을 순서 없이 나타낸 것이다.

(마) 초파리는 짝짓기 상대로 서로 다른 종류의 먹이를 먹고 자란 개체보다 같은 먹이를 먹고 자란 개체를 선호한다는 결론을 내렸다.

이 자료에 대한 옳은 설명만을 <보기>에서 있는 대로 고르시오.

〈보 기〉

ㄱ. 연역적 탐구 방법이 이용되었다.

ㄴ. 조작 변인은 짝짓기 빈도이다.

ㄷ. Ⅰ은 ㉡이다.

11

다음은 어떤 과학자가 수행한 탐구이다.

> (가) 아스피린은 사람의 세포에서 통증을 유발하는 물질 X의 생성을 억제할 것으로 생각하였다.
> (나) 사람에서 얻은 세포를 집단 ㉠과 ㉡으로 나눈 후 둘 중 하나에 아스피린 처리를 하였다.
> (다) ㉠과 ㉡에서 단위 시간당 X의 생성량을 측정한 결과는 그림과 같았다.
> (라) 아스피린은 X의 생성을 억제한다는 결론을 내렸다.

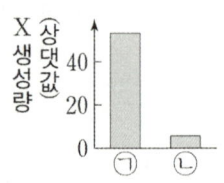

이에 대한 옳은 설명만을 <보기>에서 있는 대로 고르시오. (단, 아스피린 처리의 여부 이외의 조건을 같다.)

─────── 〈보 기〉 ───────

> ㄱ. 대조 실험이 수행되었다.
> ㄴ. 아스피린 처리의 여부는 종속변인이다.
> ㄷ. 아스피린 처리를 한 집단은 ㉠이다.

12

다음은 어떤 과학자가 수행한 탐구이다.

> (가) 물질 X가 살포된 지역에서 비정상적인 생식 기관을 갖는 수컷 개구리가 많은 것을 관찰하고, X가 수컷 개구리의 생식 기관에 기형을 유발할 것이라고 생각했다.
> (나) X에 노출된 적이 없는 올챙이를 집단 A와 B로 나눈 후 A에만 X를 처리했다.
> (다) 일정 시간이 지난 후, ㉠과 ㉡ 각각의 수컷 개구리 중 비정상적인 생식 기관을 갖는 개체의 빈도를 조사한 결과를 그림과 같다. ㉠과 ㉡ 각각의 수컷 개구리 중 비정상적인 생식 기관을 갖는 개체의 빈도를 조사한 결과는 그림과 같다. ㉠과 ㉡은 A와 B를 순서 없이 나타낸 것이다.
> (라) X가 수컷 개구리의 생식 기관에 기형을 유발한다는 결론을 내렸다.

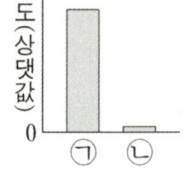

이 자료에 대한 설명으로 옳은 것만을 <보기>에서 있는 대로 고르시오.

─────── 〈보 기〉 ───────

> ㄱ. ㉠은 B이다.
> ㄴ. 연역적 탐구 방법이 이용되었다.
> ㄷ. (나)에서 조작 변인은 X의 처리 여부이다.

13 2023학년도 수능 18번

다음은 어떤 과학자가 수행한 탐구이다.

> (가) 갑오징어가 먹이가 많고 적음을 구분하여 먹이가 더 많은 곳으로 이동할 것이라고 생
>   각했다.
> (나) 그림과 같이 대형 수조 안에 서로 다른 양의 먹이가 들어 있는 수조 A와 B를 준비했다.
> (다) 갑오징어 1마리를 대형 수조에 넣고 A와 B 중 어느 수조로 이동하는지 관찰했다.
>
>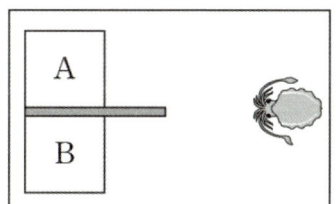
>
> (라) 여러 마리의 갑오징어로 (다)의 과정을 반복하여 ⓐ A와 B 각각으로 이동한 갑오징
>   어 개체의 빈도를 조사한 결과는 그림과 같다.
>
>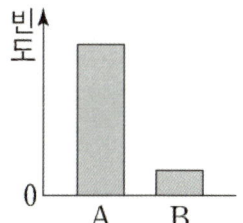
>
> (마) 갑오징어가 먹이의 많고 적음을 구분하여 먹이가 더 많은 곳으로 이동한다는 결론을
>   내렸다.

이에 대한 설명으로 옳은 것만을 <보기>에서 있는 대로 고르시오.

〈 보 기 〉

ㄱ. ⓐ는 조작 변인이다.
ㄴ. 먹이의 양은 B에서가 A에서보다 많다.
ㄷ. (마)는 탐구 과정 중 결론 도출 단계에 해당한다.

14 2024학년도 수능 1번

다음은 다음은 식물 X에 대한 자료이다.

X는 ㉠ 잎에 있는 털에서 달콤한 점액을 분비하여 곤충을 유인한다. ㉡ X는 털에 곤충이 닿으면 잎을 구부려 곤충을 잡는다.
X는 효소를 분비하여 곤충을 분해하고 영양분을 얻는다.

이 자료에 대한 설명으로 옳은 것만을 <보기>에서 있는 대로 고르시오.

〈 보 기 〉

ㄱ. ㉠은 세포로 구성되어 있다.
ㄴ. ㉡은 자극에 대한 반응의 예에 해당한다.
ㄷ. X와 곤충 사이의 상호 작용은 상리 공생에 해당한다.

15 2024학년도 수능 3번

다음은 플랑크톤에서 분비되는 독소 ㉠과 세균 S에 대해 어떤 과학자가 수행한 탐구이다.

(가) S의 밀도가 낮은 호수에서보다 높은 호수에서 ㉠의 농도가 낮은 것을 관찰하고, S가 ㉠을 분해할 것이라고 생각했다.
(나) 같은 농도의 ㉠이 들어 있는 수조 I과 II를 준비하고 한 수조에만 S를 넣었다. 일정 시간이 지난 후 I과 II 각각에 남아 있는 ㉠의 농도를 측정했다.
(다) 수조에 남아 있는 ㉠의 농도는 I에서가 II에서보다 높았다.
(라) S가 ㉠을 분해한다는 결론을 내렸다.

이 자료에 대한 설명으로 옳은 것만을 <보기>에서 있는 대로 고르시오.

〈 보 기 〉

ㄱ. (나)에서 대조 실험이 수행되었다.
ㄴ. 조작 변인은 수조에 남아 있는 ㉠의 농도이다.
ㄷ. S를 넣은 수조는 I이다.

Unit

02

사람의 물질대사

01 생명 활동과 에너지

UNIT 2는 PART 1. 생명 활동과 에너지, PART 2. 사람의 물질대사로 구성된다.
두 PART 모두 주로 가벼운 개념형 문항이 출제된다. 학습자 입장에서는 가장 부담 없이 학습할 수 있는 단원이다.
이번 PART는 하나의 간단한 THEME를 다룬다.

❶ THEME 01. 세포 호흡과 물질대사

이번 THEME에서는 물질대사 중 세포 호흡과 광합성, 그리고 ATP와 ADP 사이의 전환을 다룬다.
먼저 빈출되는 개념을 확실하게 암기하자. 개념에 구멍이 없다면 빠르고 정확하게 해결하는 데 초점을 두자.
뒤에 정리된 자료와 개념을 바탕으로 **자연스럽게 빈출 자료와 선지가 떠오르는가**를 점검하자.

▌THEME 01. 세포 호흡과 물질대사

IDEA.

이번 THEME는 주로 1페이지에 출제되므로 시험의 전반적인 PACE를 결정하는 데 큰 영향을 미친다.

전반적인 PACE가 중요한 이유는 추론형 문제를 위한 시간을 확보해야 하기 때문이다.

출제자가 힘을 주는 THEME가 아니므로

특별히 어려운 혹은 새로운 자료가 출제되지 않는 이상 20초 안에는 해결해야 한다.

생명과학1을 1회독 이상 학습한 적이 있는 학습자들은 빠르고 실수 없이 사고하는 것에 집중하여 학습하기를 바란다.

GUIDELINE.

(1) 물질대사

UNIT 1에서 서술했듯 물질대사는 동화작용과 이화작용으로 나뉜다.

UNIT 2에서는 동화작용 중 광합성, 이화작용 중 세포 호흡을 다룬다.

광합성과 세포 호흡의 반응물, 생성물을 알고 세포 호흡에서 생성된 에너지의 저장 방법(ATP)에 대해서 알고 있으면 된다.

문제에서 제시되는 자료가 간단하고 직관적이므로 빈출 개념만 명확히 정리한다면 무리 없이 풀 수 있다.

(2) 세포 호흡과 광합성

세포 호흡 : 포도당 + 산소 → 물 + 이산화 탄소 + **38 ATP**[1] + 열 E

광합성 : 물 + 이산화 탄소 + 빛 E → 포도당 + 산소

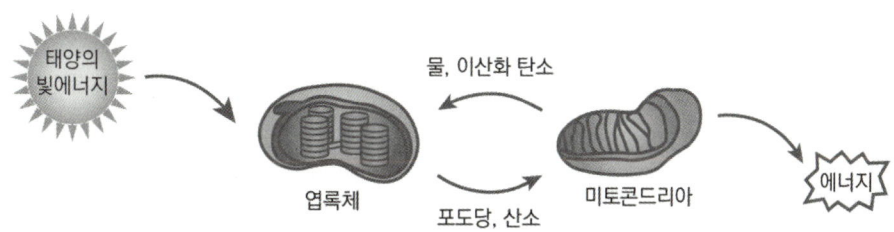

생물은 **미토콘드리아**에서 산소를 사용하여 포도당의 화학 에너지의 일부를 **ATP의 화학 에너지**로 전환시킨다.

나머지 에너지는 **열 에너지**로 전환되어 주로 체온 유지에 사용된다.

식물의 엽록체에서는 빛 에너지를 이용하여 포도당을 합성한다.

---

1) ATP가 38개 나오는지는 아직까지 출제된 적 없고 될 것 같지도 않다. 그냥 보고 넘어가자.

(3) ATP와 ADP 사이의 전환

ATP는 아데노신(아데닌 + 리보스)에 3개의 인산기가 결합하여 생성되는 물질이다.

ADP는 아데노신에 2개의 인산기가 결합하여 생성되는 물질이다.

인산기와 인산기 사이의 결합을 고에너지 인산 결합이라고 한다.
고에너지 인산 결합은 ADP에는 하나, ATP에는 두 개 존재하고, 각각 7.3kcal의 에너지를 포함한다.

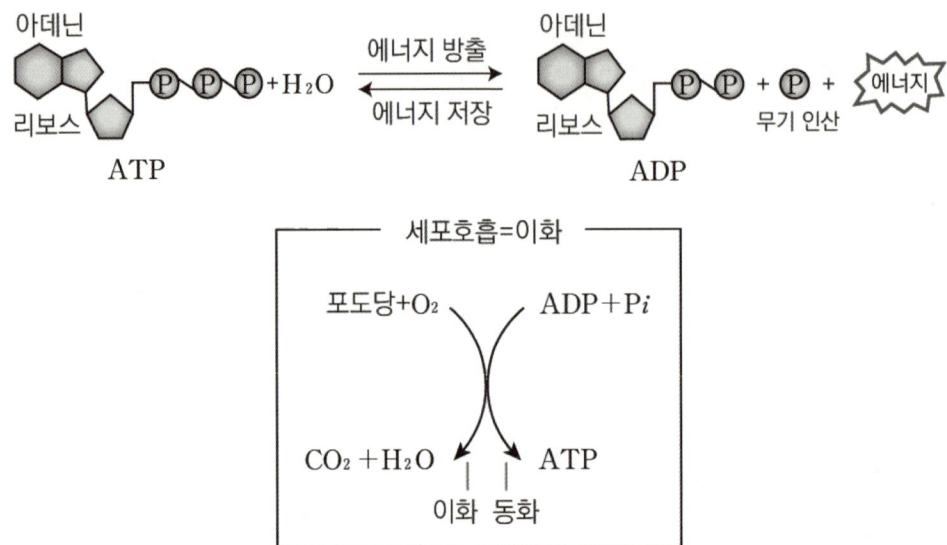

세포 호흡을 통해 생성된 에너지 중 일부는 ADP와 인산기가 결합하여 ATP가 합성되는 데 이용된다.

세포 호흡은 이화 작용이지만 세포 호흡 과정에서 ADP와 인산기가 결합하는 부분은 동화작용이다.
선지에서 자주 묻는 내용 중 하나이므로 선지를 꼼꼼히 읽고
세포 호흡은 동화작용과 무관하다고 생각하지 않도록 주의하자.

(4) 노폐물의 생성과 배출

세포 호흡을 통해 반응물로부터 에너지와 함께 **물과 이산화 탄소**가 생성된다.
물은 배설계와 호흡계를 통해, 이산화 탄소는 호흡계를 통해 배출된다.

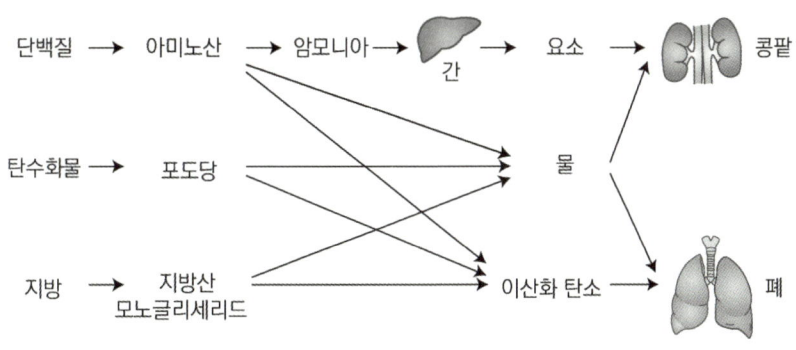

노폐물의 생성과 제거

세포 호흡의 재료로는 주로 탄수화물을 사용하지만 지방이나 단백질을 사용하기도 한다.
단백질은 질소(N)를 포함하므로 세포 호흡의 반응물로 물과 이산화 탄소에 더하여 **암모니아**가 생성된다.

해당 개념을 학습할 때에는 영양소에 따른 노폐물의 종류 뿐만 아니라 배출 경로도 잘 숙지하고 있어야 한다.
암모니아의 경우 간에서 요소로 전환되어 배설계를 통해 몸 밖으로 배출된다.

영양소	노폐물	제거에 관여하는 기관	제거 경로
탄수화물, 지방, 단백질	이산화 탄소	폐	날숨을 통해 배출
	물	폐, 콩팥	날숨을 통해 배출, 오줌으로 배설
단백질	암모니아	콩팥	대부분 간에서 요소로 전환된 후 오줌으로 배설

(5) 무산소 호흡과 알코올 발효

효모는 산소가 있을 때에는 일반적인 세포 호흡을 하지만 산소가 없는 경우
알코올 발효를 한다.

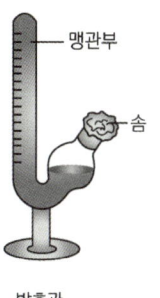

맹관부

솜

발효관

세포 호흡 : 포도당 + 산소 → 물 + 이산화 탄소 + **38 ATP** + 열 E
알코올 발효 : 포도당 → 이산화 탄소 + **2 ATP** + 에탄올

효모와 포도당이 산소가 차단된 환경에 있는 경우, 이산화 탄소를 생성하여 맹관부에 쌓인다.
생성된 기체의 부피만큼 맹관부 수면의 높이가 **낮아진다.**

그냥 외우면 풀리는 문항이다. 예제와 유제를 통해서 부족한 부분을 체크하고 넘어가도록 하자.

그림 (가)는 광합성과 세포 호흡 과정에서의 에너지와 물질의 이동을, (나)는 ATP와 ADP사이의 전환을 나타낸 것이다. ⓐ와 ⓑ는 각각 광합성과 세포 호흡 중 하나이다.

(가)   (나)

이에 대한 설명으로 옳은 것만을 <보기>에서 있는 대로 고르시오.

〈 보 기 〉

ㄱ. ⓐ에서 빛에너지가 화학 에너지로 전환된다.

ㄴ. ㉠ 과정에서 ATP에 저장된 에너지가 방출된다.

ㄷ. ⓑ에서 ㉡ 과정이 일어난다.

ㄹ. ⓑ에서 방출된 에너지는 모두 ATP에 저장된다

ㅁ. ⓑ는 미토콘드리아에서 일어난다.

ㅂ. 근육 수축 과정에서는 ㉠ 과정에서 방출된 에너지가 사용된다.

ⓐ는 광합성이고 ⓑ는 세포 호흡이다. 광합성 과정에서는 빛 에너지가 화학 에너지로 전환된다.
광합성은 엽록체에서, 세포 호흡은 미토콘드리아에서 일어난다.

→ ㄱ, ㅁ 정답

ㄴ. ㉠과정에서 ATP가 ADP로 전환될 때 에너지가 방출된다. (○)

세포 호흡을 통해 방출된 에너지의 일부가 ATP에 저장된다.[2]
→ ㄷ 정답, ㄹ 오답

ㅂ. 근육 수축 과정에서 ATP에 저장되어 있는 에너지가 사용된다. (○)

정답 : ㄱ, ㄴ, ㄷ, ㅁ, ㅂ

유제에 기관계와 관련된 선지가 몇 개 나오므로, 기관계를 잘 모른다면 다음 파트를 보고 다시 돌아와 풀도록
하자.

---

[2] 생명과학II를 배운 학생이라면, 미토콘드리아에서는 세포 호흡 과정에서 ATP 합성과 분해가 모두 일어난다는 사실을
알 것이다. 따라서 '(미토콘드리아에서/세포 호흡 과정에서) ATP가 (합성/분해)된다.'는 선지는 항상 맞을 수 밖에 없다.

Part

01 유제

01 2021학년도 6월 평가원 2번

그림은 ATP와 ADP 사이의 전환을 나타낸 것이다.

아데닌
리보스
ㄱ
P—P
+ P
Ⅰ
Ⅱ
아데닌
리보스
P—P—P

이에 대한 설명으로 옳은 것만을 <보기>에서 있는 대로 고르시오.

<보 기>

ㄱ. ㉠은 ATP이다.

ㄴ. 미토콘드리아에서 과정 Ⅰ이 일어난다.

ㄷ. 과정 Ⅱ에서 인산 결합이 끊어진다.

02 2021학년도 수능 1번

그림은 사람에서 일어나는 영양소의 물질대사 과정 일부를 나타낸 것이다. ㉠과 ㉡은 암모니아와 이산화 탄소를 순서 없이 나타낸 것이다.

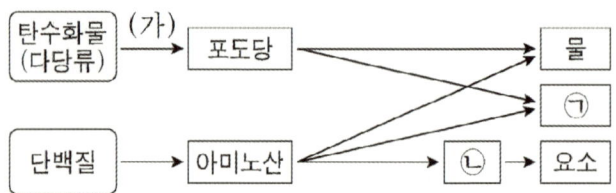

이에 대한 설명으로 옳은 것만을 <보기>에서 있는 대로 고르시오.

<보 기>

ㄱ. 과정 (가)에서 이화 작용이 일어난다.

ㄴ. 호흡계를 통해 ㉠이 몸 밖으로 배출된다.

ㄷ. 간에서 ㉡이 요소로 전환된다.

03 2021년 4월 교육청 9번

그림은 사람에서 일어나는 영양소의 물질대사 과정 일부를, 표는 노폐물 ㉠~㉢에서 탄소(C), 산소(O), 질소(N)의 유무를 나타낸 것이다. (가)와 (나)는 각각 단백질과 지방 중 하나이고, ㉠~㉢은 물, 암모니아, 이산화 탄소를 순서 없이 나타낸 것이다.

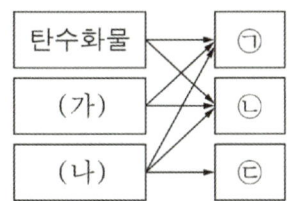

구분	탄소(C)	산소(O)	질소(N)
㉠	×	○	×
㉡	?	○	×
㉢	×	×	○

이에 대한 설명으로 옳은 것만을 <보기>에서 있는 대로 고르시오.

─────────── <보 기> ───────────

ㄱ. (가)는 단백질이다.

ㄴ. 호흡계를 통해 ㉡이 몸 밖으로 배출된다.

ㄷ. 간에서 ㉢이 요소로 전환된다.

04 2022학년도 수능 2번

그림은 사람에서 일어나는 물질대사 과정 (가)와 (나)를 나타낸 것이다.

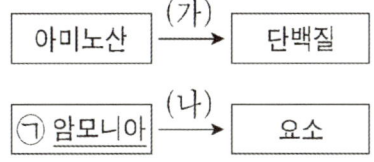

이에 대한 설명으로 옳은 것만을 <보기>에서 있는 대로 고르시오.

─────────── <보 기> ───────────

ㄱ. (가)에서 동화 작용이 일어난다.

ㄴ. 간에서 (나)가 일어난다.

ㄷ. 포도당이 세포 호흡에 사용된 결과 생성되는 노폐물에는 ㉠이 있다.

05 2023학년도 6월 평가원 2번

그림은 사람에서 세포 호흡을 통해 포도당으로부터 생성된 에너지가 생명 활동에 사용되는 과정을 나타낸 것이다. @와 ⓑ는 H_2O와 O_2를 순서 없이 나타낸 것이고, ㉠과 ㉡은 각각 ADP와 ATP 중 하나이다.

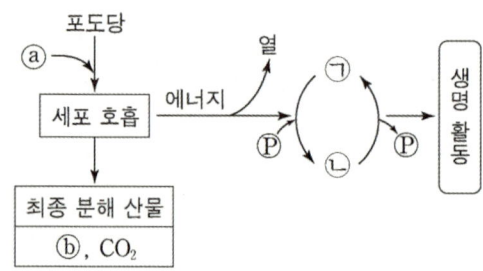

이에 대한 설명으로 옳은 것만을 <보기>에서 있는 대로 고르시오.

─── <보 기> ───

ㄱ. 세포 호흡에서 이화 작용이 일어난다.

ㄴ. 호흡계를 통해 ⓑ가 몸 밖으로 배출된다.

ㄷ. 근육 수축 과정에는 ㉡에 저장된 에너지가 사용된다.

06 2022년 7월 교육청 17번

그림 (가)는 사람에서 일어나는 물질 이동 과정의 일부와 조직 세포에서 일어나는 물질대서 과정의 일부를, (나)는 ADP와 ATP 사이의 전환을 나타낸 것이다. ㉠과 ㉡은 각각 CO_2와 포도당 중 하나이다.

조직 세포

소화계 → ㉠ → 세포 호흡 → ㉡, H_2O
호흡계 → O_2 →
↓
@에너지

$(ADP) + P_i \underset{\text{II}}{\overset{\text{I}}{\rightleftarrows}} (ATP)$

(가)   (나)

이에 대한 설명으로 옳은 것만을 <보기>에서 있는 대로 고르시오.

─── <보 기> ───

ㄱ. ㉠은 포도당이다.

ㄴ. @의 일부가 과정 I에 사용된다.

ㄷ. 과정 II는 동화 작용에 해당한다.

07 2023학년도 수능 3번

다음은 세포 호흡에 대한 자료이다. ㉠과 ㉡은 각각 ADP와 ATP 중 하나이다.

> (가) 포도당은 세포 호흡을 통해 물과 이산화 탄소로 분해된다.
>
> (나) 세포 호흡 과정에서 방출된 에너지의 일부는 ㉠에 저장되며, ㉠이 ㉡과 무기인산(P_i)으로 분해될 때 방출된 에너지는 생명 활동에 사용된다.

이에 대한 설명으로 옳은 것만을 <보기>에서 있는 대로 고르시오.

───────── <보 기> ─────────

ㄱ. (가)에서 이화 작용이 일어난다.

ㄴ. 미토콘드리아에서 ㉡이 ㉠으로 전환된다.

ㄷ. 포도당이 분해되어 생성된 에너지의 일부는 체온 유지에 사용된다.

08 2020년 10월 교육청 2번

다음은 효모를 이용한 물질대사 실험이다.

> **[실험 과정]**
>
> (가) 발효관 A와 B에 표와 같이 용액을 넣고, 맹관부에 공기가 들어가지 않도록 발효관을 세운 후 입구를 솜으로 막는다.
>
> | 발효관 | 용액 |
> |---|---|
> | A | 증류수 20mL + 효모액 20mL |
> | B | 5% 포도당 수용액 20mL + 효모액 20mL |
>
> (나) A와 B를 37℃로 맞춘 항온기에 두고 일정 시간이 지난 후 ㉠ 맹관부에 모인 기체의 양을 측정한다.

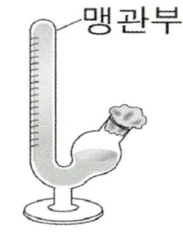

맹관부

이에 대한 설명으로 옳은 것만을 <보기>에서 있는 대로 고르시오.

───────── <보 기> ─────────

ㄱ. ㉠은 조작 변인이다.

ㄴ. (나)의 B에서 CO_2가 발생한다.

ㄷ. 실험 결과 맹관부 수면의 높이는 A가 B보다 낮다.

02 물질대사와 건강

PART 2. 물질대사와 건강에서는 세포 호흡과 관련된 기관계인 소화계, 순환계, 호흡계, 배설계를 다룬다.
또 물질대사의 이상으로 발병하는 대사성 질환의 종류와 물질대사로 소비하는 에너지인 대사량을 다룬다.
두 개의 THEME가 존재하며 문제는 하나가 출제된다.

❶ THEME 01. 기관계의 통합적 작용
❷ THEME 02. 에너지 균형과 대사성 질환

THEME 01. 기관계의 통합적 작용에서는 간단한 개념형 문항이 하나 출제된다.
함께 출제되는 빈출 자료가 있지만 별도의 해석 없이 개념과 직결되므로 개념형으로 분류한다.
기관계에 대한 **교육과정 내의 개념**을 정리하자.
2021학년도부터 2015 교육과정으로 교육과정이 바뀌면서 **출제될 수 있는 개념의 양이 상당히 줄어들었다.**
개정 전의 기출 문제에서는 더 이상 알 필요가 없는 내용들이 다수 존재한다.
적절한 문항 변형을 통해 **알아야하는 개념의 가이드라인을 제시**하겠다.

THEME 02. 에너지 균형과 대사성 질환은 **이번 교육과정에서 새로이 추가된 내용**이다.
지금까지의 기출문제는 자료를 바탕으로 해석하는 문제들이 출제되었지만
자료해석형 문제라고 부르기 민망할 정도로 쉽다.
개념을 아예 모르는 상태로 문제를 풀어도 풀 수 있는 문제들도 있을 만큼 지금까지는 너무 쉽게 출제되었다.
다만 생명과학1에서 몇 안 되는 계산 문제로 활용되는 소스가 존재한다.
사설 문제에서는 종종 에너지의 소비량과 섭취량의 계산을 통한 **단순 계산 문항**이 출제될 수 있다.
아직까지 기출로 제시된 적은 없지만 계산에 힘을 주어 출제하면 은근히 많이 틀린다.

▌THEME 01. 기관계의 통합적 작용

IDEA.

소화계, 순환계, 호흡계, 배설계는 모두 조직 세포에서의 세포 호흡과 밀접한 관련이 있는 기관계들이다. 이들의 통합적 작용을 자료를 통해 묻지만 간단한 개념만 알고 있으면 무리 없이 해결할 수 있다. 정리된 개념과 예제를 바탕으로 빈출 자료와 선지를 숙지하자.

GUIDELINE.

(1) 소화계

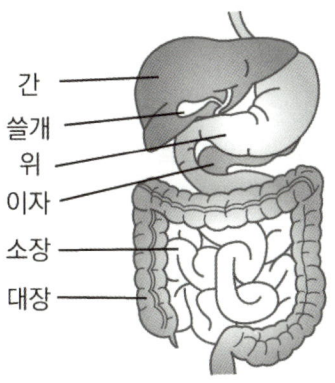

소화계에서는 음식물을 분해하여 영양소를 흡수하고 흡수되지 않은 물질은 몸 밖으로 내보낸다.
흡수된 영양소는 소장의 융털에서 암죽관과 모세혈관을 통해 흡수된다.
침샘, 식도, 위, 소장, 대장, 간, 쓸개, 이자 등이 소화계에 속한다.

(2) 호흡계

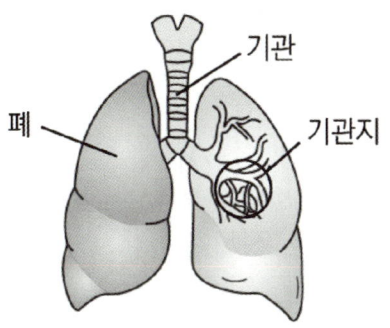

호흡계에서는 세포 호흡에 필요한 산소를 흡수하고 노폐물인 이산화 탄소와 물을 배출한다.
폐에서 산소는 폐포에서 모세혈관으로 이동해 흡수되고 이산화 탄소는 모세혈관에서 폐포로 이동해 배출된다.
이때 산소와 이산화탄소는 확산에 의해 이동하므로 에너지가 필요하지 않다.
코, 폐, 기관지, 기관 등이 호흡계에 속한다.

(3) 순환계

순환계는 소화계에서 흡수한 영양소와 호흡계에서 흡수한 산소를 혈액을 통해 온몸의 조직 세포로 운반한다.
또한, 조직세포에서 생성된 물, 이산화탄소 등의 노폐물을 호흡계와 배설계로 운반한다.
순환계는 배설계, 호흡계, 소화계를 연결하는 역할을 한다.
심장, 혈관 등이 순환계에 속한다.

(4) 배설계

배설계를 통해 요소와 물이 몸 밖으로 배설된다.
콩팥에서는 수분의 재흡수가 일어난다.
콩팥, 오줌관, 방광, 요도는 배설계에 속한다.
간에서 암모니아가 요소로 전환된다고 간을 배설계로 착각하면 안된다. 간은 소화계에 속한다.

(5) 기관계의 통합적 작용

각 기관계는 상호작용하여 영양소와 산소를 세포에 공급하고 노폐물을 몸 밖으로 배출한다.
기관계의 통합적 작용의 예시를 몇 개 살펴보자.

▸ 소화계와 순환계 : 소화계에서 흡수된 영양소가 순환계를 통해 온몸으로 이동한다.
▸ 호흡계와 순환계 : 호흡계에서 흡수된 산소가 순환계를 통해 조직세포로 이동한다.
▸ 배설계와 순환계 : 간에서 생성된 요소가 순환계를 통해 배설계로 이동해 배설된다.

아래 그림을 보고 기관계들 사이의 상호작용을 살펴보자.

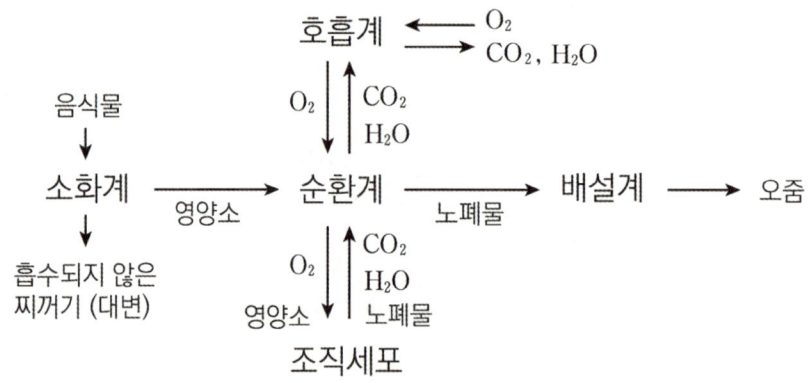

그림은 사람 몸에 있는 각 기관계의 통합적 작용을 나타낸 것이다. A와 B는 배설계와 소화계를 순서 없이 나타낸 것이다.

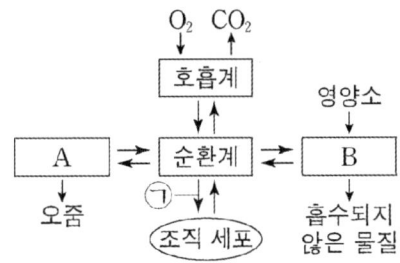

이에 대한 설명으로 옳은 것만을 <보기>에서 있는 대로 고르시오.

<보 기>

ㄱ. 콩팥은 A에 속한다.

ㄴ. B에는 부교감 신경이 작용하는 기관이 있다.

ㄷ. ㉠에는 O_2의 이동이 포함된다.

ㄹ. 폐포에서 모세혈관으로 O_2가 이동할 때 ATP에 저장된 에너지가 사용된다.

ㅁ. A에서 암모니아가 요소로 전환된다.

▶

A에서 오줌이 생성되므로 A는 배설계, B는 소화계다.

ㄱ. 콩팥은 배설계에 속한다. (○)

ㄴ. 소화계에는 부교감 신경이 작용하는 기관이 존재한다.[3] (○)

ㄷ. 순환계에서 세포로 영양소와 산소가 운반된다. (○)

ㄹ. 폐포에서의 O_2와 CO_2의 이동에는 에너지가 필요하지 않다. (X)

ㅁ. 암모니아는 간에서 요소로 전환되므로 B에서 전환된다. (X)

정답 : ㄱ, ㄴ, ㄷ

---

2) 3단원에 나올 내용이지만 부교감 신경이 활성화되면 소화 과정이 촉진된다.

THEME 02. 에너지 균형과 대사성 질환

IDEA.

이번 교육과정에서 새로 추가되었으며 아직 기출 문제가 많지 않은 THEME다.
지금까지 출제된 형태로 보았을 때는 모든 THEME 통틀어 제일 쉽고 가볍다.
개념만 잘 정리하고 **주어진 자료만 똑바로 읽으면 틀리기가 더 어렵다.**

GUIDELINE.

(1) 대사량

정상적인 물질대사와 생명 활동을 위해서는 에너지의 섭취와 소비의 균형이 이루어져야 한다.
사람이 하루 동안 필요로 하는 에너지 총량을 **1일 대사량**이라고 한다.
1일 대사량은 기초대사량, 활동대사량, 음식물의 소화와 흡수에 필요한 에너지 등의 합이다.
기초대사량은 체온 유지, 심장 운동, 호흡운동 등 사람이 생명을 유지하기 위해 필요로 하는 최소한의 에너지이다.
활동대사량은 사람이 다양한 활동을 하기 위해 필요로 하는 에너지이다.

> 1일 대사량 = 기초대사량 + 활동대사량 + 소화와 흡수에 필요한 에너지

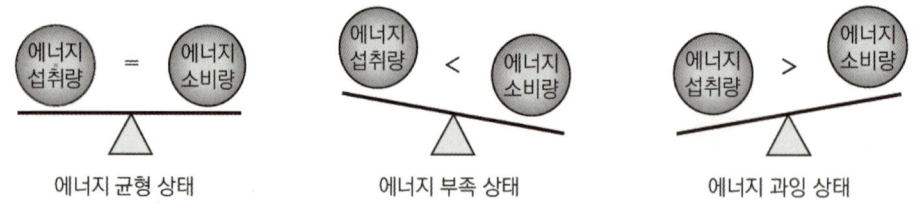

(2) 대사성 질환

물질대사의 이상으로 발병하는 질환을 대사성 질환이라고 한다.
대사성 질환에는 당뇨병, 고혈압, 고지질혈증 등이 있다.

당뇨병	혈당 조절에 필요한 인슐린이 부족하거나, 인슐린에 대한 반응성이 떨어져 발병한다. 혈당량이 높아 오줌에 포도당이 섞여나오고, 여러 가지 합병증을 일으킨다.
고혈압	혈압이 정상보다 높은 만성 질환이다. 뇌혈관계 및 심혈관계 질환의 원인이 된다.
고지질혈증	혈액 속에 지질 성분이 많아 생기는 만성 질환이다. 동맥 경화 등 심혈관계 질환의 원인이 된다.

그림은 사람 Ⅰ~Ⅲ의 에너지 소비량과 에너지 섭취량을, 표는 Ⅰ~Ⅲ의 에너지 소비량과 에너지 섭취량이 그림과 같이 일정 기간동안 지속되었을 때 Ⅰ~Ⅲ의 체중 변화를 나타낸 것이다. ㉠과 ㉡은 에너지 소비량과 에너지 섭취량을 순서 없이 나타낸 것이다.

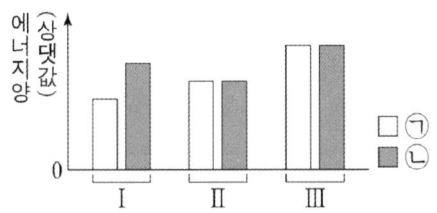

사람	체중 변화
Ⅰ	증가함
Ⅱ	변화 없음
Ⅲ	변화 없음

이에 대한 설명으로 옳은 것만을 <보기>에서 있는 대로 고르시오.

<보 기>

ㄱ. ㉠은 에너지 섭취량이다.

ㄴ. Ⅲ은 에너지 소비량과 에너지 섭취량이 균형을 이루고 있다.

ㄷ. 에너지 섭취량이 에너지 소비량보다 적은 상태가 지속되면 체중이 증가한다.

ㄱ. 에너지 섭취량이 소비량보다 많아야 체중이 증가하므로 ㉠이 소비량, ㉡이 섭취량이다. (X)

ㄴ. Ⅲ에서 체중 변화가 없는 것으로 보아 에너지 소비량과 섭취량이 균형을 이룬다. (○)

ㄷ. 에너지 섭취량이 소비량보다 적으면 체중이 감소한다. (X)

정답 : ㄴ

01 2021학년도 6월 평가원 7번

표는 사람 몸을 구성하는 기관계의 특징을 나타낸 것이다. A와 B는 배설계와 소화계를 순서 없이 나타낸 것이다.

기관계	특징
A	오줌을 통해 노폐물을 몸 밖으로 내보낸다.
B	음식물을 분해하여 영양소를 흡수한다.
순환계	?

이에 대한 설명으로 옳은 것만을 <보기>에서 있는 대로 고르시오.

─────── <보 기> ───────

ㄱ. A는 배설계이다.

ㄴ. 소장은 B에 속한다.

ㄷ. 티록신은 순환계를 통해 표적 기관으로 운반된다.

02 2020년 7월 교육청 4번

그림은 사람 몸에 있는 각 기관계의 통합적 작용을, 표는 단백질과 탄수화물이 물질대사를 통해 분해되어 생성된 최종 분해 산물 중 일부를 나타낸 것이다. A~C는 배설계, 소화계, 호흡계를, ㉠과 ㉡은 암모니아와 이산화 탄소를 순서 없이 나타낸 것이다.

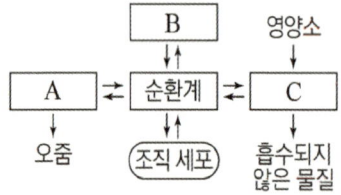

물질	최종 분해 산물
단백질	㉠, ㉡
탄수화물	㉡

이에 대한 설명으로 옳은 것만을 <보기>에서 있는 대로 고르시오.

─────── <보 기> ───────

ㄱ. 콩팥은 A에 속하는 기관이다.

ㄴ. ㉠의 구성 원소 중 질소(N)가 있다.

ㄷ. A를 통해 ㉡이 체외로 배출된다.

03 2022학년도 9월 평가원 4번

표는 사람 몸을 구성하는 기관계의 특징을 나타낸 것이다. A∼C는 배설계, 소화계, 신경계를 순서 없이 나타낸 것이다.

기관계	특징
A	오줌을 통해 노폐물을 몸 밖으로 내보낸다.
B	대뇌, 소뇌, 연수가 속한다.
C	㉠

이에 대한 설명으로 옳은 것만을 <보기>에서 있는 대로 고르시오.

─── <보 기> ───

ㄱ. A는 배설계이다.

ㄴ. '음식물을 분해하여 영양소를 흡수한다.'는 ㉠에 해당한다.

ㄷ. C에는 B의 조절을 받는 기관이 있다.

04 2022년 3월 교육청 4번

표 (가)는 사람의 기관이 가질 수 있는 3가지 특징을, (나)는 (가)의 특징 중 심장과 기관 A, B가 갖는 특징의 개수를 나타낸 것이다. A와 B는 각각 방광과 소장 중 하나이다.

특징
• 오줌을 저장한다.
• 순환계에 속한다.
• 자율 신경과 연결된다.

기관	특징의 개수
심장	㉠
A	2
B	1

이에 대한 옳은 설명만을 <보기>에서 있는 대로 고르시오.

─── <보 기> ───

ㄱ. ㉠은 1이다.

ㄴ. A는 방광이다.

ㄷ. B에서 아미노산이 흡수된다.

05 2023학년도 6월 평가원 5번

그림은 사람의 혈액 순환 경로를 나타낸 것이다. ㉠~㉢은 각각 간, 콩팥, 폐 중 하나이다.

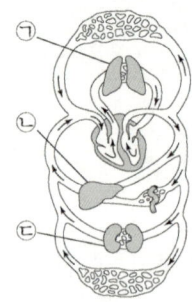

이에 대한 설명으로 옳은 것만을 <보기>에서 있는 대로 고르시오.

─────── <보 기> ───────

ㄱ. ㉠으로 들어온 산소 중 일부는 순환계를 통해 운반된다.

ㄴ. ㉡에서 암모니아가 요소로 전환된다.

ㄷ. ㉢은 소화계에 속한다.

06 2022년 10월 교육청 2번

그림은 사람 몸에 있는 각 기관계의 통합적 작용을 나타낸 것이다. A~C는 각각 배설계, 소화계, 순환계 중 하나이다.

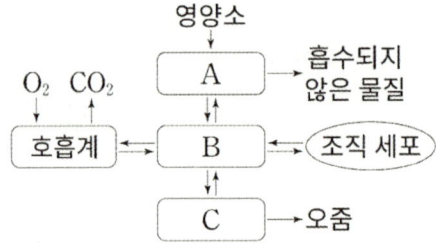

이에 대한 옳은 설명만을 <보기>에서 있는 대로 고르시오.

─────── <보 기> ───────

ㄱ. A에는 인슐린의 표적 기관이 있다.

ㄴ. 심장은 B에 속한다.

ㄷ. 호흡계로 들어온 O_2 중 일부는 B를 통해 C로 운반된다.

07 2023학년도 수능 4번

사람의 몸을 구성하는 기관계에 대한 설명으로 옳은 것만을 <보기>에서 있는 대고 고르시오.

───────── <보 기> ─────────

ㄱ. 소화계에서 흡수된 영양소의 일부는 순환계를 통해 폐로 운반된다.

ㄴ. 간에서 생성된 노폐물의 일부는 배설계를 통해 몸 밖으로 배출된다.

ㄷ. 호흡계에서 기체 교환이 일어난다.

08 2021학년도 9월 평가원 4번

그림 (가)와 (나)는 각각 사람 A와 B의 수축기 혈압과 이완기 혈압의 변화를 나타낸 것이다. A와 B는 정상인과 고혈압 환자를 순서 없이 나타낸 것이다.

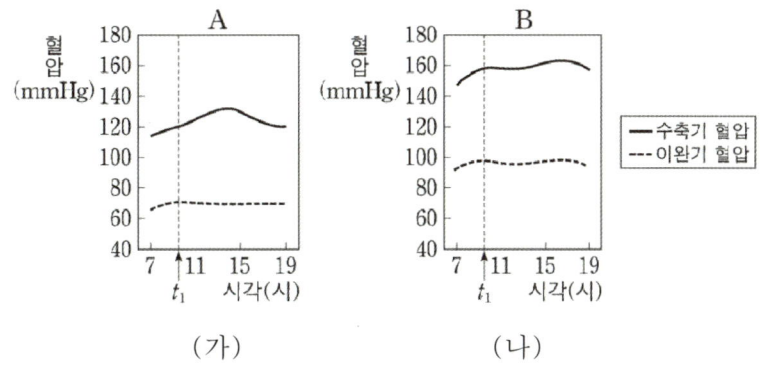

(가)   (나)

이에 대한 설명으로 옳은 것만을 <보기>에서 있는 대로 고르시오.

───────── <보 기> ─────────

ㄱ. 대사성 질환 중에는 고혈압이 있다.

ㄴ. t_1일 때 수축기 혈압은 A가 B보다 높다.

ㄷ. B는 고혈압 환자이다.

표는 성인의 체질량 지수에 따른 분류를, 그림은 이 분류에 따른 고지혈증을 나타내는 사람의 비율을 나타낸 것이다.

체질량 지수*	분류
18.5미만	저체중
18.5이상 23.0미만	정상 체중
23.0이상 25.0미만	과체중
25.0이상	비만

$$^{*}체질량지수 = \frac{몸무게(kg)}{키의제곱(m^2)}$$

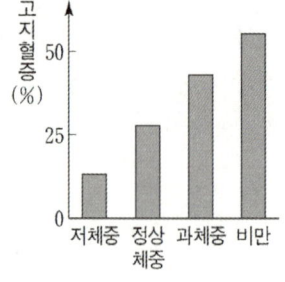

이에 대한 설명으로 옳은 것만을 <보기>에서 있는 대로 고르시오.

───── <보 기> ─────

ㄱ. 체질량 지수가 20.0인 성인은 정상 체중으로 분류된다.

ㄴ. 고지혈증을 나타내는 사람의 비율은 비만인 사람 중에서가 정상 체중인 사람 중에서보다 높다.

ㄷ. 대사성 질환 중에는 고지혈증이 있다.

다음은 에너지 섭취와 소비에 대한 실험이다.

[실험 과정 및 결과]

(가) 유전적으로 동일하고 체중이 같은 생쥐 A ~ C를 준비한다.

(나) A와 B에게 고지방 사료를, C에게 일반 사료를 먹이면서 시간에 따른 A ~ C의 체중을 측정한다. t_1일 때부터 B에게만 운동을 시킨다.

(다) t_2일 때 A ~ C의 혈중 지질 농도를 측정한다.

(라) (나)와 (다)에서 측정한 결과는 그림과 같다. ⊙과 ⓒ은 A와 B를 순서 없이 나타낸 것이다.

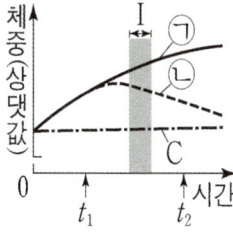 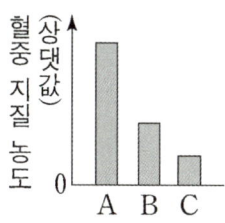

이에 대한 설명으로 옳은 것만을 <보기>에서 있는 대로 고르시오. (단, 제시된 조건 이외는 고려하지 않는다.)

─────── <보 기> ───────

ㄱ. ⊙은 A이다.

ㄴ. 구간 Ⅰ에서 B는 에너지 소비량이 에너지 섭취량보다 많다.

ㄷ. 대사성 질환 중에는 고지혈증이 있다.

그림 (가)는 같은 종의 동물 A와 B 중 A에게는 충분히 먹이를 섭취하게 하고, B에게는 구간 I에서만 적은 양의 먹이를 섭취하게 하면서 측정한 체중의 변화를, (나)는 시점 t_1과 t_2일 때 A 와 B에서 측정한 체지방량을 나타낸 것이다. ㉠과 ㉡은 A와 B를 순서 없이 나타낸 것이다.

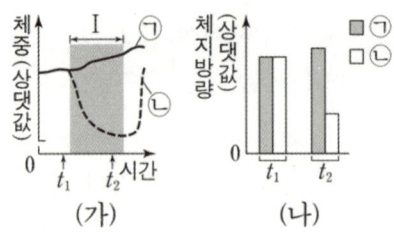

(가)   (나)

이 자료에 대한 설명으로 옳은 것만을 <보기>에서 있는 대로 고르시오. (단, 제시된 조건 이외 는 고려하지 않는다.)

<보 기>

ㄱ. ㉠은 A이다.

ㄴ. 구간 I에서 ㉡은 에너지 소비량이 에너지 섭취량보다 많다.

ㄷ. B의 체지방량은 t_1일 때가 t_2일 때보다 적다.

Unit

03

항상성과 몸의 조절

❙IDEA.

이전 교육과정에서는 생각보다 그렇게 크게 다뤄지지 않았다.
추론형이라고 할 만한 문항은 출제 빈도가 높지 않았기에 항상 출제되는 유형이라고 보기는 어려웠다.

하지만 개정된 교육과정에서는 꽤 중요한 유형으로 항상 출제되고 있다.
단순 계산 문제로 치부되었지만 21학년도에 출제된 신유형에서 보여주었듯이
추론의 난도를 높이고 방향성을 넓히고 있으며, 복잡한 계산을 요하고 있다.

이전에는 지금처럼 아주 주요하게는 다뤄지지 않았기에
기출만으로는 앞으로 출제될 고난도 추론형 문항들을 완벽히 대비하기에는 무리가 있다.
한마디로 **기출이 쉽더라도 안심하지 말자.**
안정적인 대비를 위해서는 사설 컨텐츠들을 활용하여 다양한 문제들을 경험해보며 풀이법을 연습해야 할 것이다.

Method에서 기출보다 약간 더 매운 문항도 풍부하게 맛볼 수 있도록 예시 문항의 난도를 조절했다.

GUIDELINE.

(1) 근육

근육에는 뼈에 붙어 몸의 움직임에 관여하는 **골격근**과
심장의 운동에 관여하는 **심장근**, 그리고 소화관의 운동에 관여하는 **내장근**이 있다.

골격근은 체성신경을 통해 의식적으로 조절할 수 있는 **수의근**에 해당하고,
심장근과 내장근은 자율신경의 조절을 받아 의식적으로 조절할 수 없는 **불수의근**에 해당한다.

골격근과 심장근에는 가로무늬가 있어 **가로무늬근**이라고도 불리고,
내장근에는 가로무늬가 없어 **민무늬근**이라고도 불린다.

(2) 골격근의 작용

골격근은 관절과 인대로 연결된 서로 다른 뼈 각각에 힘줄로 붙어있다.
운동 뉴런의 명령에 따라 **수축과 이완**을 통해 아래 그림과 같이 골격을 움직이게 한다.

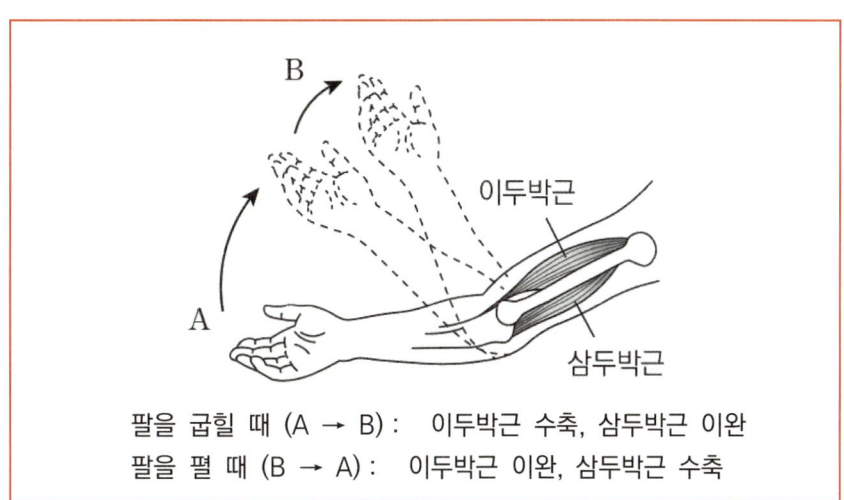

팔을 굽힐 때 (A → B) : 이두박근 수축, 삼두박근 이완
팔을 펼 때 (B → A) : 이두박근 이완, 삼두박근 수축

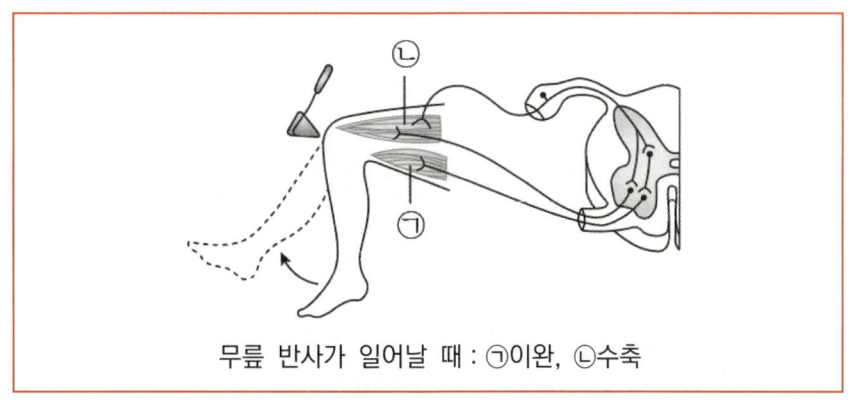

무릎 반사가 일어날 때 : ㉠이완, ㉡수축

(3) 골격근의 구조

골격근은 여러 개의 **근육 섬유 다발**로 이루어져 있고,
근육 섬유 다발은 다시 여러 개의 **근육 섬유**로 이루어져 있다.

근육 섬유는 하나의 세포에 여러 개의 핵이 존재하는 **다핵성 세포**이다.
근육 섬유는 여러 개의 **근육 원섬유**로 이루어져 있다.

근육 원섬유는 굵은 **마이오신 필라멘트**와 얇은 **액틴 필라멘트**로 구성된다.
근육 원섬유에서는 밝게 보이는 부분인 **명대(I대)**와 어두운 부분인 **암대(A대)**가 반복적으로 관찰된다.
I대의 중심에는 액틴 필라멘트의 중심인 **Z선**이, A대의 중심에는 마이오신 필라멘트의 중심인 **M선**이 관찰된다.
근육 원섬유는 세포 단계가 아니고, **근육 섬유부터 세포 단계**임을 알아두자.

(4) 근육 원섬유 마디의 구조

Z선과 Z선 사이를 **근육 원섬유 마디**라고 하며, 평가원 수준에서 근육 원섬유 마디는 좌우 대칭이다.
근육 섬유에서는 근육 원섬유 마디가 반복적으로 관찰된다.

구분	액틴 필라멘트	마이오신 필라멘트
I대	○	X
A대	○ and X	○
H대	X	○
겹치는 구간	○	○

문제에서는 마이오신과 액틴이 겹치는 부분이 자주 활용된다.

A대의 길이는 마이오신 필라멘트의 길이와 같다.

H대는 A대에 포함되며, 근수축이 강하게 일어나면 H대는 사라질 수도 있다.

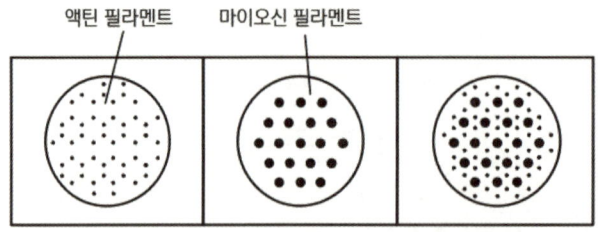

위 그림처럼 근육 원섬유 마디에서의 단면을 자료로 활용하는 문제도 출제되고 있다.
왼쪽부터 얇은 액틴만 존재하는 I대, 굵은 마이오신만 존재하는 H대, 그리고 겹치는 구간이다.

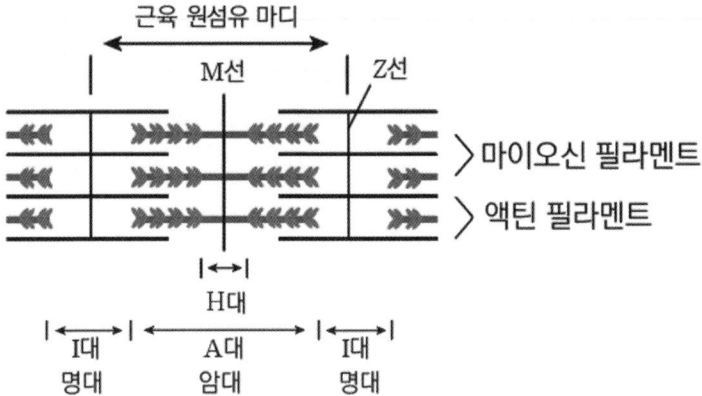

문제에서는 위의 그림보다는 아래처럼 실제 근육 원섬유의 사진이나 근육 원섬유 마디를 도식화한 그림이 제시된다.

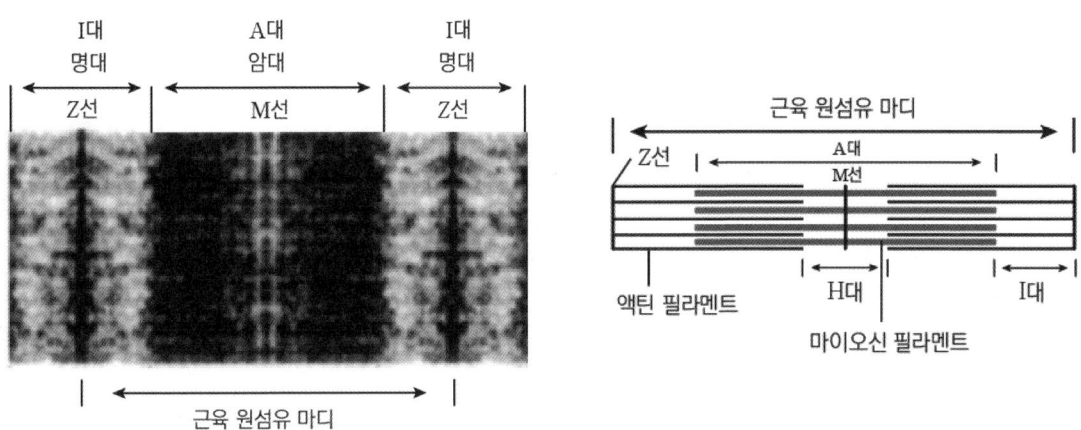

(5) 근수축의 원리

근수축 과정에 필요한 에너지는 ATP의 분해를 통해 공급받는다.

마이오신이 액틴을 잡아당기면 액틴이 마이오신 사이로 미끄러져 들어가면서 근수축이 일어난다.

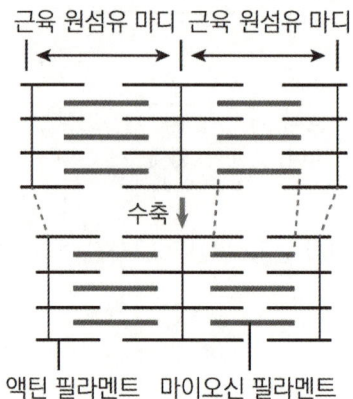

근육 원섬유 마디   근육 원섬유 마디

수축 ↓

액틴 필라멘트   마이오신 필라멘트

근수축이 일어나면 근육 원섬유 마디의 길이가 감소한다.
하지만, 수축과 이완의 과정에서 마이오신과 액틴의 길이는 **변하지 않는다.**

근수축과 함께 I대와 H대의 길이는 **감소**하고, 겹치는 구간의 길이는 **증가**한다.
A대의 길이는 마이오신 필라멘트의 길이와 같으므로 A대의 길이 또한 **변하지 않는다.**

(6) 각 구간의 길이 변화

앞에서 정리한 내용을 다음과 같이 표로 정리해보았다.

구분	근육 원섬유 마디	I대	H대	겹치는 구간	A대(=마이오신), 액틴
수축	감소	감소	감소	증가	일정
이완	증가	증가	증가	감소	일정

이를 통해 전체 길이, I대의 길이, H대의 길이는 모두 **같은 방향**으로 변하고, 겹치는 구간의 길이만 **반대 방향**으로 변한다는 사실을 알 수 있다.

추가적으로 위 그림을 함께 참고했을 때, 각 구간의 길이 변화량과 관련하여 다음과 같이 정리할 수 있다.

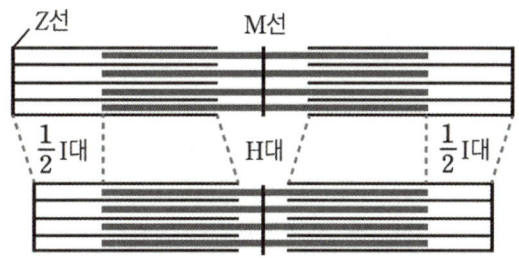

> 근육 원섬유 마디의 변화량 = H대의 변화량 = 전체 I대의 변화량 = 전체 겹치는 구간의 변화량
>
> $= (\frac{1}{2}$ I대의 변화량 $\times 2) = (\frac{1}{2}$ 겹치는 구간의 변화량 $\times 2)$

또한, 마이오신 필라멘트와 액틴 필라멘트의 길이가 일정하다는 것을 통해 다음을 알 수 있다.

① 마이오신의 길이가 일정하다 = (H대 + 전체 겹치는 구간), (전체 - 전체 I대)는 일정하다

② 액틴의 길이가 일정하다 = (전체 겹치는 구간 + 전체 I대), ($\frac{1}{2}$ 겹치는 구간 + $\frac{1}{2}$ I대), (전체 - H대)는 일정하다

아래는 이해를 돕기 위해 Δ를 활용하여 변화량을 정리한 예시이다.

구분	$\frac{1}{2}$ I대	$\frac{1}{2}$ 겹치는 구간	H대
수축 전 $(2.4\,\mu m)$	$0.4\,\mu m$	$0.3\,\mu m$	$1.0\,\mu m$
전체 변화량 (-2Δ)	$-\Delta$	$+\Delta$	-2Δ
수축 후 $(2.4 - 2\Delta\,\mu m)$	$0.4 - \Delta\,\mu m$	$0.3 + \Delta\,\mu m$	$1.0 - 2\Delta\,\mu m$

이렇게 정리한 내용은 앞으로의 METHOD와 근수축 문제 풀이에서 핵심 도구로 사용되니 잘 기억해두자.

▎METHOD. 【근수축 Classic】

【근수축 Classic】 유형은 근수축 추론형 문항으로 꾸준히 등장하고 있는 유형이다.

그냥 근수축 하면 가장 먼저 떠오르는 문제 형태를 생각하면 된다.
이 유형의 핵심은 '**각 구간의 길이를 직접 구하라**'라는 것이다.
기출문제 정도의 난이도에서는 Matching의 수준이 어렵지 않아 킬러 문항으로 취급되지 않지만,
다양한 문제를 많이 풀어본 학습자라면 알겠지만 쉽게 봤다가 큰코다칠 수 있다.
얼마든지 문제를 까다롭게 구성하는 것이 가능하고, 점점 그렇게 변화하고 있는 추세다.

대충 끼워맞추듯 푸는 풀이는 반드시 지양하자.
간단한 Matching이나 계산으로 해결할 수 있는 문항도 있다.
그런 문항이라면 적당히 숫자를 가지고 계산하거나 끄적여도 충분히 답을 낼 수 있을 것이다.

다만, 문제를 까다롭게 구성하거나 쉽게 찍지 못하게 조건을 제공하면
이러한 방법은 굉장히 비효율적이고, 주어지는 숫자에 따라 풀이의 난도가 달라지는 변수가 발생한다.

근수축이 어렵게 나오더라도 변수가 되지 않게끔 하는 것이 중요하다.

METHOD #1. 유형 확인

문항에서 다음과 같은 문항 구성을 확인하자.

[골격근의 수축 과정 + 각 구간의 길이를 직접 계산 + (구간 Matching)]

→ 【근수축 Classic】 유형

METHOD #2. 〈 구간 INDEX 〉 설정 & 조건 정리

【근수축 Classic】 유형임을 확인했다면 가장 먼저 해야할 것은
당연히 **조건의 정리와 조건을 정리할 표기법을 준비하는 것**이다.

다음 순서에 따라 〈구간 INDEX〉를 설정한다.

(1) 세로선과 가로선을 상황에 맞게 설정한다. 가로선은 시점의 개수에 따라 그어주면 된다.
(2) 각 구간 (ㄱ, ㄴ, ㄷ, X)을 표기한다. 설정된 구간에 따라 달라질 수 있다.
(3) 구간별 변화하는 비율은 반드시 암기하고 있어야 한다. 생각하고 있으면 시간상 손해다.
(4) 주어진 정보를 정리하여 〈구간 INDEX〉에 최대한 표시하자. 알고 있는 정보는 바로바로 적어줘야 추론이
    효율적으로 진행된다.

EX)

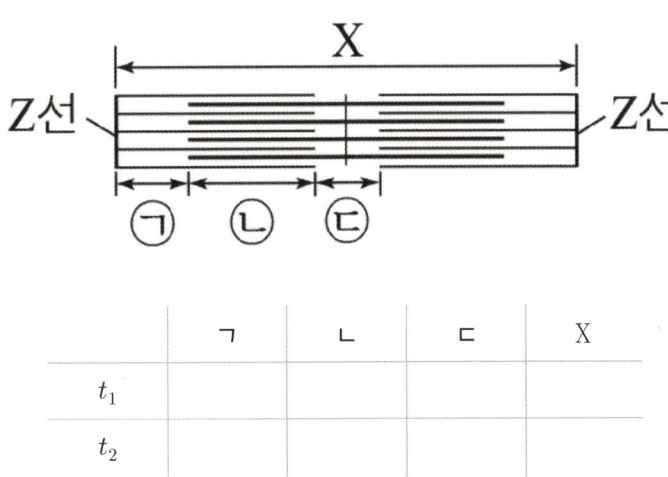

	ㄱ	ㄴ	ㄷ	X
t_1				
t_2				
	$-\Delta$	$+\Delta$	-2Δ	-2Δ

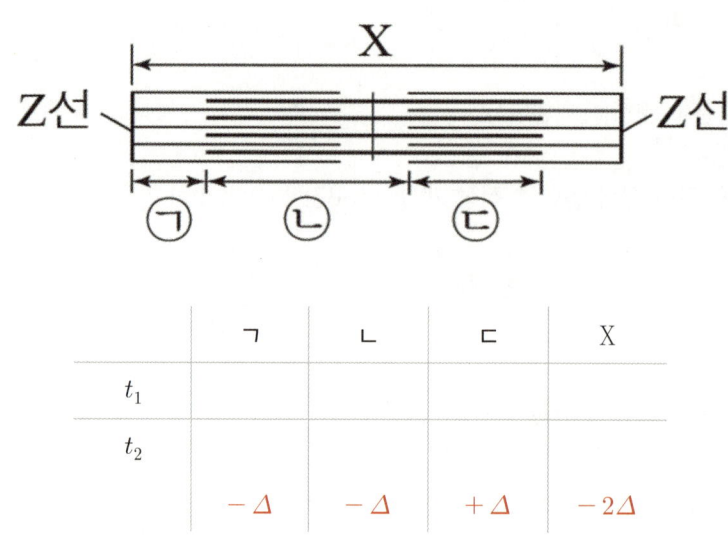

	ㄱ	ㄴ	ㄷ	X
t_1				
t_2	$-\Delta$	$-\Delta$	$+\Delta$	-2Δ

Q. 꼭 표기법이 중요할까요? 저는 그림 위에다 푸는 게 익숙해요!

A. 시험지의 한정적인 공간에서 가시성만큼 중요한 요소는 없다고 생각합니다. 개인적으로는 추론형 문제를 풀 때 필요한 요소 중 학습자의 센스와 더불어 결정적인 요소라고 생각합니다. 눈에 잘 보이는 것이 추론에 압도적으로 유리하다고 생각해요.

유형에 따라 정해져 있는 정돈된 표기법이 있다면 추론 과정에서 생길 변수를 줄여줄 수 있다고 생각합니다. 물론 표기법의 차용 유무는 각자의 판단에 맡기겠습니다!

참고로 저는 되게 잘 푸는데도 〈구간 INDEX〉 그려서 풉니다.

〈구간 INDEX〉에 알 수 있는 모든 구간의 길이를 채워 넣으면 모든 추론이 끝난다.
〈구간 INDEX〉를 완성하기 위해서는 주어진 정보를 통한 구간 Matching 혹은 계산이 필요한데,
이 과정에서 필요한 모든 사고는 다음 4가지 범주 안에서 결정된다.

일정한 길이 / 변화의 비율 / 구간의 특성 / 길이의 한계

가장 많이 쓰이고 핵심적인 사고는 **일정한 길이와 변화의 비율을 통한 구간 Matching과 계산**이다.
다만 **구간의 특성과 길이의 한계는 자주 나오지 않는 만큼 한 번 놓치면 생각하기 힘든 범주**이다.

(1) **일정한 길이** : 마이오신 필라멘트와 액틴 필라멘트의 길이는 변하지 않는다. 구간이 어떻게 설정되고
어떤 합과 차로 구성될지라도 액틴과 마이오신 필라멘트의 길이를 의미하는 구간은 변하지 않는다.

(2) **변화의 비율** : 각 구간의 길이 변화는 간단한 정수 비로 표현할 수 있다. 문항에 따라 제시되는 정보가
다르지만 시점에 따른 변화량의 비율을 통해 Matching과 계산을 할 수 있다.

(3) **구간의 특성** : 출제자는 각 구간을 어떻게 설정하냐에 따라 학습자에게 다른 정보를 제시하게 된다. 기출
에서는 거의 모든 문항이 Standard한 설정으로 출제되지만, 22학년도 9평과 같이 다르게도 출제할 수
있다는 점, 사설에서는 이미 자주 보이고 있다는 점을 유의하자. 구간의 특성에 따라서 출제자는 자신이
원하는 정보를 제한적으로 제시하게 된다.

예를 들어 보자.

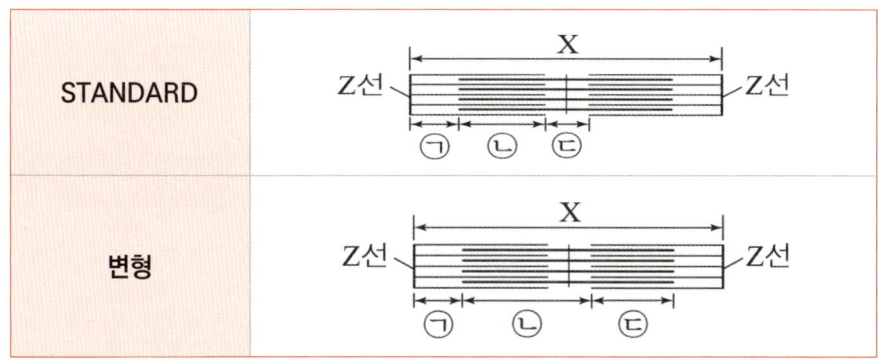

구간의 설정 여부에 따라 알 수 있는 정보의 양과 종류가 다르다.

예를 들어, 추론의 결과로 ⓛ과 ⓒ의 길이가 0.5와 0.2중 하나라고 하자.
Standard한 구간에서는 정보를 더 끌어낼 수 없지만 변형된 구간에서는 ⓛ이 0.5, ⓒ이 0.2임을 알 수 있다.
구간의 특성상 ⓛ이 ⓒ보다 길거나 같기 때문이다

이러한 맥락에서 '**H 대의 길이는 A 대의 길이보다 길 수 없다.**'는 것을 판단의 근거로 활용할 수도 있다.

(4) 길이의 한계 : 각 구간의 길이는 절대로 음수가 될 수 없다.

출제자는 이를 이용하여 추론만으로 답이 결정되지 않게 만들고 "길이가 음수가 나오는 Case"가 모순임을 귀류를 통해 확인하여 답이 나오도록 설정할 수 있다.

---

comment

Q. 사고의 4가지 범주(METHOD #3.)는 실전에서 어떻게 써먹나요?

A. 기존 기출에서 근수축 유형은 어느 정도 풀이를 연습하면 사실 크게 무리 없이 풀릴 겁니다.
다만, 근수축에서 출제자가 힘을 주고 싶다면 선택지는 2가지 방향이 있습니다.
(1) New Type의 출제 (2) Classic의 논리 강화

METHOD #3의 취지는 '(2) Classic의 논리 강화'에서 출제자가 강화할 수 있는 논리에 대한 대비입니다.
출제자가 Classic에서 건드릴 수 있는 부분은 해봤자 **구간을 건드리거나, 답이 쉽게 결정이 되지 않게 끔 만드는 정도**입니다. 이때 학습자가 놓칠 수 있는 부분이 구간의 특성과 길이의 한계라고 생각해요.

METHOD #3에서 사고의 범주를 4가지로 정리해주는 이유는 실전에서 【근수축 Classic】을 풀다가 추론이 막혔을 때는 단순히 계산 실수나 조건 정리에서의 실수인 경우를 제외하면 **출제자가 의도한 구간의 특성과 길이의 한계를 고려하지 못해서일 거라고 생각하기 때문**입니다.

자연스럽게 자신이 생각하지 못한 범주가 넷 중 무엇인지 하나씩 고려하며 풀다 보면 출제자가 의도한 사고가 무엇인지 추론해낼 수 있을 것입니다.

METHOD #4. 〈 구간 INDEX 〉 채우기 & 미지수 α의 설정

필요한 Matching을 끝내고 충분한 정보를 얻어냈다면, 〈구간 INDEX〉를 완성하자.
각 구간의 길이를 모두 계산했다면 선지로 넘어가 답을 내면 된다.

적절한 구간의 길이를 α로 설정하면 모든 구간을 α로 표현할 수 있다.
연립 방정식의 나열을 지양하며 깔끔하게 해결하는 Tool이다. Tool인 만큼 절대적인 부분은 아니다.
편한 방법이 이미 있다면 그것대로 풀어도 된다.

예를 들어보자.

구분	X+ⓒ	⑤-ⓒ
t_1	2.4	0

라는 정보가 제시되었을 때, 필자라면 ⑤=ⓒ이라는 점을 이용하여 ⑤과 ⓒ의 길이를 α로 설정하겠다.
이후 다른 길이들을 α에 대한 길이로 표기하여 답을 내겠다.

---

comment

Q. 근수축에서 그렇게 어렵게 나올까요?

A. 근수축을 꿰뚫는 원리는 어렵지 않습니다만, 어떻게 출제되냐에 따라 당황하게 만들 수는 있습니다.
저는 21학년도 수능을 봤습니다. 21학년도 9월 모의고사에서 처음으로 근수축 유형에서 엄청 당황했습니다. 당시 시험을 본 학습자라면 알겠지만 정말 새로웠어요. 저는 그 시험지에서 근수축 문항을 제일 마지막에 풀었습니다. 유전까지 다 끝낸 뒤에요.

사실상 처음으로 근수축에서 New Type이 출제가 된 거였는데, 근수축은 단순히 계산으로 해결이 되는 문항이어야 하는데 그렇지 않았어요. 그래서인지 시험장에서 체감 난도가 엄청 높았습니다. 아마 유전 문제보다 근수축을 먼저 푸는 습관을 지닌 학습자가 훨씬 많았을 텐데 여기서 막혔으면 시간도 그렇고 굉장히 큰 변수로 다가왔겠죠.

21학년도 시험지는 근수축 유형의 방향성과 난도에 대해 **"새롭고 어렵게 낼 수 있다"**의 가능성을 남긴 것 같습니다. 킬러급으로 나올 가능성이 높아 보이지는 않지만, 구간의 길이를 다양한 방식으로 제시하면서 준킬러가 강화되어 왔으니 안심하지 말도록 합시다. 나중에 시험장에서 어떤 문제가 나와도 당황하지 않게끔요.

【근수축 Classic】에서 기출 문항의 단점은 추론의 난도가 너무 낮고 제대로 된 문항 수가 너무 적다는 점이다. 근수축이 본격적으로 난도를 갖춰간 것은 기껏해야 2019학년도부터 정도이므로, 연습할 문항 수와 논리가 앞으로 출제될 수 있는 발전형 문항에 비해 너무 빈약하다.

충분히 연습하고 METHOD를 상황마다 적용해볼 수 있게끔 예시 문항을 제작했다.
난도는 기출 수준의 문항부터 기출보다는 확실히 까다로운 문항까지 있다.

그냥 풀면 재미없으니 예시 문항의 난도를 미리 제시하겠다.
학습자 스스로 난도에 비해 본인이 어느 정도로 잘 풀고 있는지 점검하기를 바란다.

난도는 1~5까지로 정하겠으며, 평가원 수준의 준킬러를 2, 평가원 수준의 킬러를 4로 잡겠다.

난도 1	거의 추론이 필요 없는 수준이다.
난도 2	평가원 수준의 준킬러다.
난도 3	평가원 수준의 준킬러보다는 확실히 어렵지만 킬러 수준은 아니다.
난도 4	평가원 수준의 킬러다.
난도 5	많이 어렵다.

comment

Q. 【근수축 Classic】 문항을 푸는데 걸리는 시간은 어느 정도가 좋을까요?

A. 어느 정도 점수대를 목표로 하냐에 따라 다를 것 같습니다.

만점을 노리는 학습자의 경우, 생명과학1 시험 시간이 워낙 타이트하기에 많은 시간을 소비할 수는 없습니다. 평범한 준킬러 수준의 Classic이 출제된다면 2분 정도가 가장 적절한 시간이 아닐까 싶습니다.

1등급이 목표인 학습자나 그 이하의 목표를 가진 학습자의 경우는 시험지의 스무 문항 중 반드시 버리는 문항이 생깁니다. 킬러급 문항을 버리게되면 그만큼 시간이 남아 준킬러에 투자할 수 있게 되기에 '반드시 2~3분 내로 풀라'라고는 말씀드리지 않겠습니다만 연습할 때는 가능한 3분 이내로는 해결할 수 있게끔 준비하면 좋겠습니다.

○ 그림은 근육 원섬유 마디 X의 구조를 나타낸 것이다. 구간 ㉠은 액틴 필라멘트만 있는 부분이고, ㉡은 액틴 필라멘트와 마이오신 필라멘트가 겹치는 부분이며, ㉢은 마이오신 필라멘트만 있는 부분이다. X는 좌우 대칭이다.

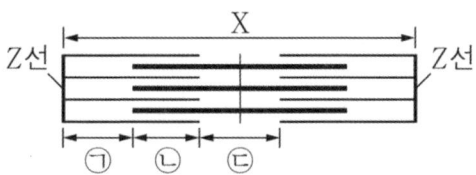

○ 표는 골격근 수축 과정의 두 시점 t_1과 t_2일 때 ㉠의 길이에서 ㉢의 길이를 뺀 값(㉠-㉢)과 ㉡의 길이를 나타낸 것이다. X는 좌우 대칭이다.

시점	㉠-㉢	㉡
t_1	0	ⓐ
t_2	ⓐ	0.4

(단위 : μm)

○ t_2일 때 A대의 길이는 1.0μm이다.

〈보 기〉

ㄱ. t_2일 때 ㉢의 길이는 ⓐμm이다.

ㄴ. X의 길이는 t_1일 때가 t_2일 때보다 0.4μm 길다.

ㄷ. $\dfrac{㉡의 길이}{㉠의 길이 + ㉢의 길이}$ 의 값은 t_1일 때가 t_2일 때보다 크다.

METHOD #1. 유형 확인

문제에 골격근의 수축 과정 + 구간 Matching + 각 구간의 길이 계산이 제시되었음을 확인했다.
【근수축 Classic】 유형이다.

METHOD #2. 〈 구간 INDEX 〉 설정 & 조건 정리

〈구간 INDEX〉를 설정하자. 시점이 두 개니까 〈구간 INDEX〉도 그에 맞게 표기해준다.
표에서 ㉡의 길이가 t_1일 때 ⓐ, t_2일 때 $0.4\mu m$라고 제시되어 있다.
그리고 A대의 길이가 $1.0\mu m$라고 문장으로 제시되어 있다.

	㉠	㉡	㉢	X
t_1		ⓐ		
t_2		0.4	0.2	
	$-\Delta$	$+\Delta$	-2Δ	-2Δ

METHOD #3. 일정한 길이/변화의 비율/구간의 특성/길이의 한계 CHECK

(1) 변화의 비율 :
X가 -2Δ일 때, ㉠-㉢은 $-\Delta-(-2\Delta)$이므로 $+\Delta$, ㉡은 $+\Delta$이다.
즉, t_1에서 t_2로 변하면서 ㉠-㉢의 변화량과 ㉡의 변화량이 같다.
ⓐ-0 = 0.4-ⓐ가 되어 ⓐ = 0.2이다.

	㉠	㉡	㉢	X
t_1		**0.2**		
t_2		0.4	0.2	
	$-\Delta$	$+\Delta$	-2Δ	-2Δ

METHOD #4. 〈 구간 INDEX 〉 완성 & 미지수 α의 설정

t_1일 때 ㉠과 ㉢의 길이를 미지수 α로 설정하면 아래와 같이 〈구간 INDEX〉가 채워진다.

	㉠	㉡	㉢	X
t_1	α	**0.2**	α	
t_2		0.4	0.2	
	$-\Delta$	$+\Delta$	-2Δ	-2Δ

이때, A대의 길이가 1.0μm이기 때문에 $0.2 \times 2 + \alpha = 1.0$이 되어 $\alpha = 0.6$임을 알 수 있다.
이를 바탕으로 〈구간 INDEX〉를 완성하면 변화의 비율을 고려했을 때 아래와 같이 채울 수 있다.

	㉠	㉡	㉢	X
t_1	0.6	0.2	0.6	2.2
t_2	0.4	0.4	0.2	1.8
	$-\Delta$	$+\Delta$	-2Δ	-2Δ

ㄱ. t_2일 때 ㉢의 길이는 0.2μm이다. (○)

ㄴ. X의 길이는 t_1일 때가 t_2일 때보다 0.4μm 길다. (○)

ㄷ. $\dfrac{㉡의 길이}{㉠의 길이 + ㉢의 길이}$ 의 값은 t_1일 때 $\dfrac{1}{6}$, t_2일 때 $\dfrac{2}{3}$로 t_2일 때가 더 크다. (X)

정답 : ㄱ, ㄴ

표는 골격근 수축 과정의 세 시점 $t_1 \sim t_3$일 때 X의 길이에서 ⓑ의 길이를 뺀 값, ⓐ의 길이와 ⓒ의 길이를 더한 값(ⓐ + ⓒ), ⓑ의 길이에서 ⓐ의 길이를 뺀 값(ⓑ − ⓐ)을 나타낸 것이고, 그림은 근육 원섬유 마디 X의 구조를 나타낸 것이다. ㉠은 마이오신 필라멘트와 액틴 필라멘트가 겹치는 부분이고, ㉡은 A대에서 ㉠을 제외한 부분이며, ㉢은 액틴 필라멘트만 있는 부분이다. ⓐ~ⓒ는 각각 ㉠~㉢ 중 하나이며, X는 좌우 대칭이다.

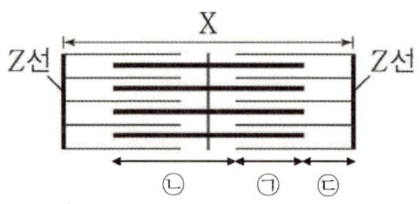

시점	X − ⓑ	ⓐ + ⓒ	ⓑ − ⓐ
t_1	2.3	1.8	?
t_2	1.7	?	0.2
t_3	?	x	x

(단위 : μm)

이에 대한 설명으로 옳은 것만을 <보기>에서 있는 대로 고르시오.

〈 보 기 〉

ㄱ. ⓐ는 ㉠이다.

ㄴ. X의 길이는 t_2일 때가 t_3일 때보다 0.6μm만큼 더 길다.

ㄷ. $\dfrac{\text{㉠의 길이} + \text{㉢의 길이}}{\text{㉡의 길이} - \text{㉢의 길이}}$ 의 값은 t_1일 때가 t_2일 때보다 크다.

comment

문제 난이도가 좀 어렵습니다. 잘 사용되지 않지만 잘 안 보여서 가끔 발목을 잡는 사고의 범주를 보여주고 연습시키고 싶어서 일부러 이렇게 제작했습니다.

HINT는 "구간의 특성과 길이의 한계를 잘 이용하자" 입니다.
출제자는 구간의 특성을 통해 학습자에게 특정한 정보를 제시할 수 있습니다.
그리고 각 구간의 길이는 절대로 음수가 될 수 없습니다.

잘 모르겠다면 해설을 참고하셔서 반복적으로 연습하기를 바랍니다.
문제없이 잘 풀렸다면 근수축 Classic 유형은 마스터했다고 생각하셔도 좋습니다!

METHOD #1. 유형 확인

문제에 골격근의 수축 과정 + 구간 Matching + 각 구간의 길이 계산이 제시되었음을 확인했다.
【근수축 Classic】유형이다.

METHOD #2. 〈 구간 INDEX 〉 설정 & 조건 정리

〈구간 INDEX〉를 설정하자. 시점이 세 개니까 〈구간 INDEX〉도 그에 맞게 표기해준다.
문제에서 제시된 ⓛ 구간은 H대와 한쪽의 겹치는 구간을 포함하고 있으므로 변화의 비율이
$-2\Delta + \Delta = -\Delta$가 된다.

	㉠	㉡	㉢	X
t_1				
t_2				
t_3				
	$+\Delta$	$-\Delta$	$-\Delta$	-2Δ

표로 제시된 정보 외에 추가 정보는 존재하지 않는다. 표를 통해 추론하자.

METHOD #3. 일정한 길이/변화의 비율/구간의 특성/길이의 한계 CHECK

안타깝게도 일정한 길이와 변화의 비율의 사고로는 〈구간 INDEX〉에 어떠한 숫자도 채울 수 없다.
아마 많은 학습자들이 당황하지 않았을까 생각한다.

강조하건대, 【근수축 Classic】은 어렵게 내고자 하면 얼마든지 어렵게 낼 수 있다.

이어지는 해설을 통해 어떤 범주들을 어떤 순서대로 고려해야 하는지 알아보자.

(1) 구간의 특성 : 구간의 특성상, X-㉠-㉡-㉢ = ㉢이다. 즉 X-ⓐ-ⓑ-ⓒ는 반드시 ㉢이다.
　　주어진 길이에서 X-ⓐ-ⓑ-ⓒ = X-ⓑ-(ⓐ+ⓒ) = 2.3 -1.8 = 0.5
　　따라서 〈구간 INDEX〉에 아래와 같이 t_1의 ㉢에 0.5를 채워 넣을 수 있다.

	㉠	㉡	㉢	X
t_1			0.5	
t_2				
t_3				
	$+\Delta$	$-\Delta$	$-\Delta$	-2Δ

(2) 길이의 한계 : 이 부분이 가장 생각하기 어려운 범주다.

0.5를 채웠지만 그 이후로 채울 수 있는 값이 더 이상 보이지 않는다.

이 때 학습자가 생각해야 하는 부분은 네 가지 범주 중 놓친 부분을 확인하는 것이다.

〈구간 INDEX〉에 따르면 X-ⓑ는 ⓑ가 ㉠일 때는 $-2\Delta-(+\Delta)$이므로 -3Δ,

ⓑ가 ㉡or㉢일 때는 $-2\Delta-(-\Delta)$**이므로** $-\Delta$의 비율이 된다.

이 때, X-ⓑ가 $-\Delta$라면 t_1일 때 2.3, t_2일 때 1.7 이므로 **0.6감소 = $-\Delta$**이 된다.

이에 따라 〈구간 INDEX〉를 작성하면 ㉢은 $-\Delta$하는 구간이므로

t_1에서 t_2로 변하면서 0.6 감소하여 t_2일 때 길이가 음수가 된다.

	㉠	㉡	㉢	X
t_1			0.5	
t_2			-0.1	
t_3				
	$+\Delta$	$-\Delta$	$-\Delta$	-2Δ

〈길이의 한계〉에서 모순이 발생하는 것을 알 수 있다.

따라서 X-ⓑ는 '3감'이어야 하고 ⓑ=㉠이 된다. **-0.6 = -3Δ이므로 $-\Delta$는 -0.2이다.**

	㉠	㉡	㉢	X
t_1			0.5	
t_2			0.3	
t_3				
	$+\Delta$	$-\Delta$	$-\Delta$	-2Δ

(3) 구간의 특성 : 구간의 특성에 따라 ㉡은 반드시 ㉠보다 크거나 같아야 한다.

그런데 ⓑ(= ㉠)-ⓐ가 t_2에서 양수값이므로 ㉠-㉢은 될 수 없다. ㉠-㉡은 반드시 0보다 작거나 같다.

따라서 ⓐ는 ㉢, ⓒ는 ㉡이 되어 Matching이 완성된다.

	ⓑ = ㉠	ⓒ = ㉡	ⓐ = ㉢	X
t_1			0.5	
t_2			0.3	
t_3				
	$+\Delta$	$-\Delta$	$-\Delta$	-2Δ

∴ ⓐ = ㉢, ⓑ = ㉠, ⓒ = ㉡

METHOD #4. 〈 구간 INDEX 〉 완성

Matching이 끝났으니 〈구간 INDEX〉에 길이를 채워 넣자.
〈구간 INDEX〉를 채워넣기 위해서 변화의 비율에 따라 표의 정보를 추론하자.

(1) 변화의 비율 : 표에서 제시된 항목들의 변화 비율을 계산해보면
X-ⓑ는 -3Δ, ⓐ+ⓒ는 -2Δ, ⓑ-ⓐ는 $+2\Delta$이다.
$-\Delta$는 **-0.2**이므로 〈구간 INDEX〉를 바탕으로 t_1과 t_2에 대해서는 표를 채울 수 있다.

	$X - ⓑ$ -3Δ	$ⓐ + ⓒ$ -2Δ	$ⓑ - ⓐ$ $+2\Delta$
t_1	2.3	1.8	**-0.2**
t_2	1.7	**1.4**	0.2
t_3	?	x	x

(단위 : μm)

(2) 일정한 길이 : 한 번 더 생각해보면, ⓐ+ⓒ는 -2Δ, ⓑ-ⓐ는 $+2\Delta$이므로
(ⓐ+ⓒ)+(ⓑ-ⓐ)는 일정한 길이로 유지된다.
따라서 t_3에서 $x+x$ = 1.6이 되어 x = 0.8이 된다.

	$X - ⓑ$ -3Δ	$ⓐ + ⓒ$ -2Δ	$ⓑ - ⓐ$ $+2\Delta$
t_1	2.3	1.8	-0.2
t_2	1.7	1.4	0.2
t_3	?	**0.8**	**0.8**

(단위 : μm)

정리된 표를 바탕으로 〈구간 INDEX〉를 완성하면 아래와 같이 채울 수 있다.

	ⓑ = ㉠	ⓒ = ㉡	ⓐ = ㉢	X
t_1	0.3	1.3	0.5	2.6
t_2	0.5	1.1	0.3	2.2
t_3	0.8	0.8	0	1.6
	$+\Delta$	$-\Delta$	$-\Delta$	-2Δ

ㄱ. ⓐ는 ㉢이다. (X)
ㄴ. X의 길이는 t_2일 때 2.2μm, t_3일 때 1.6μm이다. (○)
ㄷ. $\dfrac{㉠의\ 길이\ +\ ㉢의\ 길이}{㉡의\ 길이\ -\ ㉢의\ 길이}$의 값은 t_1일 때와 t_2일 때가 같다. (X)

정답 : ㄴ

○ 그림은 근육 원섬유 마디 X의 구조를 나타낸 것이다. 구간 ㉠은 액틴 필라멘트만 있는 부분이고, ㉡은 액틴 필라멘트와 마이오신 필라멘트가 겹치는 부분이며, ㉢은 마이오신 필라멘트만 있는 부분이다. X는 좌우 대칭이다.

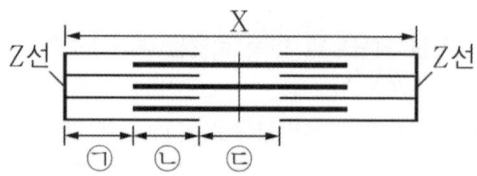

○ 표는 골격근 수축 과정의 두 시점 t_1과 t_2일 때 ㉢의 길이와 X의 길이의 비율을 나타낸 것이다. t_1일 때 ⓐ, ⓑ, ⓒ의 길이의 비율은 1 : 1 : 2이고, X의 길이는 t_1일 때가 t_2일 때보다 0.8μm 길다. ⓐ~ⓒ는 각각 ㉠~㉢ 중 하나이다.

시점	㉢의 길이 : X의 길이
t_1	1 : 3
t_2	1 : 5

이에 대한 설명으로 옳은 것만을 <보기>에서 있는 대로 고르시오.

〈 보 기 〉

ㄱ. ⓒ는 ㉢이다.

ㄴ. t_2일 때 A대의 길이는 2.4μm이다.

ㄷ. $\dfrac{㉠의 길이 + ㉢의 길이}{㉡의 길이 + ㉢의 길이}$ 의 값은 t_1일 때가 t_2일 때보다 크다.

METHOD #1. 유형 확인

문제에 골격근의 수축 과정 + 구간 Matching + 각 구간의 길이 계산이 제시되었음을 확인했다.
【근수축 Classic】유형이다.

METHOD #2. 〈 구간 INDEX 〉 설정 & 조건 정리

〈구간 INDEX〉를 설정하자. 시점이 두 개니까 〈구간 INDEX〉도 그에 맞게 표기해준다.

	㉠	㉡	㉢	X
t_1				
t_2				
	$-\Delta$	$+\Delta$	-2Δ	-2Δ

구간들의 길이 관계가 비율로 제시되어 있고,
t_1에서 t_2로 변하면서 X의 길이가 $0.8\mu m$ 줄어들었음을 확인할 수 있다.

METHOD #3. 일정한 길이/변화의 비율/구간의 특성/길이의 한계 CHECK

(1) 길이의 한계 : t_1일 때 ⓐ, ⓑ, ⓒ의 길이의 비율이 1 : 1 : 2인데,
   만약 ㉢이 ⓐ or ⓑ라면 표로 제시된 조건을 참고했을 때 아래와 같이 〈구간 INDEX〉가 작성된다.
   이때 ㉢의 길이를 미지수 α로 설정하겠다.

	㉠	㉡	㉢	X
t_1	$\alpha + 2\alpha$		α	3α
t_2				
	$-\Delta$	$+\Delta$	-2Δ	-2Δ

그런데 이때, 각 구간의 길이의 합이 7α가 되어 X의 길이인 3α를 초과해버리는 모순이 발생한다.
따라서 ㉢은 ⓒ가 된다.
t_1일 때 ㉠의 길이를 미지수 α로 설정하면 아래와 같이 〈구간 INDEX〉가 작성된다.

	㉠	㉡	㉢ = ⓒ	X
t_1	α	α	2α	6α
t_2				
	$-\Delta$	$+\Delta$	-2Δ	-2Δ

(2) 변화의 비율 : 〈구간 INDEX〉에 따르면 X가 -2Δ일 때, ⓒ도 -2Δ이다.

따라서 t_1에서 t_2로 변화하면서 X의 길이가 0.8μm 감소할 때, ⓒ도 동일하게 0.8μm 감소한다.

	㉠	㉡	㉢ = ⓒ	X
t_1	α	α	2α	6α
t_2			$2\alpha - 0.8$	$6\alpha - 0.8$
	$-\Delta$	$+\Delta$	-2Δ	-2Δ

표에서 t_2일 때 ⓒ의 길이 : X의 길이 = 1 : 5라고 제시되어 있으므로

$(2\alpha-0.8)×5 = 6\alpha-0.8$이 되어 α = 0.8이다.

METHOD #4. 〈 구간 INDEX 〉 완성

Matching을 바탕으로 〈구간 INDEX〉를 완성하면
변화의 비율을 고려했을 때 아래와 같이 채울 수 있다.

	㉠	㉡	㉢ = ⓒ	X
t_1	0.8	0.8	1.6	4.8
t_2	0.4	1.2	0.8	4.0
	$-\Delta$	$+\Delta$	-2Δ	-2Δ

ㄱ. ㉢는 ⓒ이다. (○)

ㄴ. A대의 길이는 3.2μm이다. (X)

ㄷ. $\dfrac{㉠의 길이 + ㉢의 길이}{㉡의 길이 + ㉢의 길이}$ 의 값은 t_1일 때 1, t_2일 때 $\dfrac{3}{5}$으로 t_1일 때가 더 크다. (○)

정답 : ㄱ, ㄷ

다음은 골격근의 수축 과정에 대한 자료이다.

○ 그림은 근육 원섬유 마디 X의 구조를, 표는 골격근 수축 과정의 두 시점 t_1과 t_2일 때 ㉠의 길이에서 ㉡의 길이를 뺀 값(㉠ − ㉡)과 ㉢의 길이, X의 길이를 나타낸 것이다. X는 좌우 대칭이다.

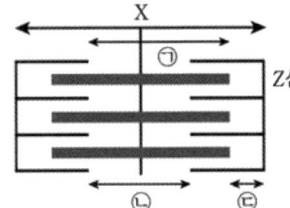

시점	㉠ − ㉡	㉢	X
t_1	$0.5\mu m$	$0.7\mu m$	?
t_2	$0.8\mu m$	?	$2.6\mu m$

○ 구간 ㉠은 A대에서 한 쪽의 액틴 필라멘트와 마이오신 필라멘트가 겹치는 부분을 제외한 부분이고, ㉡은 마이오신 필라멘트만 있는 부분이며, ㉢은 액틴 필라멘트만 있는 부분이다.

이에 대한 설명으로 옳은 것만을 <보기>에서 있는 대로 고르시오.

〈보 기〉

ㄱ. X의 길이는 t_1일 때가 t_2일 때보다 $0.8\mu m$만큼 더 길다.

ㄴ. t_1일 때 ㉡의 길이는 $0.6\mu m$이다.

ㄷ. t_2일 때 $\dfrac{㉡의\ 길이}{㉡의\ 길이 + ㉢의\ 길이} = \dfrac{1}{3}$이다.

METHOD #1. 유형 확인

문제에 골격근의 수축 과정 + 구간 Matching + 각 구간의 길이 계산이 제시되었음을 확인했다. 【근수축 Classic】 유형이다.

METHOD #2. 〈 구간 INDEX 〉 설정 & 조건 정리

〈구간 INDEX〉를 설정하자. 시점이 두 개니까 〈구간 INDEX〉도 그에 맞게 표기해준다.
표로 제시된 정보를 통해 t_1일 때의 ⓒ과 t_2일 때의 X는 채울 수 있다.

	㉠	㉡	㉢	X
t_1			0.7	
t_2				2.6

이제부터는 표를 통해 추론해야 한다.
사고의 범주는 METHOD #3.의 4가지 범주 안에서 생각해야 한다.

METHOD #3. 일정한 길이/변화의 비율/구간의 특성/길이의 한계 CHECK

(1) 변화의 비율 : 자연스럽게 시선이 가는 곳은 표에서의 ㉠-㉡ 항목이다.
   X가 -2Δ일 때, ㉠-㉡은 $+\Delta$이다.
   t_1에서 t_2로 변하면서 ㉠-㉡이 0.3 늘어났으므로,
   t_1에서 t_2로 변하면서 X는 0.6 줄어들었음을 알 수 있다.
   X의 변화 값을 알게 되었으므로 t_2일 때의 ㉢도 바로 알 수 있다.

	㉠	㉡	㉢	X
t_1			0.7	**3.2**
t_2			**0.4**	2.6

(2) 구간의 특성 : ㉠-㉡+㉢=액틴 필라멘트이므로 X에서 한쪽 액틴 필라멘트의 길이는 1.2임을 구할 수 있다.
   X-(액틴 필라멘트의 길이)=H 대이므로
   t_1일 때 H 대의 길이, 즉 ㉡은 0.8이 된다.

METHOD #4. 〈 구간 INDEX 〉 완성

나머지 빈 칸을 마저 채워주면 아래와 같이 완성할 수 있다.

	㉠	㉡	㉢	X
t_1	1.3	0.8	0.7	3.2
t_2	1.0	0.2	0.4	2.6

ㄱ. X의 길이는 t_1일 때가 t_2일 때보다 $0.6\mu m$ 만큼 더 길다. (X)

ㄴ. t_1일 때 ㉡의 길이는 $0.8\mu m$ 이다. (X)

ㄷ. t_2일 때 $\dfrac{㉡의 길이}{㉡의 길이 + ㉢의 길이} = \dfrac{0.2}{0.2 + 0.4} = \dfrac{1}{3}$ 이다. (O)

정답 : ㄷ

▌METHOD. 근수축 New Type : [210915]

주류인 Classic과는 다른 느낌을 주는 New Type : [210915]이다.
출제된 지 시간이 꽤 지나서 이제는 어느 정도 형태에 익숙해진 사람이 많겠지만 이 문제 하나 빼고는 출제된 적이 없는 유형이다. 사설에서는 종종 보이는데, 학습자들이 별로 안 좋아하는 유형 중 하나이다.
자주 보이는 Classic이 아니다 보니 잘 정리가 안 되어있는 학습자가 많기 때문이다.

유형을 확인하는 방법은 다음과 같다. 편의상 【Z선 단면】 유형이라고 부르겠다.

> [Z선으로부터의 거리 고정 + 단면의 모양 변화] → 【Z선 단면】

Classic과 다른 점은 다음과 같다.

> (1) Z선으로부터의 거리가 고정되어 **대칭적 사고를 버리고 Z선을 고정시켜 풀어야 한다**는 점
>
> (2) 각 **구간의 길이가 구체적으로 정해지지 않을 수 있다는 점**

근수축 과정을 다룬다는 내용을 제외하고는 문항의 구성이 아주 다르기에 Classic과 동일하게 풀 수는 없다.

【Z선 단면】 유형에서 학습자가 추론해야 할 것은 결국 **단면의 모양이 어떻게 변했는가**다.
즉, **단면의 모양이 어떻게 변할 수 있는가**를 미리 암기하고 있는 것만큼 효율적인 Tool은 없다.

METHOD에서 학습자들에게 제시해줄 Tool은 기출,
살짝 더 나아가 기출에서 변형할 수 있는 포인트에서 '**나올 수 있는 모든 변화의 경우의 수**'이다.
실전에서 만났을 때는 완벽히 암기가 되어있을 때 훨씬 편안하고 빠르게 풀 수 있을 것이다.

2021학년도 9월 평가원 15번

○ 그림 (가)는 근육 원섬유 마디 X의 구조를, (나)의 ㉠~㉢은 X를 ㉮ 방향으로 잘랐을 때 관찰되는 단면의 모양을 나타낸 것이다. X는 좌우 대칭이다.

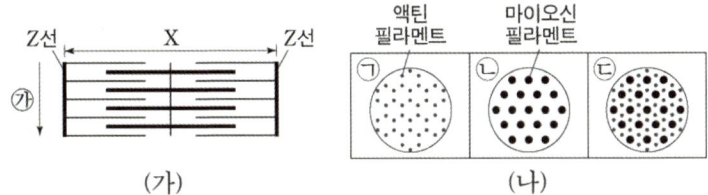

(가)   (나)

○ 표는 골격근 수축 과정의 두 시점 t_1과 t_2일 때 각 시점의 한 쪽 Z선으로부터의 거리가 각각 l_1, l_2, l_3인 세 지점에서 관찰되는 단면의 모양을 나타낸 것이다. ⓐ~ⓒ는 ㉠~㉢을 순서 없이 나타낸 것이며, X의 길이는 t_2일 때가 t_1일 때보다 짧다.

○ l_1~l_3은 모두 $\dfrac{t_2일\ 때\ X의\ 길이}{2}$ 보다 작다.

거리	단면의 모양	
	t_1	t_2
l_1	ⓐ	ⓑ
l_2	㉡	ⓒ
l_3	ⓑ	?

기출로 제시된 상황을 분석하면 다음과 같다.

(1) Z선으로부터의 거리가 고정되어 있음
(2) 수축함
(3) 고정된 거리가 모두 '수축 시의 절반보다 작다'는 추가적인 조건이 달려있음
(4) 단면의 모양이 일부 제시되고 변함

제시된 상황에서 알 수 있는 모든 경우를 정리해보자.

(1) Z선으로부터의 거리가 고정되어있고, (2) 수축하고, (3) 고정된 거리가 모두 수축 시의 절반보다 작은 경우는 다음과 같다. 왼쪽 Z선을 고정하고 t_1에서 t_2가 될 때 근육 원섬유 마디가 수축하는 상황을 생각해 보자.

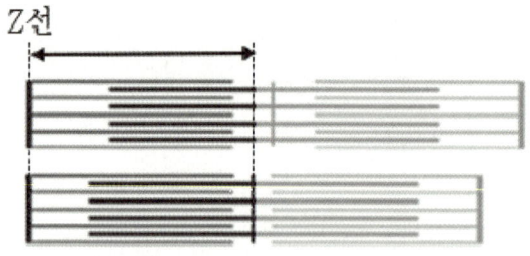

(1) Z선으로부터 거리가 ⓐ로 고정되었을 때 (3) 절반 이하의 (2) 수축 상황에서 (4) 변할 수 있는 단면의 모양은 다음과 같다.

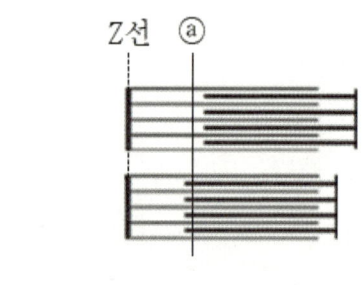

구분	수축 전	수축 후
ⓐ	I대	겹치는 구간

정리하면 다음과 같다.

▸ 겹치는 구간 또는 H대였던 부분은 단면이 변하지 않는다.
▸ **유일하게 I대만 겹치는 구간로 변할 수 있다.**

METHOD #α. New Type의 논리 강화

기존 기출에서 사용하는 논리는 사실상 "유일하게 I대만 겹치는 구간으로 변할 수 있다"가 전부다.
【Z선 단면】 유형이 또 다시 출제된다면 당연히 비슷한 구성에서 논리가 강화되어 출제될 것이다.

이 유형에서 논리를 강화하여 출제한다면 다음과 같은 문항 구성이 가능하다.

> (1) Z선으로부터의 거리가 고정되어있음
> **(2) 수축함 → 이완함**
> **(3) 고정된 거리가 모두 '수축 시의 절반보다 작다'는 추가적인 조건이 달려있음 → 조건 삭제**
> (4) 단면의 모양이 일부 제시되고 변함
> **(5) 추가적인 길이 정보 등을 통해 구체적인 구간의 길이까지 추론하게 함**
>
> → (1) Z선으로부터의 거리가 고정되어있음, (4) 단면의 모양이 일부 제시되고 변함이라는 【Z선 단면】 유형의 기본 구성을 제외한 다른 조건들의 변형, 추가, 삭제를 통한 변형

그렇다면 변형 가능한 상황의 Full Set을 정리하자. 문항의 상황별로 변할 수 있는 단면의 모든 경우로, 암기하면 실전에서 문제를 만났을 때 엄청난 이득을 본다. 되도록 암기하자.

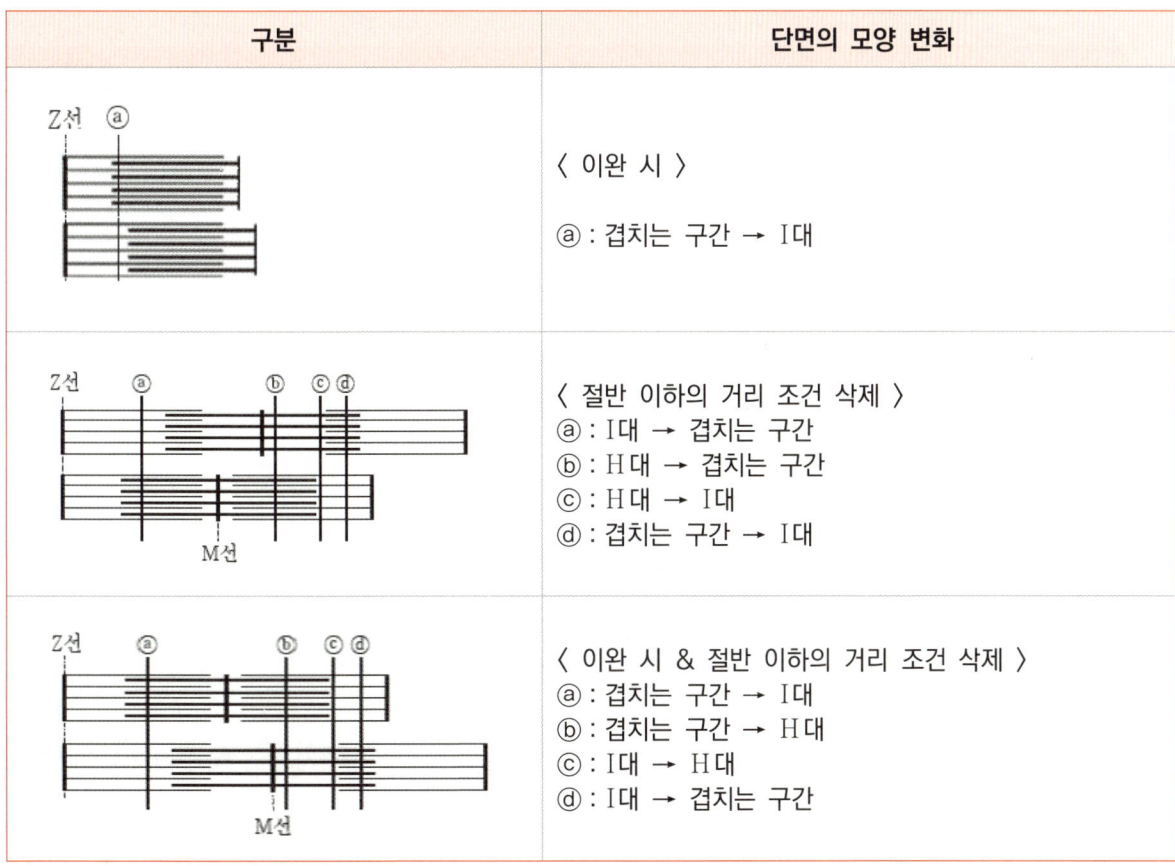

구분	단면의 모양 변화
Z선 ⓐ	〈 이완 시 〉 ⓐ : 겹치는 구간 → I대
Z선 ⓐ ⓑ ⓒ ⓓ M선	〈 절반 이하의 거리 조건 삭제 〉 ⓐ : I대 → 겹치는 구간 ⓑ : H대 → 겹치는 구간 ⓒ : H대 → I대 ⓓ : 겹치는 구간 → I대
Z선 ⓐ ⓑ ⓒ ⓓ M선	〈 이완 시 & 절반 이하의 거리 조건 삭제 〉 ⓐ : 겹치는 구간 → I대 ⓑ : 겹치는 구간 → H대 ⓒ : I대 → H대 ⓓ : I대 → 겹치는 구간

+. New Type에서 매력적인 출제 point

정리했다시피 【Z선 단면】 유형의 출제 요소는 Full Set이라고 해봤자 얼마 되지 않습니다. 출제할 수 있는 부분이 【근수축 Classic】에 비해 작습니다. 다만 이 중에서도 굉장히 매력적인 출제 point가 있는데, 바로 H대 ↔ I대 사이의 전환입니다. 정리한 상황의 ⓒ에 해당합니다.

H대 ↔ I대 사이의 전환은 학습자 입장에서 대략적으로 그리거나 상황을 상상해보았을 때 잘 파악되지 않는 부분입니다. 실제로 이 전환이 이뤄질 수 있는 상황이 굉장히 제한적입니다. 이를 출제했을 때 확실하게 정리가 되지 않는다면 풀이가 미궁 속으로 빠질 수 있습니다.

결론만 말하면 겹치는 구간의 길이가 절반 초과로 증가하거나 절반 미만으로 감소하는 특수한 상황에서만 H대 ↔ I대 사이의 전환이 가능합니다. 이를테면, 겹치는 구간의 길이가 0.3이다가 0.7로 증가하는 상황에서는 가능하지만 0.4에서 0.7로 증가하는 상황에서는 불가능합니다.

궁금해할 학습자를 위해 증명과정을 추가적으로 정리하겠습니다.
학습자께서는 이 유형에서 "H대도 I대로 변할 수 있구나"라는 사실을 염두에 두시고 Full Set을 정리해두시면 좋겠습니다. 저도 Full Set을 다 외우고 있는데 풀 때 매우 빠르고 편리하답니다.

☞ ⓒ : H대 → I대가 가능한 Case의 증명

수축 전 H대의 길이를 a, 한쪽 겹치는 구간의 길이를 b라 하고 전체가 2k만큼 수축했다고 하자.

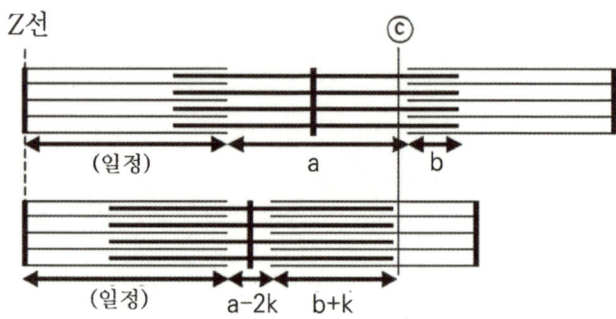

이완 전 ⓒ가 H대에 있어야 하므로 (일정) < ⓒ < (일정) + a이다.
또, 수축 후 ⓒ가 M선 너머의 I대에 있어야 하므로 (일정) + (a − 2k) + (b + k) < ⓒ이다.

두 개를 종합해 보면, b < k 이므로 2b < b + k이다.
그러므로 H대가 수축 후 I대가 되려면 겹치는 구간의 길이는 수축 후에서가 수축 전에서의 2배보다 커야 한다.

Q. 이게 또 나올까요? New Type은 어떻게 공부해야 하나요?

A. Classic과 New Type의 구분 기준은 꾸준히 나오는 빈출 유형인지 아닌지입니다. 이를테면, 너무 최근에 등장하여 또 출제할지의 유무가 불명확하거나, 이전에 한 번 출제되었으나 이후로 출제된 적이 없어 사실상 사라진 유형이 New Type에 속합니다. 생명과학1은 신유형이 빈번하게 등장했다가 사라지는 과목이기에 모든 유형이 동등한 학습이 이뤄져야 하는 것은 아닙니다. 분명히 Classic이 더 중요합니다.

특히 [210915] 같은 경우는 정리가 잘 되어있지 않으면 까다로운 유형에 속하는데 이 때문에 스트레스 받는 학습자도 많을 겁니다. 모든 문제 유형이 그렇듯 한 번 출제된 적이 있으면 얼마든지 또 출제될 수 있겠고, 그러다 보면 지금은 New Type으로 취급되는 유형도 Classic이 될 것입니다.

또 나오지 않는다는 보장은 없으니 적어도 평가원에서 제시한 New Type은 잘 정리해두기를 바랍니다. METHOD에서도 최대한 정리할 수 있는 요소들을 학습자들께 잘 전달하도록 노력하겠습니다.

○ 그림 (가)는 근육 원섬유 마디 X의 구조를, (나)의 ㉠~㉢은 ⓧ X를 ㉮ 방향으로 잘랐을 때 관찰되는 단면의 모양을 나타낸 것이다. X는 좌우 대칭이다.

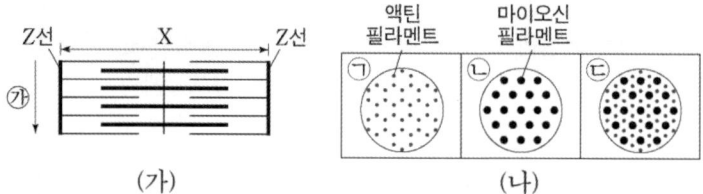

(가)   (나)

○ 표는 골격근 수축 과정의 두 시점 t_1과 t_2일 때 각 시점의 한쪽 Z선으로부터의 거리가 각각 l_1, l_2, l_3인 세 지점에서 관찰되는 단면의 모양을 나타낸 것이다. ⓐ~ⓒ는 ㉠~㉢을 순서 없이 나타낸 것이며, l_1~l_3는 0.7μm, 1.3μm, 1.9μm를 순서 없이 나타낸 것이다. ⓨ는 ㉠~㉢ 중 하나이며 X의 길이는 t_2일 때가 t_1일 때보다 짧다.

거리	단면의 모양	
	t_1	t_2
l_1	?	ⓨ
l_2	ⓒ	ⓐ
l_3	ⓒ	ⓑ

○ l_1~l_3은 모두 t_2일 때 X의 길이보다 작다.
○ t_1일 때 ⓧ가 ㉢인 부분의 길이는 0.4μm이고, t_2일 때 ⓧ가 ㉠인 부분과 ⓧ가 ㉢인 부분의 길이는 순서 없이 0.8μm, 1.2μm이다.
○ t_1과 t_2일 때 ㉠~㉢ 각각이 관찰되는 구간의 길이의 합은 X의 길이와 같다.

이에 대한 설명으로 옳은 것만을 <보기>에서 있는 대로 고르시오.

〈 보 기 〉

ㄱ. ⓒ는 ㉡이다.
ㄴ. ⓨ는 ㉠이다.
ㄷ. t_1일 때 X의 길이는 2.8μm보다 짧다.

METHOD #1. 유형 확인 & 조건 정리

문제 구성을 정리하자.

(1) Z선으로부터의 거리 고정, (2) 수축함, (3) 절반 이하라는 조건 없음, (4) 단면의 모양이 일부 제시
   되고 변함 (l_2 : ⓒ → ⓐ, l_3 : ⓒ → ⓑ)
(5) 추가적인 조건으로 길이 정보가 제시됨

METHOD #2. 추론

(1) 문제의 상황에서 가능한 모든 단면의 모양 변화는 다음과 같다.
   Full Set : I대 → 겹치는 구간/H대 → 겹치는 구간/H대 → I대/겹치는 구간 → I대

(2) Full set를 참고했을 때, l_2, l_3에서 ⓒ가 ⓐ와 ⓑ로 변하므로 ⓒ는 ⓛ(H대)이다.

   H대가 I대로 변하려면 겹치는 구간의 길이는 수축 후에서가 수축 전에서의 2배보다 커야 한다.
   METHOD에서 [H대 → I대가 가능한 Case의 증명]를 참고하자.

   수축 전 X에서 겹치는 구간의 길이가 $0.4\mu m$이기 때문에,
   수축 후 겹치는 구간의 길이는 $0.8\mu m$보다 커야 한다.
   따라서 수축 후 X에서 겹치는 구간의 길이는 $1.2\mu m$이고, I대의 길이는 $0.8\mu m$이 된다.

   지금까지의 정보를 바탕으로 〈구간 INDEX〉를 작성해보면 아래와 같이 채울 수 있다.

			X
t_1	0.8	0.2	
t_2	0.4	0.6	

   〈구간 INDEX〉를 통해 t_1일 때 Z선으로부터 겹치는 구간은 최소 $0.8\mu m$ 떨어져 있음을 알 수 있다.
   따라서 l_1은 $0.7\mu m$이고, l_2와 l_3는 각각 $1.9\mu m$와 $1.3\mu m$ 중 하나가 된다.
   그리고 l_1에 대해서 단면의 모양 변화는 I대 → 겹치는 구간 Case에 해당하므로 ⓨ = ⓒ이 된다.

ㄱ. ⓒ는 ⓛ이다. (○)
ㄴ. ⓨ는 ⓒ이다. (X)
ㄷ. t_2에서 H대의 길이가 음수가 되지 않으려면 t_1일 때 X의 길이는 $2.8\mu m$ 이상이어야 한다. (X)

정답 : ㄱ

○ 그림 (가)는 근육 원섬유 마디 X의 구조를, (나)의 ㉠~㉢은 X를 ㉮ 방향으로 잘랐을 때 관찰되는 단면의 모양을 나타낸 것이다. X는 좌우 대칭이다.

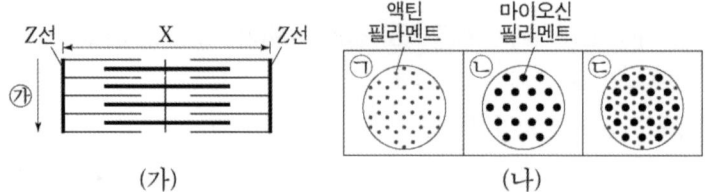

(가)　　　　　　　　　　(나)

○ 표는 골격근 수축 과정의 두 시점 t_1과 t_2일 때 각 시점의 한 쪽 Z선으로부터의 거리가 각각 l_1, l_2, l_3인 세 지점에서 관찰되는 단면의 모양을 나타낸 것이다. ⓐ~ⓒ는 ㉠~㉢을 순서 없이 나타낸 것이며, X의 길이는 t_2일 때가 t_1일 때보다 짧다.

거리	단면의 모양	
	t_1	t_2
l_1	ⓐ	ⓑ
l_2	㉡	ⓒ
l_3	ⓑ	?

○ $l_1 \sim l_3$은 모두 $\dfrac{t_2 일\ 때\ X의\ 길이}{2}$ 보다 작다.

이에 대한 설명으로 옳은 것만을 <보기>에서 있는 대로 고르시오.

〈 보 기 〉

ㄱ. 마이오신 필라멘트의 길이는 t_1일 때가 t_2일 때보다 길다.

ㄴ. ⓐ는 ㉠이다.

ㄷ. $l_3 < l_1$이다.

METHOD #1. 유형 확인 & 조건 정리

문제 구성을 정리하자.

(1) Z선으로부터의 거리 고정, (2) 수축함, (3) l_n의 길이 조건, (4) 단면의 모양이 일부 제시되고 변함
($l_1 : ⓐ → ⓑ,\ l_2 : ⓛ → ⓒ,\ l_3 : ⓑ → ?$)

METHOD #2. 추론

(1) 문제의 상황에서 가능한 모든 단면의 모양 변화는 다음과 같다.
Full Set : I대 → I대/I대 → 겹치는 구간/겹치는 구간 → 겹치는 구간/H대 → H대

(2) l_2를 먼저 보면 단면의 모양이 H대에서 ⓒ로 변했음을 알 수 있다.
그런데 Full Set에 따르면 이 문제에서 H대를 수축 이전의 단면 모양으로 갖는 Case는
H대 → H대뿐이므로, ⓒ는 H대의 단면 모양인 ⓛ이 된다.

l_1의 경우에는 근수축과 함께 단면의 모양에 변화가 생기기 때문에
I대 → 겹치는 구간(㉠ → ㉢)이거나 겹치는 구간 → I대(㉢ → ㉠)인데,
Full Set에 존재하는 Case는 I대 → 겹치는 구간이다.
따라서 ⓐ = ㉠, ⓑ = ㉢이 된다.

그리고 l_3는 자동적으로 겹치는 구간 → 겹치는 구간 Case가 된다.

(3) Matching을 바탕으로 l_1~l_3의 값을 비교해보면 $l_1 < l_3 < l_2$임을 알 수 있다.

ㄱ. 마이오신 필라멘트의 길이는 시점에 상관없이 일정하다. (X)
ㄴ. ⓐ는 ㉠이다. (O)
ㄷ. $l_1 < l_3 < l_2$이다. (X)

정답 : ㄴ

METHOD. 근수축 New Type : [211116]

다음은 골격근의 수축 과정에 대한 자료이다.

○ 그림은 근육 원섬유 마디 X의 구조를 나타낸 것이다. X는 좌우 대칭이다.

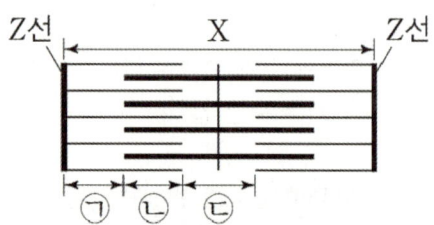

○ 구간 ㉠은 액틴 필라멘트만 있는 부분이고, ㉡은 액틴 필라멘트와 마이오신 필라멘트가 겹치는 부분이며, ㉢은 마이오신 필라멘트만 있는 부분이다.

○ 골격근 수축 과정의 시점 t_1일 때 ㉠~㉢의 길이는 순서 없이 ⓐ, $3d$, $10d$이고, 시점 t_2일 때 ㉠~㉢의 길이는 순서 없이 ⓐ, $2d$, $3d$이다. d는 0보다 크다.

수능에 출제되었던 유형으로, 문항 구성의 측면에서 Classic과 약간의 차이가 있다.
편의상 【단순 매칭】 유형이라고 부르겠다.
Classic과 어떻게 다른 건지 애매해 보일 수 있는데, 문항 구성을 먼저 분석해보자.

(1) **시점에 따라 변하는** 구간의 길이가 제시됨
(2) 구간의 길이 중 **일부는 미지수**로 제시됨
(3) Matching이 두 번 필요함 (시점이 두 개일 때)
(4) 계산이 중심이 아니라 **단순 매칭**이 추론의 중심이 됨

[구간의 길이 중 일부가 미지수 + 시점별로 구간 Matching] → 【단순 매칭】

METHOD #0 & 1. [211116]

(1) 표기법 : 〈 길이 SEQUENCE 〉

〈구간 INDEX〉처럼 각 구간의 길이를 채워 넣는 식의 표기법은
이번 유형에서 굉장히 비효율적이라고 생각한다.
기본적으로 각 구간과 길이의 Matching이 추론의 핵심이 되기에
〈구간 INDEX〉같은 표기법을 사용하면 풀이가 귀류 중심이 된다.
즉, 썼다 지웠다 하는 상황이 필연적으로 발생한다.
물론, 선지에서 X의 길이 등을 묻는다면 계산 용도로 적절히 사용하는 정도는 필요하겠으나
추론 과정에서는 추천하지 않는다.

길이 SEQUENCE는 단순히 시점별 길이들을 세로로 나열하고,
후에 화살표를 그려 Matching한 구간을 연결하는 것이다.
먼저 주어진 길이를 무작위로 나열하고, Tool을 이용한 Matching이 완료되면 화살표로 표기한다.

(2) Tool 1 : 〈 총합의 변화 & 변화의 비율 〉

구간을 Matching하기 위한 Tool로 〈총합의 변화 & 변화의 비율〉이 있다.
각 구간의 변화 비율은 정해져 있으므로 주어진 길이를 더한 값의 변화량을 관찰함으로써
각 구간의 길이가 얼마나 변했는지 계산할 수 있다.

문항을 통해 구체적인 예시를 확인하자.

(3) Tool 2 : 〈 일정한 부분합 찾기 〉

일반적인 문항 구성에서는 Tool 1이 훨씬 편하지만 합을 비교하기 어렵게끔 미지수를 조절하여
문항을 구성한 경우 Tool 1으로 추론하기 어려울 수 있다.

이때는 일정한 부분합을 찾아서 Matching한다.

다음은 골격근의 수축 과정에 대한 자료이다.

○ 그림은 근육 원섬유 마디 X의 구조를 나타낸 것이다. X는 좌우 대칭이다.

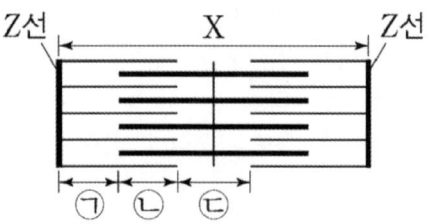

○ 구간 ㉠은 액틴 필라멘트만 있는 부분이고, ㉡은 액틴 필라멘트와 마이오신 필라멘트가 겹치는 부분이며, ㉢은 마이오신 필라멘트만 있는 부분이다.

○ 골격근 수축 과정의 시점 t_1일 때 ㉠~㉢의 길이는 순서 없이 ⓐ, $3d$, $10d$이고, 시점 t_2일 때 ㉠~㉢의 길이는 순서 없이 ⓐ, $2d$, $3d$이다. d는 0보다 크다.

이에 대한 설명으로 옳은 것만을 <보기>에서 있는 대로 고르시오.

〈 보 기 〉

ㄱ. 근육 원섬유는 근육 섬유로 구성되어 있다.

ㄴ. H대의 길이는 t_1일 때가 t_2일 때보다 길다.

ㄷ. t_2일 때 ㉠의 길이는 $2d$이다.

METHOD #1. 유형 확인

문항 구성을 정리하자.

[구간의 길이 중 일부가 미지수 + 시점별로 구간 Matching] → 【단순 매칭】

METHOD #2. 〈 길이 SEQUENCE 〉 설정

X가 -2Δ 하는 것을 기본 Stance로 설정했을 때,
㉠은 $-\Delta$, ㉡은 $+\Delta$, ㉢은 -2Δ 하고 ㉠+㉡+㉢은 -2Δ 한다.

	ⓐ	ⓐ
	$3d$	$2d$
	$10d$	$3d$
Total	ⓐ$+13d$ $\Rightarrow$	ⓐ$+5d$

$$-8d = -2\Delta$$

위와 같이 〈길이 SEQUENCE〉를 작성했을 때
t_1에서 t_2로 변하면서 Total은 -2Δ 하는데, 그 값이 $-8d$이다.
$-\Delta$ 하는 ㉠은 $-4d$, $+\Delta$ 하는 ㉡은 $+4d$, -2Δ 하는 ㉢은 $-8d$되어야 하므로
아래와 같이 매칭할 수 있다.

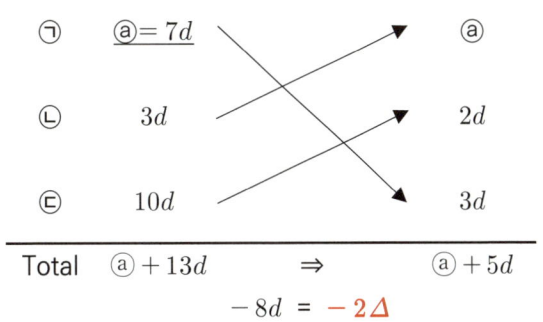

㉠	ⓐ$= 7d$	ⓐ
㉡	$3d$	$2d$
㉢	$10d$	$3d$
Total	ⓐ$+13d$ $\Rightarrow$	ⓐ$+5d$

$$-8d = -2\Delta$$

선지판단

ㄱ. 근육 섬유가 여러 개의 근육 원섬유로 이루어져 있다. (X)

ㄴ. t_1에서 t_2로 변하면서 X가 수축하므로 H대의 길이는 t_1일 때가 t_2일 때보다 길다. (○)

ㄷ. t_2일 때 ㉠의 길이는 $3d$이다. (X)

정답 : ㄴ

comment

Q. 근수축 Classic과 어떻게 다른 건지 잘 모르겠어요! 그냥 풀던 대로 풀어도 되지 않을까요?

A. 각 구간의 길이를 Matching한다는 구성은 Classic에서도 자주 보이는 내용이기는 합니다. 다만 [21학년도 수능 16번]에서 제시한 유형은 Matching에 도움이 되는 추가적인 조건 없으므로 단순히 변하는 길이만을 가지고 추론해야 합니다. 그러다 보니 별다른 도구 없이 〈구간 INDEX〉 같은 기존의 표기법으로 해결하다 보면 추론 과정에서 귀류가 너무 큰 부분을 차지하게 되어 개인적으로 적합한 표기법은 아니라고 생각합니다.

특히 실전이라면 시험지에 썼다가 지워야 하는, 가시성이 감소한다는 리스크가 발생하므로 최대한 그런 부분을 줄이고 가시성을 높이는 표기법과 Tool이 필요하지 않을까 생각합니다. 물론 항상 각자의 뚜렷한 방법론이 있다면 존중하고, METHOD는 또 하나의 풀이 선택지가 생기는 정도로 받아들여 주셨으면 합니다.

METHOD #α. New Type의 논리 강화

New Type의 변형을 통해 논리를 강화해보자.

---

(1) 시점에 따라 변하는 구간의 길이가 제시됨

(2) 구간의 길이 중 일부는 미지수로 제시됨 → 미지수 삭제, 개수 추가, 종류 추가

(3) Matching이 두 번 필요함 (시점이 두 개일 때)

(4) 계산이 중심이 아니라 단순 매칭이 추론의 중심이 됨

→ 시점의 개수를 늘리면 불필요하게 호흡이 길어지므로 미지수의 개수와 종류를 건드려 변형

문항 구성의 큰 틀은 유지한 채, (2) 미지수 조건에 변화를 주며 논리를 다양화 시킬 수 있다.
(3) Matching이 필요한 시점의 개수도 변화를 줄 수 있겠으나,
문제의 호흡이 너무 길어져 적합하지 않다고 판단했다.

결론은 문항 구성에 어떤 변화를 주든 기존의 〈길이 sequence〉와 Tool 1, Tool 2를 선택적으로 활용하면 간단하게 해결할 수 있다.

글로 표현하다 보니 추상적으로 느껴질 수 있다. 상황별 예시 문항을 통해 충분히 연습하자.

다음은 골격근의 수축 과정에 대한 자료이다.

○ 그림은 근육 원섬유 마디 X의 구조를 나타낸 것이다. X는 좌우 대칭이다.

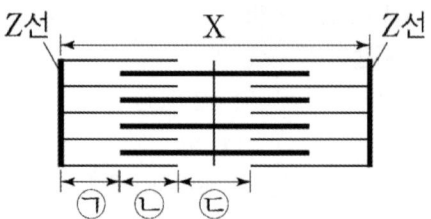

○ 구간 ㉠은 액틴 필라멘트만 있는 부분이고, ㉡은 액틴 필라멘트와 마이오신 필라멘트가 겹치는 부분이며, ㉢은 마이오신 필라멘트만 있는 부분이다.

○ 골격근 수축 과정의 시점 t_1일 때 ㉠~㉢의 길이는 순서 없이 $4d$, $6d$, $7d$이고, 시점 t_2일 때 ㉠~㉢의 길이는 순서 없이 d, $3d$, $7d$이다. d는 0보다 크다.

이에 대한 설명으로 옳은 것만을 <보기>에서 있는 대로 고르시오.

〈보 기〉

ㄱ. 마이오신 필라멘트의 길이는 t_1일 때가 t_2일 때보다 짧다.

ㄴ. t_1일 때 ㉢의 길이와 t_2일 때 ㉡의 길이는 같다.

ㄷ. t_2일 때 X의 길이는 21d이다.

METHOD #1. 유형 확인

문항 구성을 정리하자.

[**미지수 삭제** + 시점별로 구간 Matching] → 【단순 매칭】

METHOD #2. 〈 길이 SEQUENCE 〉 설정

X가 -2Δ 하는 것을 기본 Stance로 설정했을 때,
㉠은 $+\Delta$, ㉡은 $-\Delta$, ㉢은 -2Δ 하고 ㉠+㉡+㉢은 -2Δ 한다.

	$4d$	d
	$6d$	$3d$
	$7d$	$7d$
Total	$17d$ $\Rightarrow$	$11d$
	$-6d = -2\Delta$	

위와 같이 〈길이 SEQUENCE〉를 작성했을 때
t_1에서 t_2로 변하면서 Total은 -2Δ 하는데, 그 값이 $-6d$이다.
$-\Delta$ 하는 ㉠은 $-3d$, $+\Delta$ 하는 ㉡은 $+3d$, -2Δ 하는 ㉢은 $-6d$가 되어야 하므로
아래와 같이 매칭할 수 있다.

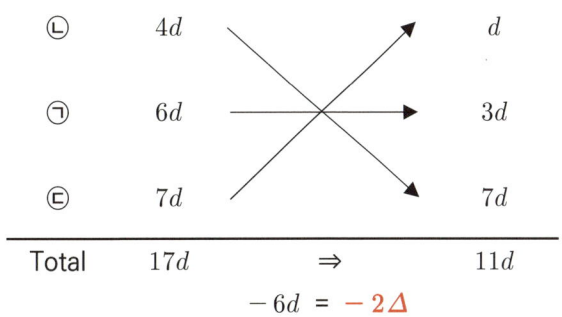

㉡	$4d$		d
㉠	$6d$		$3d$
㉢	$7d$		$7d$
Total	$17d$	$\Rightarrow$	$11d$
	$-6d = -2\Delta$		

ㄱ. 마이오신 필라멘트의 길이는 변하지 않는다. (X)
ㄴ. t_1일 때 ㉢의 길이와 t_2일 때 ㉡의 길이는 $7d$로 같다. (○)
ㄷ. t_2일 때 X의 길이는 구한 구간의 길이를 바탕으로 계산하면 21d이다. (○)

정답 : ㄴ, ㄷ

다음은 골격근의 수축 과정에 대한 자료이다.

○ 그림은 근육 원섬유 마디 X의 구조를 나타낸 것이다. X는 좌우 대칭이다.

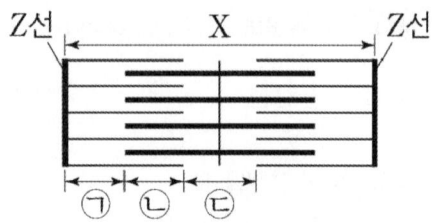

○ 구간 ㉠은 액틴 필라멘트만 있는 부분이고, ㉡은 액틴 필라멘트와 마이오신 필라멘트가 겹치는 부분이며, ㉢은 마이오신 필라멘트만 있는 부분이다.
○ 골격근 수축 과정의 시점 t_1일 때 ㉠~㉢의 길이는 순서 없이 ⓐ, $3d$, $5d$이고, 시점 t_2일 때 ㉠~㉢의 길이는 순서 없이 ⓐ, ⓐ, $2d$이다. d는 0보다 크다.

이에 대한 설명으로 옳은 것만을 <보기>에서 있는 대로 고르시오.

〈보 기〉

ㄱ. 근육 원섬유는 근육 섬유로 구성되어 있다.
ㄴ. H대의 길이는 t_1일 때가 t_2일 때보다 길다.
ㄷ. t_2일 때 ㉠의 길이는 $3d$이다.

METHOD #1. 유형 확인 & 조건 정리

문항 구성을 정리하자.

[**미지수 개수 추가** + 시점별로 구간 Matching] → 【단순 매칭】

METHOD #2. 〈 길이 SEQUENCE 〉 설정

X가 -2Δ 하는 것을 기본 Stance로 설정했을 때, ㉠은 $-\Delta$, ㉡은 $+\Delta$, ㉢은 -2Δ 하고 ㉠+㉡+㉢은 -2Δ 한다.

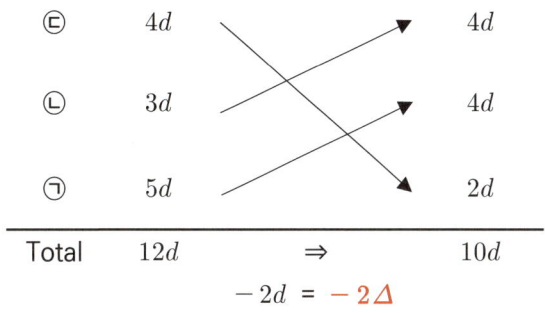

	ⓐ	ⓐ
	$3d$	ⓐ
	$5d$	$2d$
Total	ⓐ $+8d$ ⇒	2ⓐ $+2d$

$$ⓐ - 6d = -2\Delta$$

미지수의 개수가 달라 Total 값의 차이에도 미지수가 포함된다. 이때는 Tool 1의 사용이 까다롭다. 이럴 때는 '일정한 부분합'을 이용하자. ㉠은 $-\Delta$, ㉡은 $+\Delta$ 하므로 ㉠+㉡은 항상 일정하다.

㉠~㉢ 모두 근수축 과정에서 길이가 변하기 때문에 ⓐ가 ⓐ로 변하지는 않는다.
따라서 ⓐ는 $2d$로, 나머지 $3d$와 $5d$가 ⓐ로 Matching된다.

㉠+㉡의 값이 항상 일정하므로 일정할 수 있는 부분합을 따져보면,
㉠+㉡ = $3d+5d$ = ⓐ+ⓐ이다. 따라서 ⓐ는 $4d$이다.

㉢	$4d$	$4d$
㉡	$3d$	$4d$
㉠	$5d$	$2d$
Total	$12d$ ⇒	$10d$

$$-2d = -2\Delta$$

ㄱ. 근육 섬유가 여러 개의 근육 원섬유로 이루어져 있다. (X)
ㄴ. t_1에서 t_2로 변하면서 X가 수축하므로 H대의 길이는 t_1일 때가 t_2일 때보다 길다. (O)
ㄷ. t_2일 때 ㉠의 길이는 $4d$이다. (X)

정답 : ㄴ

다음은 골격근의 수축 과정에 대한 자료이다.

○ 그림은 근육 원섬유 마디 X의 구조를 나타낸 것이다. X는 좌우 대칭이다.

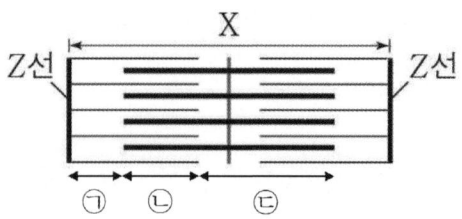

○ 구간 ㉠은 액틴 필라멘트만 있는 부분이고, ㉡은 액틴 필라멘트와 마이오신 필라멘트가 겹치는 부분이며, ㉢은 A대에서 ㉡의 길이를 뺀 부분이다.

○ 골격근 수축 과정의 시점 t_1일 때 ㉠~㉢의 길이는 순서 없이 ⓐ, $2d$, $5d$이고, 시점 t_2일 때 ㉠~㉢의 길이는 순서 없이 ⓐ, ⓑ, ⓑ이다. d는 0보다 크고, X의 길이는 t_1일 때가 t_2일 때보다 $2d$만큼 길다.

이에 대한 설명으로 옳은 것만을 <보기>에서 있는 대로 고르시오.

〈보 기〉

ㄱ. ⓑ는 $4d$이다.

ㄴ. H대의 길이는 t_1일 때가 t_2일 때보다 $2d$ 길다.

ㄷ. t_2일 때 ㉠의 길이는 $2d$이다.

METHOD #1. 유형 확인 & 조건 정리

문항 구성을 정리하자.

[**미지수 종류 추가** + 시점별로 구간 Matching + 추가 조건] → 【단순 매칭】

METHOD #2. 〈 길이 SEQUENCE 〉 설정

X가 -2Δ하는 것을 기본 Stance로 설정했을 때,
㉠은 $-\Delta$, ㉡은 $+\Delta$, ㉢은 $-\Delta$하고 ㉠+㉡+㉢은 $-\Delta$한다.

	ⓐ		ⓐ
	$2d$		ⓑ
	$5d$		ⓑ

$$\text{Total} \quad ⓐ + 7d \quad \Rightarrow \quad ⓐ + 2ⓑ$$
$$-d = -\Delta$$

Total 합을 비교하여 바로 길이 변화를 알 수는 없지만,
문제에서 X의 길이는 t_1일 때가 t_2일 때보다 $2d$만큼 길다는 추가 조건을 제시했다.
이를 활용하여 변화량을 계산하자.

위와 같이 〈길이 SEQUENCE〉를 작성했을 때
t_1에서 t_2로 변하면서 Total은 $-\Delta$하는데, 그 값은 $-d$가 된다. 이를 통해 ⓑ = $3d$임을 알 수 있다.

변화량을 따져보자. ㉠은 $-d$, ㉡은 $+d$, ㉢은 $-d$만큼 변한다. 변화량에 맞추어 Matching하자.

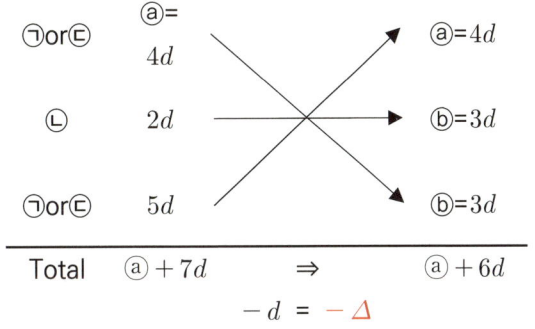

ㄱ. ⓑ는 $3d$이다. (X)
ㄴ. H대의 길이는 t_1일 때가 t_2일 때보다 $2d$길다. (○)
ㄷ. t_2일 때 ㉠의 길이는 $3d$나 $4d$중 하나이다. (X)

01 2014학년도 6월 평가원 7번

그림 (가)는 팔을 구부렸을 때와 폈을 때를, (나)는 근육 ㉠의 근육 원섬유를 나타낸 것이다.

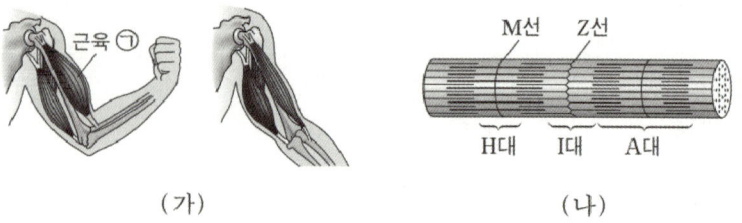

(가)   (나)

이에 대한 설명으로 옳은 것만을 <보기>에서 있는 대로 고르시오.

〈 보 기 〉

ㄱ. 근육 ㉠의 길이는 팔을 구부렸을 때가 폈을 때보다 짧다.

ㄴ. 팔을 구부리는 동안 (나)의 액틴 필라멘트 길이는 짧아진다.

ㄷ. (나)의 H대 길이는 팔을 구부렸을 때와 폈을 때가 동일하다.

02 2014학년도 9월 평가원 8번

표는 근육 원섬유 마디 X가 수축 또는 이완했을 때의 길이를, 그림 (가)~(다)는 X의 서로 다른 세 지점의 단면에서 관찰되는 액틴 필라멘트와 마이오신 필라멘트의 분포를 나타낸 것이다.

구분	X의 길이(μm)
㉠	1.7
㉡	2.0

(가)   (나)   (다)

이에 대한 설명으로 옳은 것만을 <보기>에서 있는 대로 고르시오.

〈 보 기 〉

ㄱ. ㉡에서 ㉠으로 될 때 ATP가 소모된다.

ㄴ. (가)는 H대의 단면에 해당한다.

ㄷ. (나)의 필라멘트 길이는 ㉡에서보다 ㉠에서 짧다.

다음은 골격근의 수축 과정에 대한 자료이다.

○ 그림은 근육 원섬유 마디 X의 구조를 나타낸 것이다. X는 좌우 대칭이다.

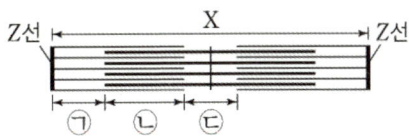

○ 구간 ㉠은 액틴 필라멘트만 있는 부분이고, ㉡은 액틴 필라멘트와 마이오신 필라멘트가 겹치는 부분이며, ㉢은 마이오신 필라멘트만 있는 부분이다.

○ 표 (가)는 @~ⓒ에서 액틴 필라멘트와 마이오신 필라멘트의 유무를, (나)는 골격근 수축 과정의 두 시점 t_1과 t_2일 때 X의 길이에서 ⓒ의 길이를 뺀 값(X−ⓒ)과 ⓑ의 길이와 ⓒ의 길이를 더한 값(ⓑ+ⓒ)을 나타낸 것이다. @~ⓒ는 ㉠~㉢을 순서 없이 나타낸 것이다.

구간	액틴 필라멘트	마이오신 필라멘트
ⓐ	?	○
ⓑ	○	×
ⓒ	?	○

(○: 있음, ×: 없음)

(가)

시점	X−ⓒ	ⓑ+ⓒ
t_1	$2.0\,\mu m$	$2.0\,\mu m$
t_2	$2.0\,\mu m$	$0.8\,\mu m$

(나)

이에 대한 설명으로 옳은 것만을 <보기>에서 있는 대로 고르시오.

―――――――――― <보 기> ――――――――――

ㄱ. ⓒ는 H대이다.

ㄴ. ⓐ의 길이와 ⓒ의 길이를 더한 값은 t_1일 때와 t_2일 때가 같다.

ㄷ. X의 길이는 t_1일 때가 t_2일 때보다 $0.8\,\mu m$ 길다.

다음은 골격근의 수축 과정에 대한 자료이다.

○ 그림은 근육 원섬유 마디 X의 구조를, 표는 골격근 수축 과정의 두 시점 t_1과 t_2일 때 ㉠의 길이와 ㉡의 길이를 더한 값(㉠+㉡)과 ㉢의 길이를 나타낸 것이다. X는 좌우 대칭이고, t_1일 때 A대의 길이는 $1.6\mu m$이다.

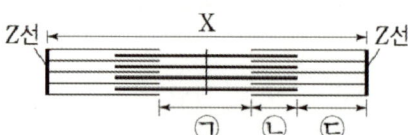

시점	㉠+㉡	㉢의 길이
t_1	$1.3\,\mu m$	$0.7\,\mu m$
t_2	?	$0.5\,\mu m$

○ 구간 ㉠은 마이오신 필라멘트만 있는 부분이고, ㉡은 액틴 필라멘트와 마이오신 필라멘트가 겹치는 부분이며, ㉢은 액틴 필라멘트만 있는 부분이다.

이에 대한 설명으로 옳은 것만을 <보기>에서 있는 대로 고르시오.

─────────── <보 기> ───────────

ㄱ. t_1일 때 X의 길이는 $3.0\mu m$이다.

ㄴ. X의 길이에서 ㉠의 길이를 뺀 값은 t_1일 때가 t_2일 때보다 크다.

ㄷ. t_2일 때 $\dfrac{\text{H대의 길이}}{\text{㉡의 길이 + ㉢의 길이}} = \dfrac{3}{5}$이다.

다음은 골격근의 수축 과정에 대한 자료이다.

○ 그림은 근육 원섬유 마디 X의 구조를, 표는 골격근 수축 과정의 두 시점 t_1과 t_2일 때 X의 길이와 ㉠의 길이를 나타낸 것이다. X는 좌우 대칭이다.

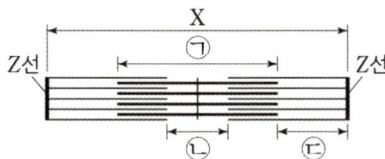

시점	X의 길이	㉠의 길이
t_1	3.0 μm	1.6 μm
t_2	2.6 μm	?

○ 구간 ㉠은 마이오신 필라멘트가 있는 부분이고, ㉡은 마이오신 필라멘트만 있는 부분이며, ㉢은 액틴 필라멘트만 있는 부분이다.

이에 대한 설명으로 옳은 것만을 <보기>에서 있는 대로 고르시오.

─────── <보 기> ───────

ㄱ. t_1에서 t_2로 될 때 ATP에 저장된 에너지가 사용된다.

ㄴ. ㉠의 길이에서 ㉡의 길이를 뺀 값은 t_2일 때가 t_1일 때보다 0.2μm 크다.

ㄷ. t_2일 때 ㉢의 길이는 0.3μm이다.

그림은 골격근 수축 과정의 두 시점 (가)와 (나)일 때 관찰된 근육 원섬유를, 표는 (가)와 (나)일 때 ㉠의 길이와 ㉡의 길이를 나타낸 것이다. ⓐ와 ⓑ는 근육 원섬유에서 각각 어둡게 보이는 부분(암대)과 밝게 보이는 부분(명대)이고, ㉠과 ㉡은 ⓐ와 ⓑ를 순서 없이 나타낸 것이다.

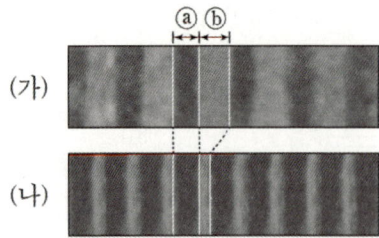

시점	㉠의 길이	㉡의 길이
(가)	1.6 μm	1.8 μm
(나)	1.6 μm	0.6 μm

이에 대한 설명으로 옳은 것만을 <보기>에서 있는 대로 고르시오.

─────── <보 기> ───────

ㄱ. (가)일 때 ⓑ에 Z선이 있다.

ㄴ. (나)일 때 ㉠에 액틴 필라멘트가 있다.

ㄷ. (가)에서 (나)로 될 때 ATP에 저장된 에너지가 사용된다.

다음은 골격근의 수축 과정에 대한 자료이다.

○ 그림은 근육 원섬유 마디 X의 구조를 나타낸 것이다. X는 M선을 기준으로 좌우 대칭이다.

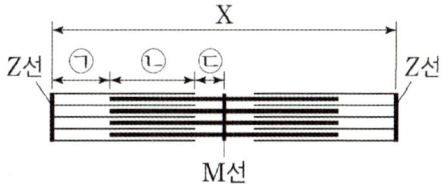

○ 구간 ㉠은 액틴 필라멘트만 있는 부분이고, ㉡은 액틴 필라멘트와 마이오신 필라멘트가 겹치는 부분이며, ㉢은 마이오신 필라멘트만 있는 부분이다.

○ 골격근 수축 과정의 시점 t_1일 때 ⓐ의 길이는 시점 t_2일 때 ⓑ의 길이와 ㉢의 길이를 더한 값과 같다. ⓐ와 ⓑ는 ㉠과 ㉡을 순서 없이 나타낸 것이다.

○ ⓐ의 길이와 ⓑ의 길이를 더한 값은 1.0μm이다.

○ t_1일 때 ⓑ의 길이는 0.2μm이고, t_2일 때 ⓐ의 길이는 0.7μm이다. X의 길이는 t_1과 t_2 중 한 시점일 때 3.0μm이고, 나머지 한 시점일 때 3.0μm보다 길다.

이에 대한 설명으로 옳은 것만을 <보기>에서 있는 대로 고르시오.

─── <보 기> ───

ㄱ. ⓐ는 ㉠이다.

ㄴ. t_1일 때 H대의 길이는 1.2μm이다.

ㄷ. X의 길이는 t_1일 때가 t_2일 때보다 짧다.

다음은 골격근의 수축과 이완 과정에 대한 자료이다.

○ 그림 (가)는 팔을 구부리는 과정의 세 시점 t_1, t_2, t_3일 때 팔의 위치와 이 과정에 관여하는 골격근 P와 Q를, (나)는 P와 Q 중 한 골격근의 근육 원섬유 마디 X의 구조를 나타낸 것이다. X는 좌우 대칭이다.

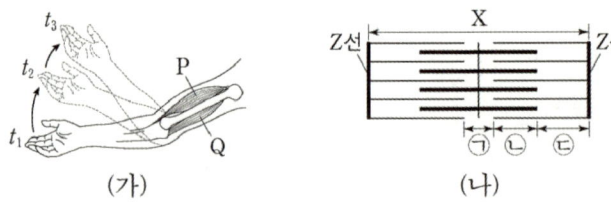

(가) (나)

○ 구간 ㉠은 마이오신 필라멘트만 있는 부분이고, ㉡은 액틴 필라멘트와 마이오신 필라멘트가 겹치는 부분이며, ㉢은 액틴 필라멘트만 있는 부분이다.
○ 표는 t_1~t_3일 때 ㉠의 길이와 ㉡의 길이를 더한 값(㉠＋㉡), ㉢의 길이, X의 길이를 나타낸 것이다.

시점	㉠＋㉡	㉢의 길이	X의 길이
t_1	1.2	ⓐ	?
t_2	?	0.7	3.0
t_3	ⓐ	0.6	?

(단위: μm)

이에 대한 설명으로 옳은 것만을 <보기>에서 있는 대로 고르시오.

─────── <보 기> ───────

ㄱ. X는 P의 근육 원섬유 마디이다.
ㄴ. X에서 A대의 길이는 t_1일 때가 t_3일 때보다 길다.
ㄷ. t_1일 때 ㉡의 길이와 ㉢의 길이를 더한 값은 1.3μm이다.

다음은 골격근의 수축 과정에 대한 자료이다.

○ 그림은 근육 원섬유 마디 X의 구조를, 표는 골격근 수축 과정의 두 시점 t_1과 t_2일 때 ㉠

의 길이에서 ㉢의 길이를 뺀 값을 ㉡으로 나눈 값($\dfrac{㉠-㉢}{㉡}$)과 X의 길이를 나타낸 것이다.

X는 좌우 대칭이고, t_1일 때 A대의 길이는 $1.6\mu m$이다.

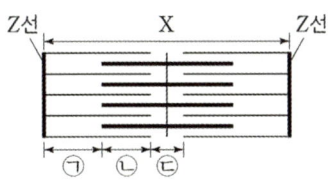

시점	$\dfrac{㉠-㉢}{㉡}$	X의 길이
t_1	$\dfrac{1}{4}$	?
t_2	$\dfrac{1}{2}$	$3.0\mu m$

○ 구간 ㉠은 액틴 필라멘트만 있는 부분이고, ㉡은 액틴 필라멘트와 마이오신 필라멘트가 겹치는 부분이며, ㉢은 마이오신 필라멘트만 있는 부분이다.

이에 대한 설명으로 옳은 것만을 <보기>에서 있는 대로 고르시오.

─────── <보 기> ───────

ㄱ. 근육 원섬유는 근육 섬유로 구성되어 있다.

ㄴ. t_2일 때 H대의 길이는 $0.4\mu m$이다.

ㄷ. X의 길이는 t_1일 때가 t_2일 때보다 $0.2\mu m$ 길다.

다음은 골격근의 수축 과정에 대한 자료이다.

○ 그림 (가)는 근육 원섬유 마디 X의 구조를, (나)는 구간 ⓒ의 길이에 따른 ⓐ X가 생성할 수 있는 힘을 나타낸 것이다. X는 좌우 대칭이고, ⓐ가 F_1일 때 A대의 1.6μm이다.

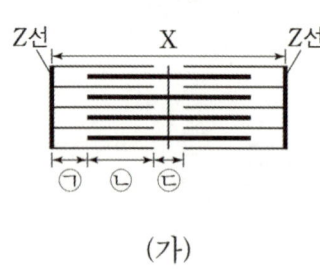

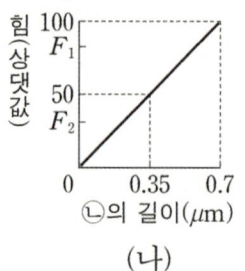

(가)　　　　　　　　(나)

○ 구간 ㉠은 액틴 필라멘트만 있는 부분이고, ㉡은 액틴 필라민트와 마이오신 필라멘트가 겹치는 부분이며, ㉢은 마이오신 필라멘트만 있는 부분이다.

○ 표는 ⓐ가 F_1과 F_2일 때 ㉢의 길이를 ㉠의 길이로 나눈 값($\frac{㉢}{㉠}$)과 X의 길이를 ㉡의 길이로 나눈 값($\frac{X}{㉡}$)을 나타낸 것이다.

힘	$\frac{㉢}{㉠}$	$\frac{X}{㉡}$
F_1	1	4
F_2	$\frac{3}{2}$	?

이 자료에 대한 설명으로 옳은 것만을 <보기>에서 있는 대로 고르시오.

<보　기>

ㄱ. ⓐ는 H대의 길이가 0.3μm일 때가 0.6μm일 때보다 작다.

ㄴ. F_1일 때 ㉠의 길이와 ㉡의 길이를 더한 값은 1.0μm이다.

ㄷ. F_2일 때 X의 길이는 3.2μm이다.

다음은 골격근의 수축 과정에 대한 자료이다.

○ 그림은 근육 원섬유 마디 X의 구조를 나타낸 것이다. X는 좌우 대칭이고 Z_1과 Z_2는 X의 Z선이다.

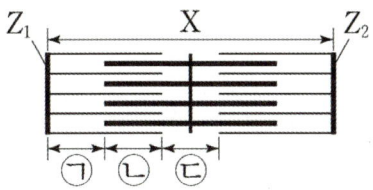

○ 구간 ㉠은 액틴 필라멘트만 있는 부분이고, ㉡은 액틴 필라멘트와 마이오신 필라멘트가 겹치는 부분이며, ㉢은 마이오신 필라멘트만 있는 부분이다.

○ 골격근 수축 과정의 두 시점 t_1과 t_2 중, t_1일 때 X의 길이는 L이고, t_2일 때만 ㉠~㉢의 길이가 모두 같다.

○ $\dfrac{t_2\text{일 때 ⓐ의 길이}}{t_1\text{일 때 ⓐ의 길이}}$ 와 $\dfrac{t_1\text{일 때 ㉡의 길이}}{t_2\text{일 때 ㉡의 길이}}$ 는 서로 같다. ⓐ는 ㉠과 ㉢ 중 하나이다.

이 자료에 대한 설명으로 옳은 것만을 <보기>에서 있는 대로 고르시오.

—————————— <보 기> ——————————

ㄱ. ⓐ는 ㉢이다.

ㄴ. H대의 길이는 t_1일 때가 t_2일 때보다 짧다.

ㄷ. t_1일 때, X의 Z_1로부터 Z_2 방향으로 거리가 $\dfrac{3}{10}$L인 지점은 ㉡에 해당한다.

다음은 골격근의 수축 과정에 대한 자료이다.

○ 그림은 근육 원섬유 마디 X의 구조를, 표는 골격근 수축 과정의 두 시점 t_1과 t_2일 때 X의 길이, A대의 길이, ⓛ의 길이를 나타낸 것이다. X는 좌우 대칭이고, t_2일 때 H대의 길이는 1.0μm이다.

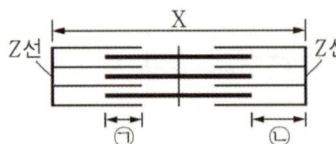

시점	X의 길이	A대의 길이	ⓛ의 길이
t_1	?	1.6 μm	0.2 μm
t_2	3.0 μm	?	?

○ 구간 ㉠은 액틴 필라멘트와 마이오신 필라멘트가 겹치는 부분이며, ⓛ은 액틴 필라멘트만 있는 부분이다.

이에 대한 설명으로 옳은 것만을 <보기>에서 있는 대로 고르시오.

<보 기>

ㄱ. t_1일 때 X의 길이는 2.0μm이다.

ㄴ. ⓛ의 길이는 t_1일 때가 t_2일 때보다 짧다.

ㄷ. t_2일 때 $\dfrac{㉠의 길이}{A대의 길이} = \dfrac{3}{8}$이다.

다음은 골격근의 수축 과정에 대한 자료이다.

○ 그림은 근육 원섬유 마디 X의 구조를 나타낸 것이다. X는 좌우 대칭이며, 구간 ㉠은 액틴 필라멘트만 있는 부분, ㉡은 액틴 필라멘트와 마이오신 필라멘트가 겹치는 부분, ㉢은 마이오신 필라멘트만 있는 부분이다.

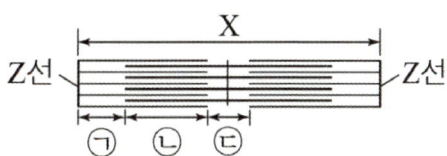

○ 표는 골격근 수축 과정의 두 시점 t_1과 t_2일 때 X의 길이, ⓐ의 길이와 ⓒ의 길이를 더한 값 (ⓐ+ⓒ), ⓑ의 길이와 ⓒ의 길이를 더한 값(ⓑ+ⓒ)을 나타낸 것이다. ⓐ~ⓒ는 ㉠~㉢을 순서 없이 나타낸 것이다.

시점	X의 길이	ⓐ+ⓒ	ⓑ+ⓒ
t_1	2.4μm	1.0μm	0.8μm
t_2	?	1.3μm	1.7μm

이에 대한 설명으로 옳은 것만을 <보기>에서 있는 대로 고르시오.

─── <보 기> ───

ㄱ. ⓐ는 ㉡이다.

ㄴ. t_1일 때 $\dfrac{\text{A대의 길이}}{\text{H대의 길이}}$ 는 4이다.

ㄷ. t_2일 때 X의 길이는 3.2μm이다.

다음은 골격근의 수축 과정에 대한 자료이다.

○ 그림은 좌우 대칭인 근육 원섬유 마디 X의 구조를 나타낸 것이다. 구간 ㉠은 액틴 필라멘트와 마이오신 필라멘트가 겹치는 부분이며, ㉡은 마이오신 필라멘트만 있는 부분이다.

○ 표는 골격근 수축 과정의 시점 t_1과 t_2일 때 X, ⓐ, ⓑ의 길이를 나타낸 것이다. ⓐ와 ⓑ는 각각 ㉠과 ㉡ 중 하나이다.

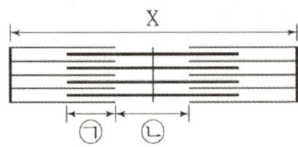

시점	길이(μm)		
	X	ⓐ	ⓑ
t_1	?	0.5	0.6
t_2	2.2	0.7	0.2

이에 대한 옳은 설명만을 <보기>에서 있는 대로 고르시오.

─────── <보 기> ───────

ㄱ. ⓑ는 ㉠이다.

ㄴ. t_1일 때 X의 길이는 2.4μm이다.

ㄷ. t_2일 때 A대의 길이는 1.6μm이다.

다음은 골격근의 수축 과정에 대한 자료이다.

○ 그림은 근육 원섬유 마디 X의 구조를 나타낸 것이다. 구간 ㉠은 액틴 필라멘트만 있는 부분이고, ㉡은 액틴 필라멘트와 마이오신 필라멘트가 겹치는 부분이며, ㉢은 마이오신 필라멘트만 있는 부분이다. X는 좌우 대칭이다.

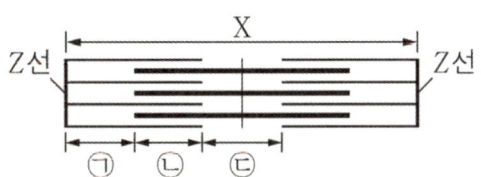

○ 표는 골격근 수축 과정의 시점 t_1과 t_2일 때 X의 길이, A대의 길이, H대의 길이를 나타낸 것이다. ⓐ와 ⓑ는 2.4μm와 2.8μm를 순서 없이 나타낸 것이다.

시점	X의 길이	A대의 길이	H대의 길이
t_1	ⓐ	1.6μm	?
t_2	ⓑ	?	0.4μm

○ t_1일 때 ㉡의 길이와 t_2일 때 ㉠의 길이는 같다.

이에 대한 설명으로 옳은 것만을 <보기>에서 있는 대로 고르시오.

─────── <보 기> ───────

ㄱ. ⓐ는 2.8μm이다.

ㄴ. t_1일 때 ㉠의 길이는 0.4μm이다.

ㄷ. X에서 $\dfrac{\text{㉡의 길이}}{\text{액틴 필라멘트의 길이}}$ 는 t_1일 때가 t_2일 때보다 크다.

다음은 골격근의 수축 과정에 대한 자료이다.

○ 그림은 근육 원섬유 마디 X의 구조를 나타낸 것이다. X는 좌우 대칭이다.

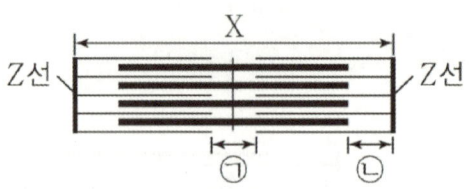

○ 구간 ㉠은 마이오신 필라멘트만 있는 부분이고, ㉡은 액틴 필라멘트만 있는 부분이다.

○ 표는 골격근 수축 과정의 두 시점 t_1과 t_2일 때 ㉠의 길이, ㉡의 길이, A 대의 길이에서 ㉠의 길이를 뺀 값(A 대−㉠)을 나타낸 것이다.

구분	㉠의 길이	㉡의 길이	A 대−㉠
t_1	?	0.3	1.2
t_2	0.6	0.5 + ⓐ	1.2 + 2ⓐ

(단위 : ㎛)

이에 대한 설명으로 옳은 것만을 <보기>에서 있는 대로 고르시오.

─── <보 기> ───

ㄱ. ㉠은 H 대이다.

ㄴ. t_1일 때 A 대의 길이는 1.4㎛이다.

ㄷ. t_2일 때 ㉠의 길이는 ㉡의 길이보다 짧다.

다음은 골격근의 수축 과정에 대한 자료이다.

○ 그림은 사람의 골격근을 구성하는 근육 원섬유 마디 X의 구조를 나타낸 것이다. X는 좌우 대칭이다.

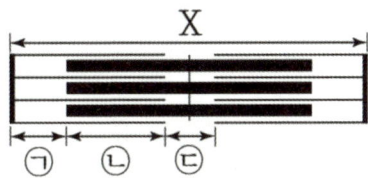

○ ㉠은 액틴 필라멘트만 있는 부분, ㉡은 액틴 필라멘트와 마이오신 필라멘트가 겹쳐진 부분, ㉢은 마이오신 필라멘트만 있는 부분이다.
○ X의 길이가 2.0 μm일 때, ㉠의 길이:㉡의 길이＝1:3이다.
○ X의 길이가 2.4 μm일 때, ㉡의 길이:㉢의 길이＝1:2이다.

이에 대한 설명으로 옳은 것만을 <보기>에서 있는 대로 고르시오.

───────── <보　기> ─────────

ㄱ. X에서 A대의 길이는 1.6 μm이다.

ㄴ. X에서 ㉢은 밝게 보이는 부분(명대)이다.

ㄷ. X의 길이가 3.0 μm일 때, $\dfrac{\text{H대의 길이}}{㉠의 길이}$ 는 2이다.

다음은 골격근의 수축 과정에 대한 자료이다.

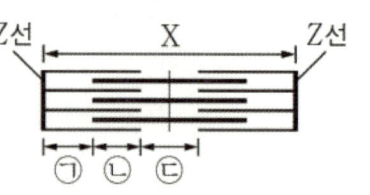

○ 그림은 근육 원섬유 마디 X의 구조를 나타낸 것이며, X는 좌우 대칭이다. 구간 ㉠은 액틴 필라멘트만 있는 부분이고, ㉡은 액틴 필라멘트와 마이오신 필라멘트가 겹치는 부분이며, ㉢은 마이오신 필라멘트만 있는 부분이다.

○ 표는 골격근 수축 과정의 두 시점 t_1과 t_2일 때 ㉠의 길이, ㉡의 길이, ㉢의 길이, X의 길이를 나타낸 것이고, ⓐ ~ ⓒ는 $0.4\mu m$, $0.6\mu m$, $0.8\mu m$를 순서 없이 나타낸 것이다.

시점	㉠의 길이	㉡의 길이	㉢의 길이	X의 길이
t_1	ⓐ	ⓑ	ⓐ	?
t_2	ⓒ	?	ⓑ	$2.8\ \mu m$

이에 대한 설명으로 옳은 것만을 <보기>에서 있는 대로 고르시오.

─────── <보 기> ───────

ㄱ. t_1일 때 H대의 길이는 $0.8\mu m$이다.

ㄴ. X의 길이는 t_2일 때가 t_1일 때보다 $0.4\mu m$ 길다.

ㄷ. t_1에서 t_2로 될 때 ATP에 저장된 에너지가 사용된다.

다음은 골격근의 수축 과정에 대한 자료이다.

○ 그림은 근육 원섬유 마디 X의 구조를 표는 골격근 수축 과정의 시점 $t_1 \sim t_3$일 때 ㉠의 길이, ㉢의 길이, I의 길이와 II의 길이르 더한 값(I+II), I의 길이와 III의 길이를 더한 값 (I+III)을 나타낸 것이다. X는 좌우 대칭이고, I~III은 ㉠~㉢을 순서 없이 나타낸 것이다.

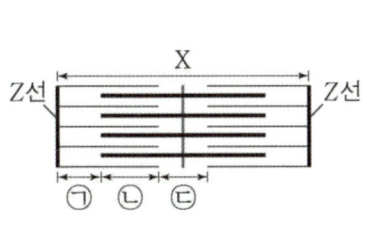

시점	길이(μm)			
	㉠	㉢	I+II	I+III
t_1	ⓐ	ⓐ	?	1.2
t_2	0.7	ⓑ	1.3	?
t_3	ⓑ	0.4	ⓒ	ⓒ

○ 구간 ㉠은 액틴 필라멘트만 있는 부분이고, ㉡은 액틴 필라멘트와 마이오신 필라멘트가 겹치는 부분이며, ㉢은 마이오신 필라멘트만 있는 부분이다.

이에 대한 설명으로 옳은 것만을 <보기>에서 있는 대로 고르시오.

<보 기>

ㄱ. t_1일 때 ㉡의 길이는 0.4μm이다.

ㄴ. ⓒ는 1.0이다.

ㄷ. II는 ㉢이다.

다음은 골격근의 수축 과정에 대한 자료이다.

○ 그림은 근육 원섬유 마디 X의 구조를 나타낸 것이다. X는 좌우 대칭이다.

○ 구간 ㉠은 액틴 필라멘트만 있는 부분이고, ㉡은 액틴 필라멘트와 마이오신 필라멘트가 겹치는 부분이며, ㉢은 마이오신 필라멘트만 있는 부분이다.

○ 골격근 수축 과정의 두 시점 t_1과 t_2 중 t_1일 때 ㉠의 길이와 ㉡의 길이를 더한 값은 1.0μm 이고, X의 길이는 3.2μm이다.

○ t_1일 때 $\dfrac{\text{ⓐ의 길이}}{\text{㉢의 길이}} = \dfrac{2}{3}$이고, t_2일 때 $\dfrac{\text{ⓐ의 길이}}{\text{㉢의 길이}} = 1$이며, $\dfrac{t_1\text{일 때 ⓑ의 길이}}{t_2\text{일 때 ⓑ의 길이}} = \dfrac{1}{3}$이다.
ⓐ와 ⓑ는 ㉠과 ㉡을 순서 없이 나타낸 것이다.

이에 대한 설명으로 옳은 것만을 <보기>에서 있는 대로 고르시오.

―――――――― <보 기> ――――――――

ㄱ. ⓑ는 ㉠이다.

ㄴ. t_1일 때 A대의 길이는 1.6μm이다.

ㄷ. X의 길이는 t_1일 때가 t_2일 때보다 0.8μm 길다.

다음은 골격근의 수축과 이완 과정에 대한 자료이다.

> ○ 그림 (가)는 팔을 구부리는 과정의 두 시점 t_1과 t_2일 때 팔의 위치와 이 과정에 관여하는 골격근 P와 Q를, (나)는 P와 Q 중 한 골격근의 근육 원섬유 마디 X의 구조를 나타낸 것이다. X는 좌우 대칭이고, Z_1과 Z_2는 X의 Z선이다.
>
>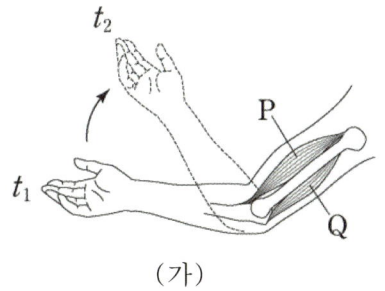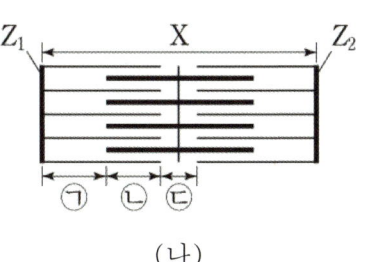
>
> (가)   (나)
>
> ○ 구간 ㉠은 액틴 필라멘트만 있는 부분이고, ㉡은 액틴 필라멘트와 마이오신 필라멘트가 겹치는 부분이며, ㉢은 마이오신 필라멘트만 있는 부분이다.
>
> ○ 표는 t_1과 t_2일 때 각 시점의 Z_1로부터 Z_2 방향으로 거리가 각각 l_1, l_2, l_3인 세 지점이 ㉠~㉢ 중 어느 구간에 해당하는 지를 나타낸 것이다. ⓐ~ⓒ는 ㉠~㉢을 순서 없이 나타낸 것이다.
>
> | 거리 | 지점이 해당하는 구간 | |
> |---|---|---|
> | | t_1 | t_2 |
> | l_1 | ⓐ | ? |
> | l_2 | ⓑ | ⓐ |
> | l_3 | ⓒ | ㉢ |
>
> ○ ⓒ의 길이는 t_1일 때가 t_2일 때보다 짧다.
>
> ○ t_1과 t_2일 때 각각 l_1~l_3은 모두 $\dfrac{\text{X의 길이}}{2}$보다 작다.

이에 대한 설명으로 옳은 것만을 <보기>에서 있는 대로 고르시오.

─────────── <보 기> ───────────

ㄱ. $l_1 > l_2$이다.

ㄴ. X는 P의 근육 원섬유 마디이다.

ㄷ. t_2일 때 Z_1로부터 Z_2 방향으로 거리가 l_1인 지점은 ㉠에 해당한다.

다음은 골격근의 수축 과정에 대한 자료이다.

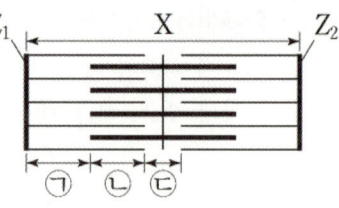

○그림은 근육 원섬유 마디 X의 구조를 나타낸 것이다. X 는 좌우 대칭이고, Z_1과 Z_2는 X의 Z선이다.

○구간 ㉠은 액틴 필라멘트만 있는 부분이고, ㉡은 액틴 필 라멘트와 마이오신 필라멘트가 겹치는 부분이며, ㉢은 마이오신 필라멘트만 있는 부분이다.

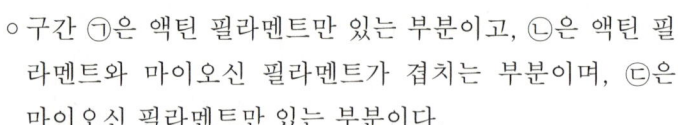

○표는 골격근 수축 과정의 두 시점 t_1과 t_2일 때 각 시점의 Z_1로부터 Z_2 방향으로 거리가 각각 l_1, l_2, l_3인 세 지점이 ㉠~㉢ 중 어느 구 간에 해당하는지를 나타낸 것이다. ⓐ~ⓒ는 ㉠~㉢을 순서 없이 나타낸 것이다.

거리	지점이 해당하는 구간	
	t_1	t_2
l_1	ⓐ	㉡
l_2	ⓑ	?
l_3	?	ⓒ

○t_1일 때 ⓐ~ⓒ의 길이는 순서 없이 $5d$, $6d$, $8d$이고, t_2일 때 ⓐ~ ⓒ의 길이는 순서 없이 $2d$, $6d$, $7d$이다. d는 0보다 크다.

○t_1일 때, A대의 길이는 ⓒ의 길이의 2배이다.

○t_1과 t_2일 때 각각 l_1~l_3은 모두 $\dfrac{\text{X의 길이}}{2}$ 보다 작다.

이에 대한 설명으로 옳은 것만을 <보기>에서 있는 대로 고르시오.

─────── <보 기> ───────

ㄱ. $l_2 > l_1$이다.

ㄴ. t_1일 때 Z_1로부터 Z_2 방향으로 거리가 l_3인 지점은 ㉡에 해당한다.

ㄷ. t_2일 때, ⓐ의 길이는 H대의 길이의 3배이다.

다음은 골격근의 수축 과정에 대한 자료이다.

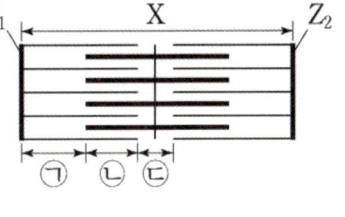

○ 그림은 근육 원섬유 마디 X의 구조를 나타낸 것이다. X 는 좌우 대칭이고, Z_1과 Z_2는 X의 Z선이다.

○ 구간 ㉠은 액틴 필라멘트만 있는 부분이고, ㉡은 액틴 필 라멘트와 마이오신 필라멘트가 겹치는 부분이며, ㉢은 마이오신 필라멘트만 있는 부분이다.

○ 표는 골격근 수축 과정의 세 시점 t_1, t_2, t_3일 때, ㉠의 길이에 서 ㉡의 길이를 뺀 값을 ㉢의 길이로 나눈 값($\frac{㉠-㉡}{㉢}$)과 X 의 길이를 나타낸 것이다.

○ t_3일 때 A대의 길이는 $1.6\,\mu m$이다.

시점	$\frac{㉠-㉡}{㉢}$	X의 길이
t_1	$\frac{5}{8}$	$3.4\,\mu m$
t_2	$\frac{1}{2}$	?
t_3	$\frac{1}{4}$	L

이에 대한 설명으로 옳은 것만을 <보기>에서 있는 대로 고르시오.

─────── <보 기> ───────

ㄱ. H대의 길이는 t_3일 때가 t_1일 때보다 $0.2\,\mu m$ 짧다.

ㄴ. t_2일 때 ㉠의 길이는 t_1일 때 ㉡의 길이의 2배이다.

ㄷ. t_3일 때 Z_1로부터 Z_2 방향으로 거리가 $\frac{1}{4}L$인 지점은 ㉠에 해당한다.

02 흥분의 전도

이번 PART는 신경계 PART와는 별개로 흥분의 전도와 전달을 다룬다.
킬러라고 보기는 어렵지만, 시험지에서 유전을 제외하고 가장 임팩트 있는 추론형 문제들이 나오는 유형이다.
IDEA와 GUIDELINE은 간단하게 점검하고 넘어가는 정도로 학습하도록 하고,
METHOD와 예제들을 통해 충분히 논리를 연습하자.

이번 PART는 하나의 THEME로 구성된다.

❶ THEME 01. 흥분의 전도

THEME 01. 흥분의 전도에서는 출제 문항 수는 하나이지만, 주로 추론형 문제로 출제된다.
지금까지 출제해온 패턴을 보면 비교적 가벼운 개념형 문제로 출제되는 경우가 있었기에
100% 추론형으로 출제된다는 보장은 없다.
그럼에도 추론형 문항으로 출제되면 유전을 제외하고 생명과학1에서 가장 어려운 유형이다.
유전이 어렵다고 해서 유전에만 집중하느라 이 유형을 소홀히 하지 않도록 하자.

안정적인 1등급을 위해서 반드시 맞혀야 하는 유형은 가장 어려운 유전 문항이 아닌
흥분의 전도와 같은 준킬러 문항임을 반드시 기억하자.

IDEA.

생명과학1에서 고득점을 하는 가장 현명한 방법 중 하나는
근수축/흥분의 전도 같은 준킬러 유형을 빠르고 정확하게 풀어내어 변수를 줄이는 일이다.
준킬러 유형의 Base가 약하면 준킬러 강화와 같은 최근 생명과학1의 흐름에서는 고득점을 하기 쉽지 않다.

교육과정이 바뀐 첫해에는 흥분의 전도 유형이 킬러 급으로 강화되어 나오지 않을까 생각했지만,
문항 구성이 다양해지는 형태로 출제되면서 준킬러라는 테두리 안에서 난이도의 상승이 소폭 있었다.

개념적으로 불안하다면 GUIDELINE을 참고하되,
중요한 것은 기출 문항과 METHOD를 통해 추론형 문항에 대한 접근과 방법론을 익히는 것이다.
기출 문항에 익숙해진 후에 N제 등을 통해 꾸준히 다양한 문항을 접하면서 추론 연습을 하는 것을 추천한다.

GUIDELINE.

뉴런

신경계를 구성하는 신경 세포를 **뉴런**이라고 한다.
뉴런은 자극(흥분)을 전달하거나 자극에 대한 정보를 처리하고 명령을 내린다.

다음과 같은 과정을 통해 자극에 대한 반응이 일어난다.

> 자극 → 감각 기관 → 감각 뉴런 → 연합 뉴런 → 운동 뉴런 → 반응 기관 → 반응

(1) 뉴런의 구조

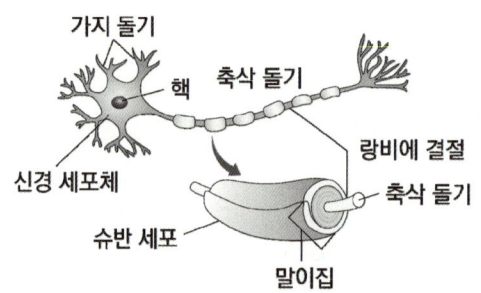

신경 세포체	핵, 미토콘드리아 등이 존재하며 뉴런의 생명 활동을 조절함.
가지 돌기	다른 뉴런이나 세포로부터의 **자극을 받아들임**
축삭 돌기	다른 뉴런이나 세포로 **자극을 전달**함
말이집	슈반 세포가 뉴런을 둘러싼 것, **말이집으로 둘러싸인 부분에서는 흥분이 발생하지 않음** **슈반 세포**는 뉴런과 **별개의 세포**이며 핵도 따로 존재함
랑비에 결절	말이집의 사이에 존재하는 말이집에 둘러싸이지 않은 부분

(2) 뉴런의 종류

❶ 말이집의 여부

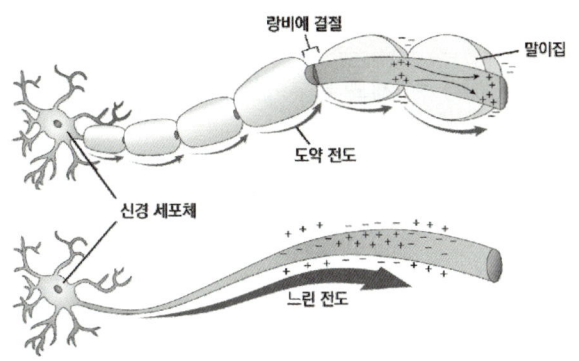

말이집 뉴런	• 말이집이 존재하는 뉴런, 랑비에 결절에서만 흥분이 발생하는 도약 전도가 일어남 • 민말이집 뉴런에 비해 흥분의 전도 속도가 빠름
민말이집 뉴런	• 말이집이 존재하지 않는 뉴런, 뉴런 전체에서 흥분이 발생함 • 뉴런 전체에서 흥분이 발생하므로 말이집 뉴런에 비해 흥분 전도 속도가 느림

❷ 기능

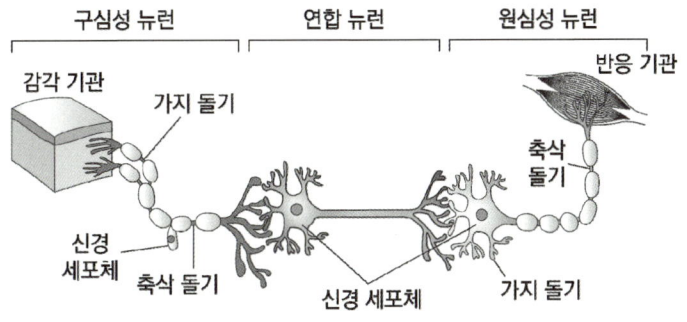

감각 뉴런 (구심성 뉴런)	• 감각 기관이 받은 자극을 연합 뉴런으로 전달함(구심성) • 가지 돌기가 긴 편 • 신경 세포체가 뉴런의 축삭 돌기 중간에 존재함 • 가지 돌기와 축삭 돌기에 말이집이 존재
연합 뉴런	• 감각 뉴런으로부터 받은 정보를 처리하고 운동 뉴런으로 반응 명령을 전달함 • 대부분 말이집이 존재하지 않음
운동 뉴런 (원심성 뉴런)	• 연합 뉴런으로부터 받은 명령을 운동 기관으로 전달함(원심성) • 축삭 돌기가 긴 편 • 신경 세포체가 크게 발달 • 축삭 돌기에 말이집이 존재

(1) 막전위

$$\text{막전위}(\mathrm{mV}) = (\text{세포 내부 전위}) - (\text{세포 외부 전위})$$

세포 내부의 전위와 세포 외부의 **전위의 차이를 나타낸 상대적인 값**을 **막전위**라고 한다.
예를 들어, 세포 외부의 전위가 $+30\mathrm{mV}$이고 세포 내부의 전위가 $-40\mathrm{mV}$이면 막전위는 $-70\mathrm{mV}$이다.

(2) 이온의 이동

뉴런의 안과 밖에는 Na^+과 K^+이 존재한다.
Na^+의 농도는 **세포 밖에서가 세포 안에서보다 항상 높고**
K^+의 농도는 **세포 안에서가 세포 밖에서보다 항상 높다.**

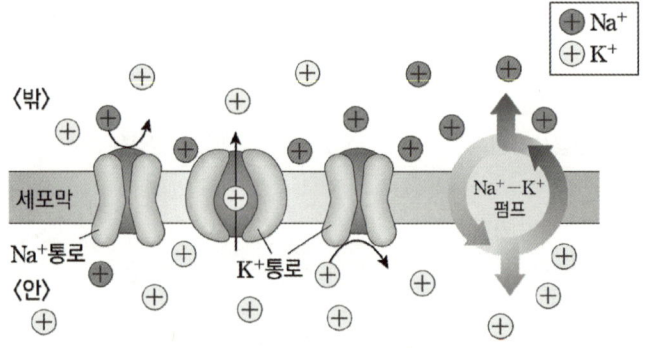

뉴런의 세포막에는 $\mathrm{Na}^+ - \mathrm{K}^+$펌프, Na^+통로, K^+통로가 존재한다.
Na^+과 K^+은 이 세 가지 막 단백질을 통해 세포막 사이를 이동한다.

종류	이온의 이동	에너지
$\mathrm{Na}^+ - \mathrm{K}^+$펌프	Na^+외부로, K^+내부로	ATP 사용
Na^+통로	Na^+내부로	확산 (ATP 사용 X)
K^+통로	K^+외부로	확산 (ATP 사용 X)

이온 통로는 농도 차에 의한 확산을 통해 이온이 이동하므로 **ATP가 사용되지 않는다.**

$\mathrm{Na}^+ - \mathrm{K}^+$펌프는 농도가 낮은 곳에 있는 이온을 농도가 높은 곳으로 이동시키므로 **ATP가 사용된다.**
$\mathrm{Na}^+ - \mathrm{K}^+$펌프는 **항상 작동**한다.

(3) 흥분의 발생 과정

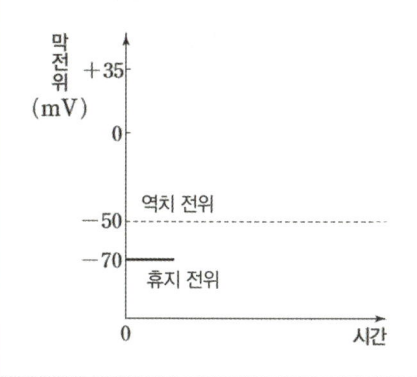

❶ 분극 (= 막전위가 일정하게 유지되는 상태)
- 뉴런이 자극을 받지 않은 상태
- **휴지 전위** : 분극 상태일 때의 막전위
- 뉴런의 휴지 전위는 $-70\,\text{mV}$
  → 일부 열린 K^+통로, 뉴런 내의 음전하 단백질 때문
- Na^+, K^+통로 닫혀 있음

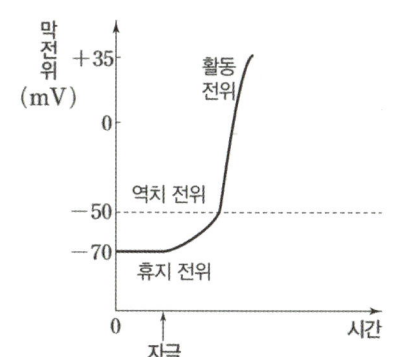

❷ 탈분극 (= 막전위가 증가하는 상태)
- **역치[4] 이상의 자극**이 가해지면 막전위가 상승함
  → 역치 전위보다 낮은 전위가 형성되면 활동 전위 X
- Na^+통로가 열려 **나트륨 이온 밖 → 안으로**
- Na^+의 확산으로 막전위가 **약 $+30 \sim 35\,\text{mV}$까지** 상승
- **활동 전위** : 탈분극에서의 막전위 변화
  → 왼쪽 예시에서의 활동 전위는 $+105\,\text{mV}$

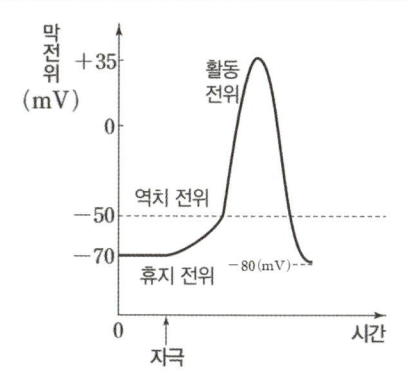

❸ 재분극 (= 막전위가 감소하는 상태)
- Na^+통로가 닫히고 K^+통로가 열려 **칼륨 이온 안 → 밖으로**
- K^+의 확산으로 막전위가 **약 $-80\,\text{mV}$까지** 하강
- 하강한 막전위는 Na^+-K^+펌프의 작동으로 $-70\,\text{mV}$로 회복

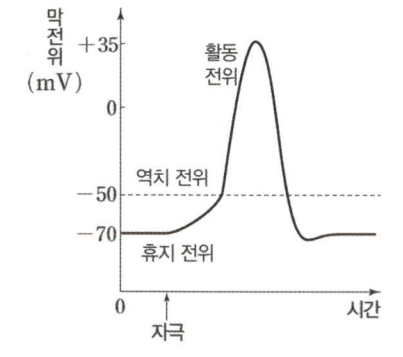

❹ 분극
- K^+통로가 닫히고 막전위가 $-70\,\text{mV}$로 회복되어 분극 상태가 됨

---

4) 역치란 세포가 반응하는 가장 작은 크기의 자극을 말한다. 역치보다 작은 자극에서는 활동 전위가 일어나지 못한다.

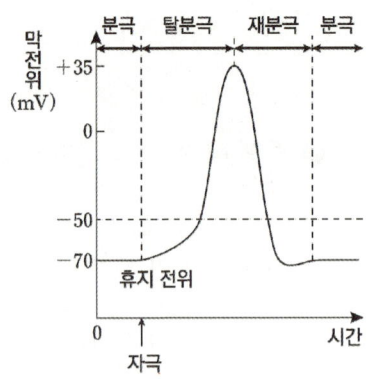

분극 상태의 뉴런이 역치 이상의 자극을 받아 활동 전위가 발생하면
탈분극, 재분극을 거쳐 다시 분극상태가 된다.
막전위가 제일 높아진 시점(위 예시에서는 $+35mV$, 일반적으로는 $+30mV$)은 탈분극과 재분극 중 어느 한
상태로 규정하기 애매하므로 문제에서 묻지 않는다.

각 단계에서 펌프와 통로의 상태는 다음과 같다.

구분	분극	탈분극	재분극
$Na^+ - K^+$펌프	항상 작동		
Na^+통로[5]	대부분 닫힘	**열림**	대부분 닫힘
K^+통로	일부 열림	일부 열림	**열림**

분극, 탈분극, 재분극 과정에 관계 없이 항상 열려 있는 이온 통로들도 있는데,
이는 생명과학 1 수준이 아니니 걱정할 필요 없다.

펌프가 항상 작동하기는 하지만, 통로로 이동하는 이온의 양이 훨씬 많으므로 탈분극과 재분극 과정에서 펌프
의 작동은 무시해도 된다.

다시 강조하는데 이온의 농도는 **항상** Na^+이 뉴런 외부에서 높고 K^+이 뉴런 내부에서 높다.
탈분극에서 Na^+이 안으로 들어온다고 뉴런 내부의 Na^+농도가 뉴런 외부보다 높아지지 않는다.

자극의 세기가 커진다고 해서 활동 전위가 커지지는 **않는다.**
자극의 세기가 커지면 활동 전위의 빈도가 증가한다.

---

5) 대부분 닫힌다, 일부 열린다의 표현은 상당히 애매하다. 생명과학1에서 설명하기 어려운 부분이 많다.
   워딩보다는 막 투과도 그래프로 기억하는 게 더 정확하고, 애매한 부분은 문제에서도 묻지 않는다.

(4) 이온의 막투과도

개념형으로 출제될 때 등장하는, 아직까지도 정말 잊을만하면 출제되고 있는 자료이다.[6]
펌프와는 무관한, **이온 통로** 자료이다.

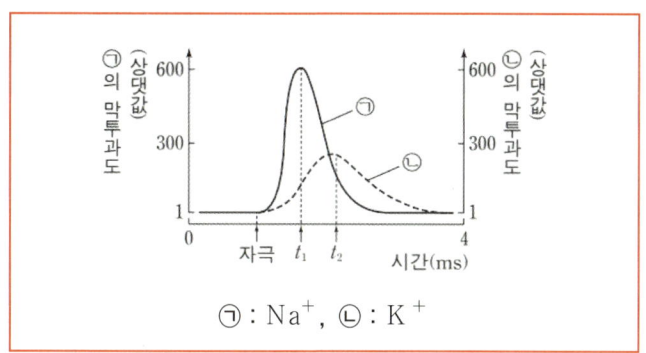

이온 통로가 열리면 막투과도가 증가한다.
그러므로 탈분극에서 Na^+ 통로가 먼저 열리기 때문에 Na^+의 막투과도가 먼저 상승하고
이후 재분극에서 K^+ 통로가 열려 K^+의 막투과도가 나중에 상승한다.

어떤 시점부터 재분극인지, 어디까지가 탈분극인지는 애매해서 묻지 않는다.
굳이 따지자면 위 자료에서 t_1은 탈분극에 더 가깝고 t_2은 재분극에 더 가깝다고 할 수 있다.

참고로 아직 평가원이 물은 적은 없지만, 그래프에서 **y값은 0이 되지 않는다.**
이는 이온 통로가 완전히 닫히지 않음을 의미한다.[7]

(5) 이온의 이동 차단

인위적으로 통로를 통한 Na^+ 또는 K^+의 이동을 막은 경우이다.

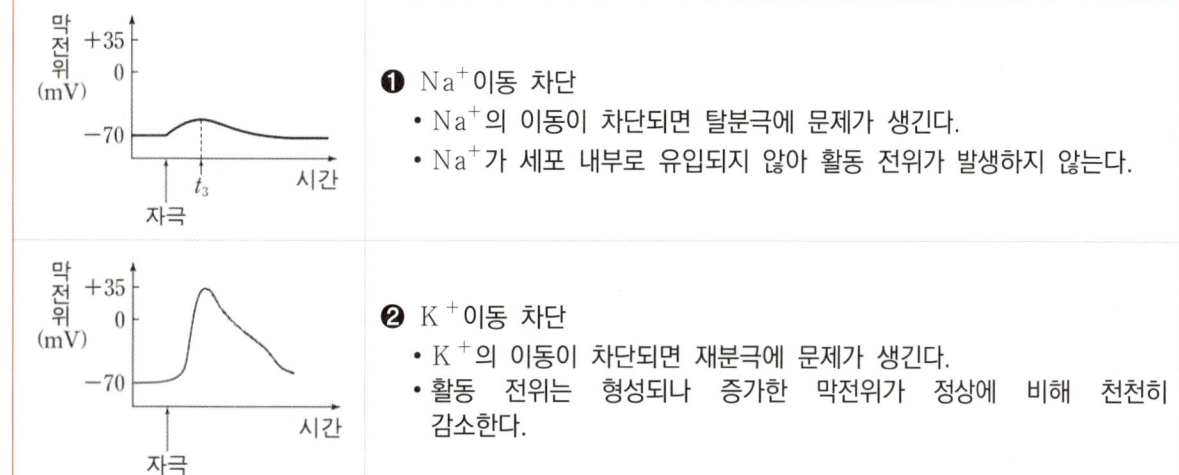

❶ Na^+ 이동 차단
- Na^+의 이동이 차단되면 탈분극에 문제가 생긴다.
- Na^+가 세포 내부로 유입되지 않아 활동 전위가 발생하지 않는다.

❷ K^+ 이동 차단
- K^+의 이동이 차단되면 재분극에 문제가 생긴다.
- 활동 전위는 형성되나 증가한 막전위가 정상에 비해 천천히 감소한다.

---

6) 2014학년도 수능에도 출제됐고, 2021학년도 수능에도 출제됐다.

7) 이온 통로에는 여러 종류가 있는데, 한 이온에 대해 어느 통로가 닫히고 어느 통로가 열리는지를 생명과학 1에서는 다루지 않는다.

그림 (가)는 신경 축삭 돌기의 세포막을 경계로 휴지 전위가 유지될 때의 이온 분포를, (나)는 활동 전위가 발생하였을 때 막전위의 변화를 나타낸 것이다. (가)에서 ㉠은 Na^+통로, ㉡은 K^+통로이다.

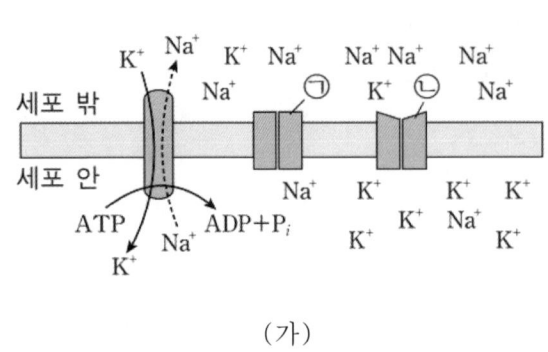

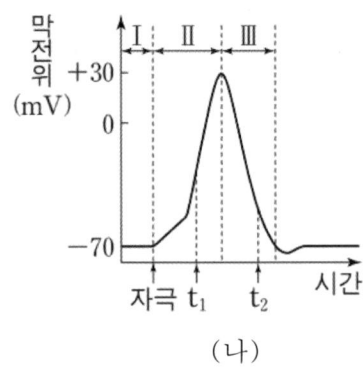

(가)　　　　　　　　　　　　　(나)

<보　기>

ㄱ. 구간 Ⅲ에서 K^+의 농도는 세포 밖이 세포 안보다 높다.

ㄴ. Na^+의 막투과도는 구간 Ⅰ에서보다 구간 Ⅱ에서 더 높다.

ㄷ. t_1일 때 ㉠을 통한 Na^+의 유입에 ATP가 사용된다.

ㄹ. t_2일 때 ㉠을 통해 Na^+이 유출된다.

ㅁ. 구간 Ⅲ에서 K^+이 ㉡을 통해 세포 안에서 세포 밖으로 확산한다.

ㄱ. K^+의 농도는 항상 세포 안이 더 높다. (X)

ㄴ. 분극에서보다 탈분극에서의 Na^+막투과도가 더 높다. (O)

ㄷ. 통로를 통한 Na^+유입에는 에너지가 필요하지 않다. (X)

ㄹ. Na^+통로를 통해서는 Na^+가 유출되지 않는다. (X)

ㅁ. 재분극 과정에서 K^+는 통로를 통해 세포 밖으로 확산한다. (O)

정답 : ㄴ, ㅁ

흥분의 전도

한 뉴런 내부에서 흥분이 이동하는 것을 **흥분의 전도**라고 한다.
흥분은 자극을 받은 축삭 돌기의 한 지점으로부터 **양방향**으로 전도된다.

오른쪽과 같은 예시가 있다고 하자.

각 지점 (A~G) 사이의 거리는 같고 $t_1 < t_2 < t_3 < t_4$ 이다.
이때 C에 자극을 주면 각 부분은 다음과 같이 변한다.

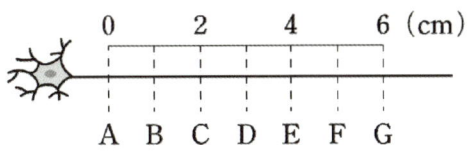

시간	A	B	C (자극)	D	E	F	G
t_1	분극	분극	**탈분극**	분극	분극	분극	분극
t_2	분극	**탈분극**	**재분극**	**탈분극**	분극	분극	분극
t_3	**탈분극**	**재분극**	분극	**재분극**	**탈분극**	분극	분극
t_4	**재분극**	분극	분극	분극	**재분극**	**탈분극**	분극

지점 A, B, C, D, E에서 시간에 따른 막전위의 변화는 다음과 같다.

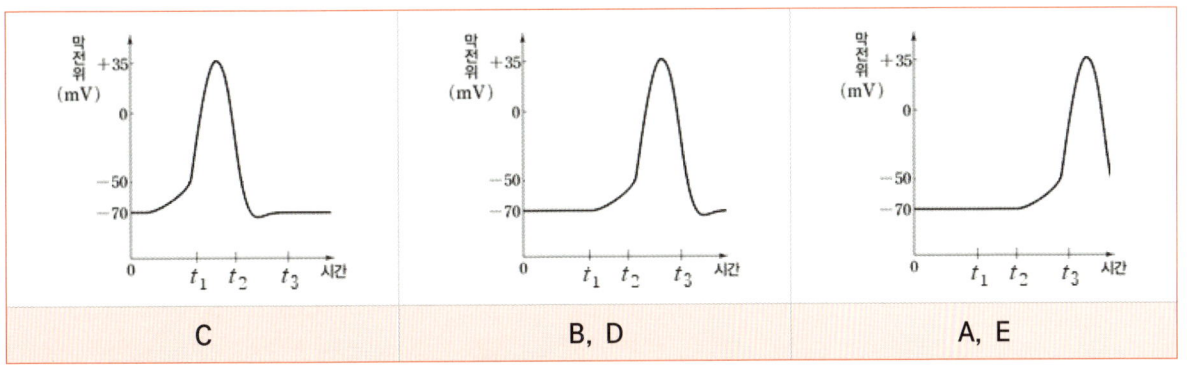

시간에 따라 C에 가해진 자극은 **양방향**으로 퍼져나가는 것을 확인할 수 있다.

한 뉴런에서 흥분이 전도되는 속도를 **흥분 전도 속도**라고 한다.
흥분 전도 속도는 일반적으로 **말이집 뉴런이 민말이집 뉴런보다 빠르고**, 뉴런의 **두께가 두꺼울수록 빠르다.**

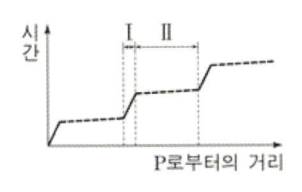

Ⅰ : 말이집이 없는 부분
Ⅱ : 말이집이 있는 부분

[말이집 신경 관련 자료]

- 말이집이 있는 부분에서 **도약 전도**가 일어나 말이집이 없는 부분보다 흥분이 빨리 전도된다.
- 왼쪽 자료에서 말이집이 없는 부분은 말이집이 있는 부분보다 같은 거리를 이동하는데 시간이 더 걸리는 것을 알 수 있다.
- 말이집이 있는 부분에서는 활동 전위가 발생하지 않는다.

그림 (가)는 어떤 뉴런의 축삭돌기 일부를, (나)는 ㉠과 ㉡ 중 한 지점에 역치 이상의 자극을 1회 주었을 때 A와 B에서의 막전위 변화를 나타낸 것이다.

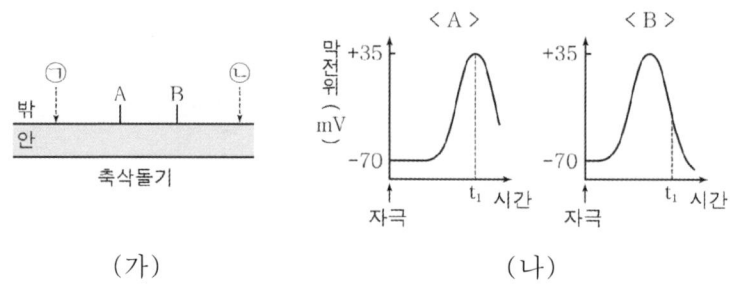

(가)   (나)

이에 대한 설명으로 옳은 것만을 <보기>에서 있는 대로 고르시오.

<보 기>

ㄱ. 자극을 준 지점은 ㉠이다.

ㄴ. t_1일 때 A에서 세포막 안쪽이 양(+)전하를 띤다.

ㄷ. t_1일 때 B에서 K^+통로를 통해 K^+이 세포 안에서 세포 밖으로 유출된다.

(나)의 그래프를 보면 자극을 받은 후 A보다 B에서 먼저 활동 전위가 일어났음을 알 수 있다. 그러므로 자극을 준 지점은 B와 더 가까운 ㉡이다.

→ ㄱ 오답.

ㄴ. t_1일 때 A의 막전위가 양수이므로 양전하를 띤다. (○)

ㄷ. 재분극에서 K^+는 통로를 통해 세포 밖으로 유출된다. (○)

정답 : ㄴ, ㄷ

(1) 흥분의 전달

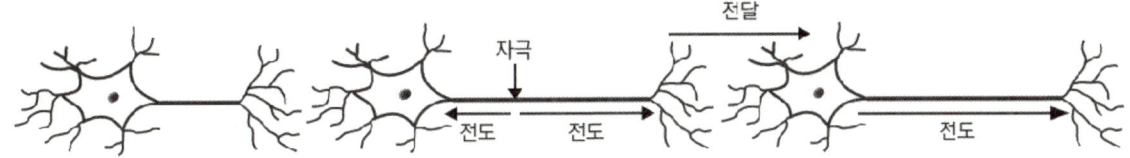

흥분이 **한 뉴런에서 다른 뉴런으로** 이동하는 것을 **흥분의 전달**이라고 한다.
흥분의 전달은 흥분의 전도와 달리 **한 방향으로만** 일어난다.

(2) 시냅스와 신경 전달 물질

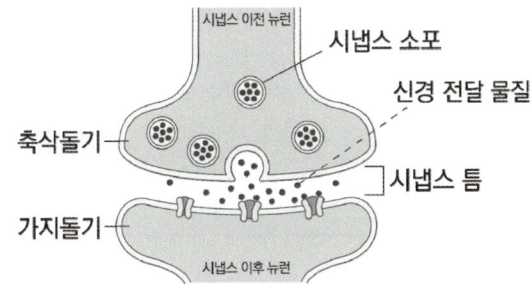

한 뉴런의 축삭 돌기 말단과 가지 돌기가 만나는 부분을 **시냅스**라고 한다.
시냅스에서 축삭 돌기 쪽을 **시냅스 이전 뉴런**, 가지 돌기 쪽을 **시냅스 이후 뉴런**이라고 한다.
흥분은 **시냅스 이전 뉴런에서 시냅스 이후 뉴런**으로만(축삭 돌기 → 가지 돌기) 전달된다.

흥분의 전달은 **신경 전달 물질**을 통해 이루어진다.
신경 전달 물질은 시냅스 소포에 담겨 시냅스 틈으로 방출된다.
시냅스 틈에 남은 신경 전달 물질은 이후에 제거되거나, 축삭 돌기 쪽으로 재흡수된다.

흥분의 전달은 신경 전달 물질을 통해 이루어지므로 **흥분의 전도보다 속도가 느리다.**

(3) 흥분의 전달 과정

❶ 시냅스 이전 뉴런의 축삭 돌기 말단까지 흥분이 전도됨
❷ 시냅스 이전 뉴런에서 시냅스 소포가 세포막에 융합되어 신경 전달 물질이 시냅스 틈으로 방출
❸ 신경 전달 물질이 시냅스 후 뉴런의 가지 돌기에 있는 신경 전달 물질 수용체와 결합
❹ 시냅스 후 뉴런에서 탈분극이 일어남 (흥분이 전달됨)

예제(3) 2015년 4월 교육청 15번

그림 (가)는 시냅스로 연결된 두 뉴런의 한 지점에 역치 이상의 자극을 준 것을, (나)는 (가)의
시냅스에서 흥분이 전달되는 과정을 나타낸 것이다.

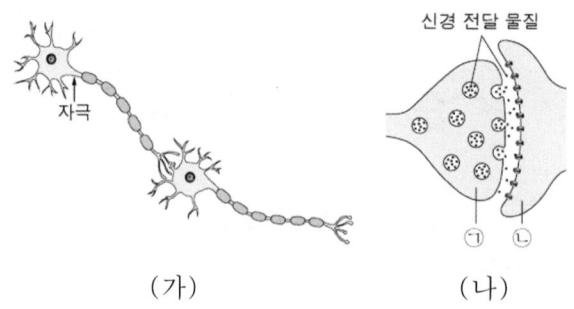

이에 대한 설명으로 옳은 것만을 <보기>에서 있는 대로 고르시오.

<보 기>

ㄱ. ㉠은 시냅스 이전 뉴런이다.

ㄴ. (나)의 ㉠에서 분비된 신경 전달 물질은 ㉡의 막전위를 변화시킨다.

ㄷ. 흥분 전달 속도는 흥분 전도 속도보다 빠르다.

ㄱ. 신경 전달 물질은 시냅스 이전 뉴런의 축삭 돌기 말단에서 분비된다. (○)

ㄴ. 신경 전달 물질은 시냅스 이후 뉴런(㉡)의 막전위를 변화시킨다. (○)

ㄷ. 흥분 전달 속도는 흥분 전도 속도보다 느리다. (X)

정답 : ㄱ, ㄴ

그림은 뉴런 (가)~(라)의 연결 상태를, 표는 이 뉴런 중 2개의 뉴런에 역치 이상의 자극을 동시에 주었을 때 활동 전위 발생 여부를 나타낸 것이다. 뉴런 A ~D는 각각 (가)~(라) 중 하나이다.

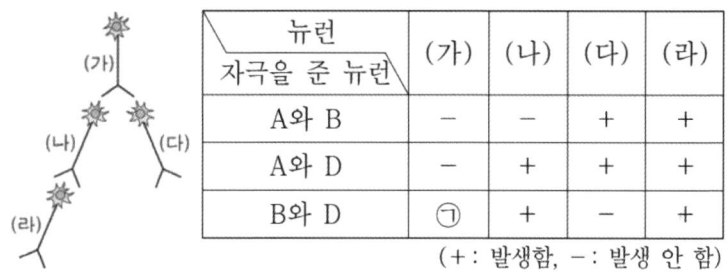

자극을 준 뉴런 \ 뉴런	(가)	(나)	(다)	(라)
A와 B	−	−	+	+
A와 D	−	+	+	+
B와 D	㉠	+	−	+

(＋: 발생함, −: 발생 안 함)

이에 대한 설명으로 옳은 것만을 <보기>에서 있는 대로 고르시오.

─── <보 기> ───

ㄱ. (가)는 C이다.

ㄴ. ㉠은 +이다.

ㄷ. A에 역치 이상의 자극을 주면 C와 D에서 활동 전위가 발생한다.

(가)에 자극을 주면 4개의 뉴런 모두에서 활동 전위가 발생한다.
그런데 표에서 4개의 뉴런 모두에서 활동 전위가 발생한 것이 없으므로 C는 (가)이다.
→ ㄱ 정답

A, B에 자극을 줬을 때 (다)와 (라)에서만 활동 전위가 발생하므로
A와 B는 각각 (다)와 (라)중 하나이고,

A, D에 자극을 줬을 때 (나), (다), (라)에서 활동 전위가 발생하므로
A와 D는 각각 (나)와 (다)중 하나이다.

따라서 A =(다), B=(라), D=(나)이다.

ㄴ. (나)와 (라)에 자극을 주면 (가)에서 활동 전위가 발생하지 않는다. (X)
ㄷ. (다)에 역치 이상의 자극을 주면 (가)와 (나) 모두에서 활동 전위가 발생하지 않는다. (X)

정답 : ㄱ

❚ METHOD.【흥분의 전도 Classic】

전도 문제의 구성

전도 문제에서 제시되는 정보들에는 무엇이 있으며 이를 통해 구해야 하는 것이 무엇이고 생명과학적 사고를 통해 얻어낼 수 있는 New 정보에는 어떤 것이 있는지 확인해보자.

(1) 자극 지점

자극지점 정보는 문제에서의 제시 여부와 구성에 따라서 문제풀이를 통해 찾아야 할 대상 정보가 달라진다.

❶ 자극지점의 위치를 제시하는 경우
1) 단일 뉴런
2) 여러 뉴런의 자극지점이 동일한 경우
3) 여러 뉴런의 자극지점이 동일하지 않은 경우

❷ 제시하지 않는 경우
자극 지점을 찾는 문제가 된다.

(2) 특정지점에 자극을 1회 주고 경과된 시간

제시하는 경우도 있고 그렇지 않은 경우도 있다. 제시하지 않으면 직접 찾아야한다.
막전위를 측정한 지점에 대해 자극을 1회주고 경과된 시간, 즉 전체 시간은 다음과 같이 구성된다.

> [자극을 1회 주고 경과된 시간] = [흥분이 전도 및 전달되어 도달하기까지의 시간] + [막전위가 변화한 시간]

표현이 너무 길기 때문에 앞으로 관련 정보를 서술할 때는 아래의 요약된 표현을 활용할 것이다.

> [전체시간] = [앞시간] + [뒷시간]

(3) 뉴런 그림

뉴런 그림은 측정지점 간의 거리간격을 제시하고 있다. 즉 뉴런 그림을 통해 거리 정보를 확보할 수 있다.

❶ 시냅스가 없는 경우

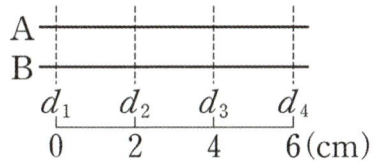

❷ 시냅스가 있는 경우
시냅스로 인해 생기는 정보의 왜곡을 고려하면서 풀어야 한다.

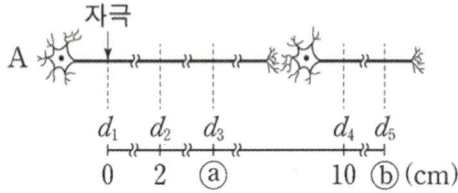

METHOD #0~3에서는 시냅스가 없는 상황에 대해서만 다룰 것이다. 시냅스가 있는 상황에서의 대처법은 METHOD #4에서 다루겠다.

(4) 막전위 그래프

다양한 형태로 출제되었다. 항상 막전위 그래프의 개형과 정량적 판단을 위해 제시된 정보가 있는지 확인하고 문제풀이에 돌입하자. 그래프는 필요 없는 정보를 제공하지 않기에, 그래프에 나온 정보는 문제 풀이에 활용해야하는 정보임을 잊지 말자.

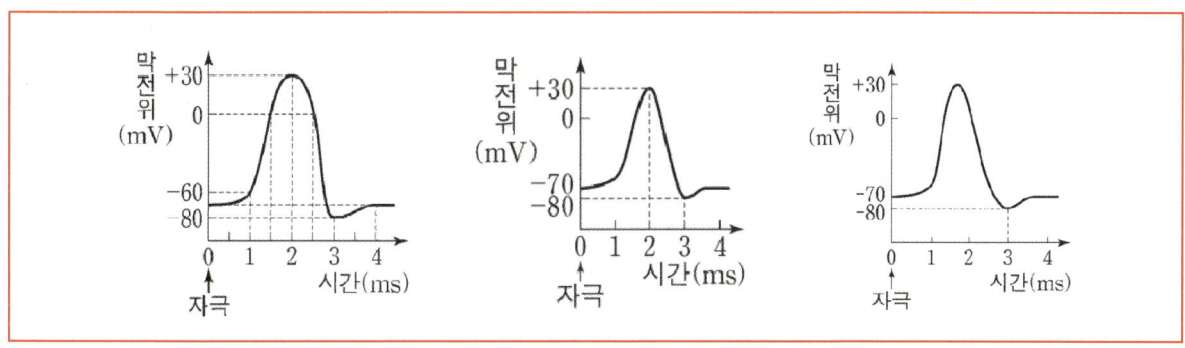

(5) 막전위 표

일반적으로 문제풀이를 통해 표에서 숨겨진 정보들을 풀어내야 한다.
이때 숨겨진 정보들의 특징에 따라 변수로 하고 있는 것이 다르다.

❶ 지점이 변수인 경우

측정지점의 위치를 매칭 해야 하는 경우 거리가 변수인 상황이다.
자극지점으로 부터 떨어진 거리에 따라 정렬하여 측정지점의 위치를 매칭 할 수 있다.

> ○ 그림은 민말이집 신경 A와 B의 지점 $d_1 \sim d_5$의 위치를,
> 표는 A와 B의 동일한 지점에 역치 이상의 자극을 동시에
> 1회 주고 경과된 시간이 $3\,ms$일 때 각 지점에서 측정한
> 막전위를 나타낸 것이다. $I \sim V$는 $d_1 \sim d_5$를 순서 없이
> 나타낸 것이다.

❷ 시간이 변수인 경우

자극을 1회 주고 경과된 시간, 즉 전체시간이 서로 다른 경우를 의미한다.

> ○ 그림은 A와 B의 일부를, 표는 A와 B의 지점 d_1에 역치
> 이상의 자극을 동시에 1회 주고 경과된 시간이 t_1, t_2, t_3, t_4
> 일 때 지점 d_2에서 측정한 막전위를 나타낸 것이다. $I \sim IV$는
> $t_1 \sim t_4$를 순서 없이 나타낸 것이다.

(6) 흥분의 전도 속도

발문에서 뉴런의 흥분 전도 속도를 제시하거나, 가능한 흥분 전도 속도 후보를 제시하기도 한다.
특정 뉴런의 흥분 전도 속도를 구할 필요가 있는 문항이라면 속도 또한 변수가 된다.

즉 흥분의 전도 문제에서 변수가 되는 정보는 거리, 속도, 시간이 있다.

(7) 막전위 값

막전위 값은 막전위 그래프에 시간정보를 대입하여 나온 결과값이다. 즉 막전위 값은 시간에 대한 정보를 간접적으로 담고 있다.

이때 막전위 값을 구하기 위해 그래프에 대입하는 시간은 **뒷시간**이다. 결국 문제에서는 앞시간 정보를 대놓고 제시하는 것이 아니라 막전위값을 통해 뒷시간 정보를 간접제시하고 있음을 알 수 있다.

자극 지점으로부터의 거리와 흥분의 전도 속도 정보를 활용하거나 구하기 위해 [거리=속력x시간] 공식에서 활용하는 시간 정보는 **앞시간** 이다.
이를 잘 구분하여 문제풀이에 활용할 필요가 있다. 앞으로는 [거리=속력x앞시간] 이라고 표현하겠다.

공식을 활용하기 위해서는 전체시간 정보와 막전위 값 & 그래프를 통해 추론한 뒷시간 정보를 활용하여 앞시간을 구해야 한다.

위와 같이 서술한 정보들 중 무엇을 제시하고, 무엇을 감추냐에 따라 문제의 형태가 달라진다.
특히 거리, 속도, 시간과 관련된 정보는 [거리=속도x앞시간]이라는 공식을 활용하여 구하도록 하자.

앞서 문제에서 주어진 정보들을 고려했을 때, 문제풀이의 시작점이 될만한 정보에는 무엇이 있는지 알아보자.

[거리=속력x앞시간] 공식을 써먹으려면 앞시간에 대한 정보를 도출하는 것이 중요하다고 얘기했었다. 대부분의 경우 앞시간 정보를 직접 제시하는 것이 아니라 막전위 값에 뒷시간 정보를 담아 간접적으로 제시한다.

즉 뒷시간 정보를 얻어내기 위해서는 막전위 그래프의 y축 요소에 해당하는 막전위 값을 역으로 대입하여 x축 요소에 해당하는 뒷시간 정보를 파악하는 작업이 필요하다.

대표적인 평가원 막전위 그래프를 보면서 특수한 정보가 있는지 확인해보자. 중요도가 높은 순서대로 제시하였다.

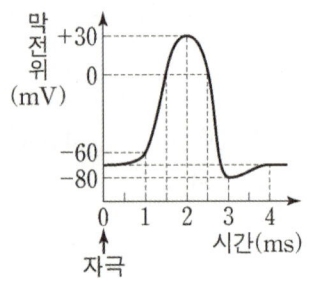

❶ 과분극 막전위 (−71mV ~−80mV)
탈분극과 재분극 상황 이후에 등장한다. 반드시 탈재막전위보다 뒷시간이 길다.

❷ +30mV
극값이므로 딱 하나의 뒷시간 값에만 대응이 된다.

❸ 계산이 되는 값
위 문제에서 0mV의 경우 탈분극/재분극 두 가지 상황이 가능하지만 대응되는 뒷시간 값을 명확히 제시해주었으므로 정량적 판단을 요구하는 문제에서 사용 가능하다.

❹ 탈재 막전위 (−69mV ~+29mV)
탈분극 혹은 재분극 상태에 놓여있을 수 있는 막전위를 탈재 막전위라고 표현하겠다.
탈분극, 재분극 두 가지 상황이 가능하다.

❺ −70mV
자극이 도달하기 전의 분극 상태, 재분극 상태, 흥분이 종료된 이후의 분극 상태가 측정될 수 있다.

문제 풀이에 활용하기 좋은 정보일수록 중요도가 높다.

과분극 막전위는 2개의 뒷시간과 대응될 수 있음에도 불구하고 중요도를 높게 설정하였다.
뒤에서 자세하게 설명하겠지만, 거리/속도/앞시간 정보는 모두 뒷시간 정보와 연관이 되어있다.

그렇기 때문에 판단의 대상이 되는 정보들의 뒷시간 정보를 파악하는 게 중요하며,
특히 **뒷시간의 상대적인 대소관계**를 파악하는 것이 정말 중요하다.

이때 과분극 막전위는 탈재막전위에 비해 뒷시간이 무조건 길기 때문에 뒷시간의 대소관계 파악에 중요한 역할을 한다. 과분극 막전위가 문제 풀이의 시작점이 되는 경우가 많다.

METHOD #0. 기본 정보 확보

METHOD #0에서는 전도 문제에서 일반적으로 주어지는 조건/정보들 중 일차원적으로 해석 가능하거나 변수 분리 가능한 정보들을 어떻게 처리할지에 대해 다루고 있다. 실제로 METHOD #0에서 처리한 정보들은 풀이를 전개하는 데 주요한 역할을 하기 때문에 꼭 제대로 숙지하고 넘어갈 필요가 있다.

(1) 자극지점

자극지점 정보를 측정지점 정보와 섞어서 제시하는 경우 자극 지점을 추출할 수 있어야 한다. 측정지점을 변수로 두고 있는 문제의 경우 자극지점의 위치를 직접 찾도록 요구하기도 한다. 보통은 서로 다른 뉴런들의 자극지점 정보를 파악할 필요가 있다. 문제에서의 자극 지점 제시 여부와 형태에 따른 고려 사항은 아래와 같이 정리할 수 있다.

〈고려사항〉
❶ 자극지점의 위치가 제시되어 있는가?
→ 제시되어 있지 않다면 주어진 측정 지점들 간의 거리 간격과 속도 조건 등을 고려하여 직접 찾아내야 한다.

❷ (거리가 변수인 경우) 자극지점 정보가 측정지점 정보들과 섞여 있는가?
→ 섞여있다면 자극지점 정보의 특수성을 활용하여 이 둘을 구분해야 한다.

❸ 서로 다른 여러 뉴런들의 자극지점이 동일한가?
→ 동일하다면 그 특수성을 문제 풀이에 활용할 수 있다.

그렇다면 위의 고려사항에서 자극 지점의 특수성이라는 것이 무엇인지를 알아야 하겠다.
자극지점은 다른 측정지점들과 구분되는 두드러진 특징이 있다. 이를 활용하여 자극지점 정보를 따로 분리할 필요가 있다.

〈자극지점의 특징〉
❶ 자극지점에서의 뒷시간이 전체시간과 동일하다.
→ 앞시간이 0이기에 뒷시간이 곧 전체시간과 동일하기 때문이다.

❷ 서로 다른 여러 뉴런의 자극지점이 동일하다면, 자극 지점들에서의 막전위 값은 같아야 하며 다른 어떤 지점들보다 뒷시간이 가장 길어야 한다.

이를 활용하여 자극지점의 위치를 찾을 수 있다. 다음 페이지의 질문들을 해결해보자.

16. 다음은 민말이집 신경 A와 B의 흥분 전도와 전달에 대한 자료이다.

○ 그림은 A와 B의 지점 $d_1 \sim d_4$의 위치를 나타낸 것이다. B는 2개의 뉴런으로 구성되어 있고, ㉠~㉢ 중 한 곳에만 시냅스가 있다.

○ 표는 A와 B의 d_3에 역치 이상의 자극을 동시에 1회 주고 경과된 시간이 t_1일 때 $d_1 \sim d_4$에서의 막전위를 나타낸 것이다. I~IV는 $d_1 \sim d_4$를 순서 없이 나타낸 것이다.

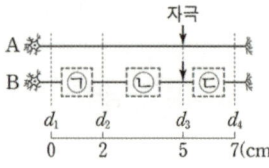

신경	t_1일 때 막전위(mV)			
	I	II	III	IV
A	−80	0	?	0
B	0	−60	?	?

○ B를 구성하는 두 뉴런의 흥분 전도 속도는 1 cm/ms로 같다.

○ A와 B 각각에서 활동 전위가 발생하였을 때, 각 지점에서의 막전위 변화는 그림과 같다.

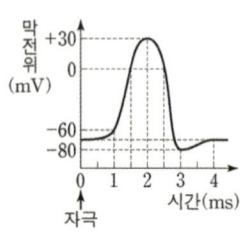

이에 대한 설명으로 옳은 것만을 <보기>에서 있는 대로 고른 것은? (단, A와 B에서 흥분의 전도는 각각 1회 일어났고, 휴지 전위는 −70 mV이다.) [3점]

――― <보 기> ―――

ㄱ. t_1은 5 ms이다.
ㄴ. 시냅스는 ㉢에 있다.
ㄷ. t_1일 때, A의 II에서 탈분극이 일어나고 있다.

① ㄱ   ② ㄴ   ③ ㄱ, ㄷ   ④ ㄴ, ㄷ   ⑤ ㄱ, ㄴ, ㄷ

2022학년도 9월 평가원 16번

Q. I~IV 중 자극지점은 어디인가?

A. 두 뉴런의 자극지점이 동일하므로 뒷시간이 가장 길고 두 뉴런에서 막전위 값이 같게 나오는 지점을 찾으면 된다. I, II는 A,B에서 막전위 값이 다르니 불가능. IV의 막전위 값이 0임을 고려했을 때 I의 −80 mV보다 뒷시간이 짧기 때문에 불가능. 결국 III이 자극지점이 되어야 한다.

15. 다음은 민말이집 신경 A와 B의 흥분 전도에 대한 자료이다.

○ 그림은 A와 B의 지점 $d_1 \sim d_4$의 위치를, 표는 A의 ㉠과 B의 ㉡에 역치 이상의 자극을 동시에 1회 주고 경과된 시간이 3 ms일 때 $d_1 \sim d_4$에서의 막전위를 나타낸 것이다. ㉠과 ㉡은 각각 $d_1 \sim d_4$ 중 하나이다.

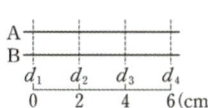

신경	3 ms일 때 막전위(mV)			
	d_1	d_2	d_3	d_4
A	ⓒ	+10	ⓐ	ⓑ
B	ⓑ	ⓐ	ⓒ	ⓐ

○ A와 B의 흥분 전도 속도는 각각 1 cm/ms와 2 cm/ms 중 하나이다.
○ A와 B 각각에서 활동 전위가 발생하였을 때, 각 지점에서의 막전위 변화는 그림과 같다.

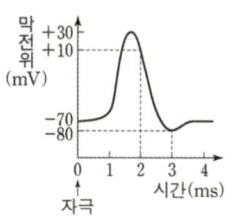

이에 대한 설명으로 옳은 것만을 <보기>에서 있는 대로 고른 것은? (단, A와 B에서 흥분의 전도는 각각 1회 일어났고, 휴지 전위는 −70 mV이다.) [3점]

───────────<보 기>───────────

ㄱ. ㉡은 d_1이다.
ㄴ. A의 흥분 전도 속도는 2 cm/ms이다.
ㄷ. 3 ms일 때 B의 d_2에서 재분극이 일어나고 있다.

① ㄱ　　② ㄴ　　③ ㄷ　　④ ㄱ, ㄷ　　⑤ ㄴ, ㄷ

2023학년도 9월 평가원 15번

---

comment

Q. B에서 막전위 값이 ⓐ인 지점은 자극지점이 될 수 있는가?

A. 될 수 없다. 자극지점은 뒷시간이 가장 긴 지점이기에 자극을 1회 준 상황에서 한 뉴런 위에서 자극지점과 뒷시간이 같은 지점이 또 나올 수 없다. B에서 ⓐ가 두 번 등장하므로 모순이다.

METHOD #1. 관계정보 찾기

앞서 뒷시간의 대소관계가 중요하다고 언급했었다. 측정지점 후보, 속도 후보, 전체 시간 후보들을 매칭하는 문제들의 경우 변수가 무엇이든지 간에 뒷시간의 대소에 따라 줄을 세워서 순차적으로 매칭짓는 식으로 풀이가 진행된다. 거리, 속도, 전체시간 정보가 어떻게 뒷시간 정보와 관련이 있는지 알아보자.

---

(1) 거리가 변수인 경우 (하나의 뉴런 or 속도가 같은 뉴런에서 관찰, 전체시간이 동일)
→ 자극지점에 가까울수록 앞시간은 줄어들고 뒷시간은 늘어난다.

(2) 속도가 변수인 경우 (동일한 측정지점에서 관찰, 전체시간이 동일)
→ 속도가 빠를수록 같은 거리를 이동하는데 소요되는 시간이 작기 때문에 속도가 빠른 뉴런은 속도가 느린 뉴런에 비해 동일한 거리만큼 떨어진 지점들에서 뒷시간이 더 길게 나타난다.

(3) 전체시간이 변수인 경우 (동일한 측정지점에서 관찰, 하나의 뉴런 or 속도가 같은 뉴런에서 관찰)
→ 한 측정 지점에 대해 자극지점이 바뀌지 않는 이상 앞시간은 상수로 고정된다. 따라서 전체 시간이 길어질수록 뒷시간은 똑같은 변화량만큼 길어진다.

결국 변수가 무엇이 되었든 뒷시간의 대소관계를 파악하여 줄을 세운 후, 변수가 무엇인지에 따라 적절하게 끼워맞추면 된다. 머리 아프게 변수가 무엇인지 찾아볼 필요가 없다.

(1) 과분극 막전위 → 뒷시간의 대소관계 찾기

뒷시간의 대소관계를 파악하는 가장 쉬운 방법은 과분극 막전위와 탈재 막전위를 비교하는 것이다.
과분극 막전위를 끼고 있는 지점을 기준으로 표에 제시된 정보를 가로 혹은 세로 비교하여 뒷시간의 대소관계를 얻어내자.

9. 그림 (가)는 민말이집 신경 A와 B를, (나)는 A와 B의 P지점에 역치 이상의 자극을 동시에 1회 주고 일정 시간이 지난 후 t_1일 때 세 지점 $Q_1 \sim Q_3$에서 측정한 막전위를 나타낸 것이다. I ~ III은 각각 $Q_1 \sim Q_3$에서 측정한 막전위 중 하나이다. 흥분의 전도 속도는 A보다 B에서 빠르다.

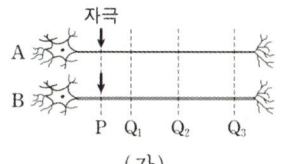

신경	t_1일 때 측정한 막전위(mV)		
	I	II	III
A	+30	−54	−60
B	−44	−80	+2

(가)   (나)

이에 대한 설명으로 옳은 것만을 〈보기〉에서 있는 대로 고른 것은? (단, A와 B에서 흥분의 전도는 각각 1회 일어났고, 휴지 전위는 −70mV이다.) [3점]

〈보 기〉
ㄱ. III은 Q_3에서 측정한 막전위이다.
ㄴ. t_1일 때 A의 Q_3에서 재분극이 일어나고 있다.
ㄷ. t_1일 때 B의 Q_2에서 Na^+이 세포 밖으로 확산된다.

① ㄱ   ② ㄴ   ③ ㄱ, ㄴ   ④ ㄱ, ㄷ   ⑤ ㄴ, ㄷ

2016학년도 수능 9번

❶ 과분극 막전위 찾기
B의 II에 -80mV이 있다.

❷ 가로로 비교하기
B의 II의 -80mV은 과분극 막전위이므로 탈재막전위가 있는 B의 I이나 III보다 뒷시간이 더 길다.
이를 II 〉 I, III라고 표현하겠다.

부등호의 의미는 II에 있는 막전위의 값의 뒷시간이 I과 III의 막전위 값보다 뒷시간이 길다는 의미이다.
즉 뒷시간의 대소를 표현한 것이다.

❸ 세로로 비교하기

B의 II의 -80mV은 과분극 막전위이므로 탈재 막전위가 있는 A의 II보다 뒷시간이 더 길어야 한다. 이를 B〉A라고 표현하겠다.

여기서도 마찬가지로 부등호의 의미는 동일 거리에 있는 지점에서 등장하는 막전위 값의 뒷시간이 B 뉴런이 A 뉴런보다 길다는 의미이다. 즉, 뒷시간의 대소를 표현한 것이다.

앞으로의 서술에서 변수의 종류와 상관없이 부등호를 활용하여 뒷시간의 대소관계를 표현할 예정이니 해당 표현을 숙지해두자.

서술의 편의성과 별개로 이러한 표현이 몸에 익어 실제 시험장에서 해당 표기를 활용하면 정보의 가시성이 높아진다. 풀이에서도 써먹도록 하자.

❹ 뒷시간의 대소관계 정보를 변수에 맞게 해석하기

II 〉 I, III는 거리가 변수인 상황이므로 II가 I, III보다 더 자극지점에 가깝다는 사실을 알 수 있다.

B 〉 A는 속도가 변수인 상황이므로 B가 A보다 흥분의 전도 속도가 빠르다는 사실을 알 수 있다.

이러한 정보들을 통틀어서 관계 정보라고 하겠다.

(2) 관계정보 → 탈재 막전위의 탈분극/재분극 여부 파악하기

관계정보는 탈재막전위의 탈분극, 재분극 여부를 파악하는 데 활용할 수 있다.

앞서 본 문항에서 구한 B의 흥분 전도 속도가 A보다 빠르다는 관계정보는 과분극 막전위와 탈재 막전위의 비교를 통해 구했지만 I에 있는 A와 B의 요소들, 즉 탈재막전위 간의 비교에도 활용할 수 있다. 예제를 통해 관계 정보들을 활용하여 탈재막전위 범위에 속하는 막전위 값이 탈분극과 재분극 중 어느 과정에 위치하는지 파악하는 방법을 알아보자.

예제

그림은 민말이집 신경 A와 B의 축삭 돌기 일부를, 표는 A와 B의 지점 Q에 역치 이상의 자극을 동시에 1회 주고 일정 시간이 지난 후 t_1일 때 네 지점 $d_1 \sim d_4$에서 측정한 막전위를 나타낸 것이다. I~IV는 각각 $d_1 \sim d_4$ 중 하나이다.

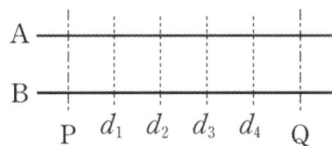

	I	II	III	IV
A	+10	−80	−30	−50
B	−40	0	−65	+10

A와 B의 축삭 돌기에서 활동 전위가 발생하였을 때, 막전위 변화는 그림과 같다.

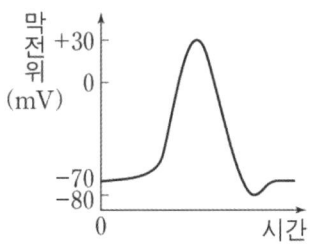

−80mV 과분극 막전위를 기준으로
가로 비교시 II 〉I, III, IV 라는 뒷시간의 대소 관계를 찾을 수 있으며, 이를 통해 II가 자극지점 Q에 가까운 d_4임을 알 수 있다.

세로 비교시 A 〉B라는 관계를 찾을 수 있으며, 이를 통해 A의 속도가 B보다 빠르다는 것을 알 수 있다.

이러한 관계 정보를 두 탈재 막전위에 적용하여 알아낼 수 있는 결과를 다음의 〈증명1〉과 〈증명2〉에 서술해 두었다.

탈재 막전위에 해당하는 임의의 값 P, Q가 제시되었다고 할 때, 두 값의 대소관계에 따라 아래와 같은 결론을 도출할 수 있다,

---

〈증명1〉

막전위 값이 작은 Q가 P보다 뒷시간이 더 길어야 한다면,
P의 탈분극/재분극 여부는 확정지을 수 없으나 **Q는 반드시 재분극** 상황이어야 한다.

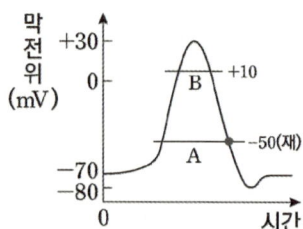

(Ex) A의 IV(+10mV)와 B의 IV(-50mV)를 비교하면, 위 그림과 같이 -50mV가 재분극이라는 정보를 확보할 수 있다.

〈증명2〉

막전위 값이 작은 Q가 P보다 뒷시간이 더 짧아야 한다면,
P의 탈분극/재분극 여부는 확정지을 수 없으나 **Q는 반드시 탈분극** 상황이어야 한다.

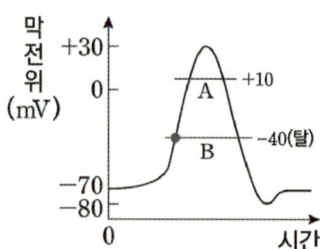

(Ex) A의 I(+10mV)과 B의 I(-40mV)을 비교하면, 위 그림과 같이 -40mV이 탈분극이라는 정보를 확보할 수 있다.

정리하면, 관계정보를 적용하는 두 탈재막전위에 대하여 상대적으로 막전위 값이 작은 요소에 대해서만 탈분극, 재분극 여부를 파악할 수 있다. 이때 그 요소가 뒷시간이 상대적으로 더 길어야 한다면 재분극 상태, 짧아야 한다면 탈분극 상태이다.

잘 이해가 안 된다면 이를 2016학년도 수능 9번에 다시 적용하면서 파악해보자.

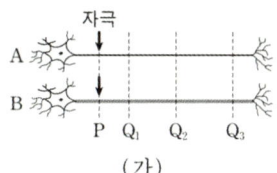
뒷시간의 대소관계를 비교하여 도출한 관계정보는 II 〉 I, III과 B 〉 A이다.

❶ 세로로 비교하기

I은 탈재막전위 간의 비교 상황이다. 상대적으로 막전위 값이 작은 값은 -44mV이다.
- 44mV는 관계정보에서 뒷시간이 더 길어야 하는 B의 요소이므로 -44mV는 재분극 상태이다.

III도 탈재막전위 간의 비교상황이다. 상대적으로 막전위 값이 더 작은 값은 -60mV이다.
- 60mV은 관계정보에서 뒷시간이 더 짧아야 하는 A의 요소이므로 -60mV은 탈분극 상태이다.

❷ 가로로 비교하기

II 〉 I, III의 관계 정보를 고려하였을 때, II와 I, 그리고 II와 III의 비교만 가능하다.
I과 III에 대한 관계는 밝혀진 바가 없다.

A의 II와 I은 탈재막전위 간의 비교 상황이다. 상대적으로 막전위 값이 작은 값은 -54mV이다.
- 54mV는 관계 정보에서 뒷시간이 더 길어야 하는 II의 요소이므로 -54mV는 재분극 상태이다.

A의 II와 III도 탈재막전위 간의 비교 상황이다. 상대적으로 막전위 값이 작은 값은 -60mV이다.
- 60mV은 관계 정보에서 뒷시간이 더 짧아야 하는 III의 요소이므로 -60mV은 탈분극 상태이다.

(3) 탈재막전위의 탈분극/재분극 정보 → New 관계 잡기

(2)에서 우리는 뒷시간의 대소관계를 바탕으로 탈재막전위의 탈분극 혹은 재분극 여부를 판단하는 증명을 다뤘다. 이번에는 반대로, 탈재막전위의 탈분극 혹은 재분극 여부를 바탕으로 뒷시간의 대소관계에 대해 해석해보도록 한다. 앞선 (2)에서와 같은 상황으로 설명해보겠다.

〈증명1〉

탈분극 상태임을 알게된 탈재막전위 P와
또 다른 탈재막전위 Q를 비교한다.
이때 Q의 막전위 값이 P에 비해 상대적으로 더 작다면 두 비교 대상 간의 뒷시간 대소관계를 명확히 밝힐 수 없다.
그러나 **Q의 막전위 값이 상대적으로 크다면** Q의 탈분극/재분극 여부를 **알든 모르든 Q의 뒷시간은 P보다 길다.**
즉 **Q 〉 P이다.**

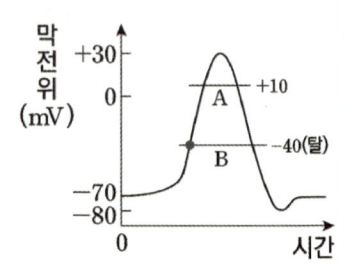

(Ex) 예제에서 B의 −40mV(I)이 탈분극 상태임을 알았다면, 막전위 값이 더 큰 B의 +10mV(IV)와 비교하여 관계를 잡을 수 있다.
+10mV이 탈분극이든, 재분극이든 −40mV보다는 뒷시간이 길기 때문에 IV 〉 I 라는 관계를 확보할 수 있다.

〈증명2〉

재분극 상태임을 알게된 탈재막전위 P와
또 다른 탈재막전위 Q를 비교한다.
이때 Q의 막전위 값이 P에 비해 상대적으로 더 작다면 두 비교 대상 간의 뒷시간 대소관계를 명확히 밝힐 수 없다.
그러나 **Q의 막전위 값이 상대적으로 크다면** Q의 탈분극/재분극 여부를 **알든 모르든 P의 뒷시간은 Q보다 길다.**
즉 **P 〉 Q이다.**

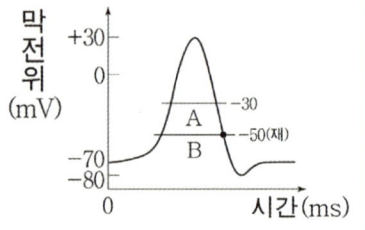

(Ex) 예제에서 A의 −50mV(IV) 재분극 상태임을 알았다면, 막전위 값이 더 큰 A의 −30mV(III)과 비교하여 관계를 잡을 수 있다. −30mV이 탈분극이든, 재분극이든 −50mV보다는 뒷시간이 더 짧기 때문에 IV 〉 III이라는 관계를 확보할 수 있다.

정리하면, 탈분극/재분극 상태를 아는 막전위 P와 또 다른 탈재막전위 Q를 비교할 때 **Q의 막전위 값이 P보다 클 때만 관계정보를 도출할 수 있다.**
이때, **P가 탈분극 상태라면 Q〉P이며 재분극 상태라면 P〉Q이다.**

2016학년도 수능 9번 문항에 마저 적용해보자.

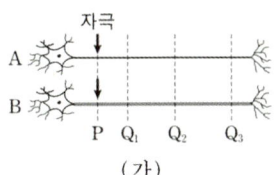

9. 그림 (가)는 민말이집 신경 A와 B를, (나)는 A와 B의 P지점에 역치 이상의 자극을 동시에 1회 주고 일정 시간이 지난 후 t_1일 때 세 지점 $Q_1 \sim Q_3$에서 측정한 막전위를 나타낸 것이다. I $\sim$ III은 각각 $Q_1 \sim Q_3$에서 측정한 막전위 중 하나이다. 흥분의 전도 속도는 A보다 B에서 빠르다.

신경	t_1일 때 측정한 막전위(mV)		
	I	II	III
A	+30	−54	−60
B	−44	−80	+2

(가)   (나)

이에 대한 설명으로 옳은 것만을 〈보기〉에서 있는 대로 고른 것은? (단, A와 B에서 흥분의 전도는 각각 1회 일어났고, 휴지 전위는 −70mV이다.) [3점]

〈보 기〉
ㄱ. III은 Q_3에서 측정한 막전위이다.
ㄴ. t_1일 때 A의 Q_3에서 재분극이 일어나고 있다.
ㄷ. t_1일 때 B의 Q_2에서 Na^+이 세포 밖으로 확산된다.

① ㄱ   ② ㄴ   ③ ㄱ, ㄴ   ④ ㄱ, ㄷ   ⑤ ㄴ, ㄷ

2016학년도 수능 9번

- 과정을 통해 B의 II에 존재하는 −80mV라는 과분극 막전위를 활용하여 찾은 관계정보는 II 〉 I, III과 B 〉 A이다.
- 과정을 통해 찾은 정보는 A의 III이 탈분극 상태이며, A의 II와 B의 I이 재분극 상태라는 것이다.

풀이를 마무리 짓기 위해 찾아야 할 관계정보는 I과 III의 관계이다. I과 III의 관계를 풀이 초반에 찾지 못했던 이유는 두 지점의 요소들에 과분극 막전위가 없었기 때문이다. 그러나 B의 I, A의 III의 탈분극/재분극 상태가 파악되었기 때문에 관계정보를 잡을 수 있다. 두 가지 방법으로 관계정보를 찾아보도록 하자.

❶ A의 I과 III의 비교
−60mV과 +30mV의 비교이다. −60mV가 탈분극 상태임을 앞에서 확정지었고, +30mV는 −60mV보다 더 큰 값이므로 −60mV를 끼고 있는 요소인 III의 뒷시간이 I보다 짧다.

❷ B의 I과 III의 비교
−44mV와 +2mV의 비교이다. −44mV가 재분극 상태임을 앞에서 확정지었고, +2mV는 −44mV보다 더 큰 값이므로 −44mV를 끼고 있는 요소인 I이 III보다 뒷시간이 더 길다.

어떤 방식으로 구하든 II 〉 I 〉 III라는 결론에 도달한다.

(4) 마무리

요소들간의 뒷시간 대소관계를 모두 찾았다면, 알아낸 대소관계로 거리, 속도, 전체시간 중 어떤 변수를 풀어내야 하는지 고려하여 줄을 세우면 된다.

앞선 문제의 풀이과정 중간에 B의 II에 있는 -80mV과 -54mV의 뒷시간 비교를 통해 찾은 B 〉 A라는 정보는 B의 흥분 전도 속도가 A보다 빠르다는 속도 정보로 환원할 수 있겠다.

풀이 마지막에 찾은 II 〉 I 〉 III라는 정보는 거리 정보로 환원할 수 있다.
거리가 가까울수록 뒷시간이 길기 때문에 II, I, III 순서대로 자극지점에 더 가까우며
차례대로 Q_1, Q_2, Q_3에 대응시킬 수 있다.

여기까지가 흥분의 전도와 전달 문제에서 매칭에 필요한 관계 정보를 찾는 대표적인 방법을 서술한 것이다.
다시 정리하자면, 과분극 막전위부터 시작하여 관계 정보를 잡고,
이를 탈분극/재분극 여부를 찾는 데 활용하며,
다시 이를 이용하여 관계 정보를 잡는 과정의 방법을 통해 모든 관계 정보를 잡는다.

다만 METHOD #1의 처리는 이어서 다룰 METHOD #2나 #3을 사용하여 도출될 New 정보에 의해 이루어질 수도 있다는 것을 항상 염두에 두자. #1만으로 풀리는 문제는 많이 없다. METHOD #2와 #3에서는 정량적인 계산을 요구하는 문항에 대한 풀이를 다룰 예정이다.

예제를 풀면서 METHOD #0과 #1에 대한 복습을 거친 후 METHOD #2, #3으로 넘어가겠다.

다음은 민말이집 신경 A와 B의 흥분 전도에 대한 자료이다.

○그림은 A와 B의 일부를, 표는 A와 B의 지점 d_1에 역치 이상의 자극을 동시에 1회 주고 경과된 시간이 t_1, t_2, t_3, t_4일 때 지점 d_2에서 측정한 막전위를 나타낸 것이다. I~IV는 t_1~t_4를 순서 없이 나타낸 것이다.

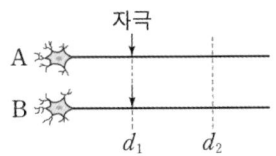

신경	d_2에서 측정한 막전위(mV)			
	I	II	III	IV
A	−60	−80	+20	+10
B	+20	+10	−65	−60

○A와 B에서 활동 전위가 발생하였을 때, 각 지점에서의 막전위 변화는 그림과 같다.

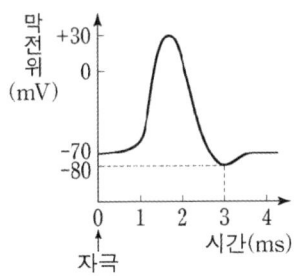

이에 대한 설명으로 옳은 것만을 <보기>에서 있는 대로 고르시오.
(단, A와 B에서 흥분의 전도는 각각 1회 일어났고, 휴지 전위는 −70 mV이다.
자극을 준 후 경과 된 시간은 $t_1 < t_2 < t_3 < t_4$이다.)

〈 보 기 〉

ㄱ. III은 t_1이다.

ㄴ. t_2일 때, B의 d_2에서 재분극이 일어나고 있다.

ㄷ. 흥분의 전도 속도는 A에서가 B에서보다 빠르다.

METHOD #0. 기본 정보 확인

1.변수 체크 : 전체시간이 변수

METHOD #1. 뒷시간 대소 관계 ⇆ 탈분극/재분극 여부

(1) 과분극 막전위 → 관계 잡기

과분극 막전위는 A의 II에 있다. -80mV를 기준으로 세로 비교하면 A 〉 B이다.
즉 A가 B보다 속도가 빠르다. -80mV를 기준으로 가로 비교하면 II 〉 I, III, IV이다.
즉 II가 t_4이다.

(2) 관계정보 → 탈분극/재분극 여부 파악

1. 세로 비교
I에서는 -60mV이 막전위 값이 상대적으로 작다. -60mV은 A의 요소인데 A가 B보다 빠르므로 A의 I은 재분극 상태이다.
III에서는 -65mV가 막전위 값이 상대적으로 작다. -65mV는 B의 요소인데 B가 A보다 느리므로 B의 III은 탈분극 상태이다.
IV에서는 -60mV이 막전위 값이 상대적으로 작다. -60mV은 B의 요소인데 B가 A보다 느리므로 B의 IV는 탈분극 상태이다.

2. 가로 비교
II와 III, II와 IV를 비교했을 때 III과 IV는 II에 비해 막전위 값이 작은데 뒷시간은 II 〉 III, IV이므로 III과 IV는 탈분극 상태이다.

(*필요한 정보만 확보하면 바로 다음 단계로 넘어가면 된다. 이해를 위해 가로/세로 비교 과정을 모두 보여주어 동일한 정보를 찾는 과정을 한 번 더 제시하였다)

(3) 탈분극/재분극 여부 → 관계 잡기
탈분극 상태인 B의 -65mV(III)와 -60mV(IV)를 기준으로 막전위 값이 더 큰 I과 비교했을 때, I 〉 III, IV라는 관계를 도출할 수 있다. 탈분극 상태인 -65mV(III)를 기준으로 막전위 값이 더 큰 IV와 비교했을 때 IV 〉 III라는 관계를 도출할 수 있다. 즉 II 〉 I 〉 IV 〉 III이다.
변수가 시간임을 고려했을 때, II, I, IV, III 차례대로 t_4 ,t_3 t_2, t_1이다.

ㄱ. III = t_1이다. (○)

ㄴ. t_2일 때, B의 d_2에서는 탈분극이 일어나고 있다. (X)

ㄷ. 흥분의 전도 속도는 A에서가 B에서보다 빠르다. (○)

정답 : ㄱ, ㄷ

METHOD #2. 정량적 판단 : 【거리 = 속도 x 앞시간】의 활용

앞서 METHOD #1.에서 **거리 = 속도 x 앞시간** 개념을 활용하여 정성적으로 변수들의 뒷시간 대소관계를 파악하는 방법에 대해 알아보았다.

뒷시간의 대소관계만 파악하면 되는 문항도 최근 기출까지 간간이 출제되고 있으나, 고난이도 전도 문항은 거리, 속도, 앞시간 사이의 관계를 적극적으로 활용하기를 요구한다.

또한 거리, 속도, 앞시간/뒷시간을 직접 구하는 문제도 많이 출제되고 있다. 정량적 판단을 요구하는 대표적인 평가원 문제를 살펴보자.

예제(2) 2017학년도 수능 19번

다음은 신경 A와 B의 흥분 전도에 대한 자료이다.

○ 그림은 민말이집 신경 A와 B의 d_1 지점으로부터 $d_2 \sim d_4$까지의 거리를, 표는 A와 B의 d_1 지점에 역치 이상의 자극을 동시에 1회 주고 일정 시간이 지난 후 t_1일 때 네 지점 $d_1 \sim d_4$에서 측정한 막전위를 나타낸 것이다. I~III은 각각 $d_1 \sim d_3$에서 측정한 막전위 중 하나이고, IV는 d_4에서 측정한 막전위이다.

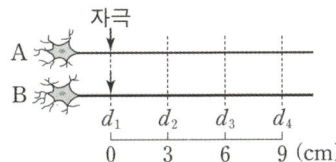

신경	t_1일 때 측정한 막전위(mV)			
	I	II	III	IV
A	−55	−80	+30	−65
B	−20	−80	−10	㉠

○ A와 B에서 흥분의 전도 속도는 각각 2cm/ms, 3cm/ms이다.
○ A와 B의 $d_1 \sim d_4$에서 활동 전위가 발생하였을 때, 각 지점에서의 막전위 변화는 그림과 같다.

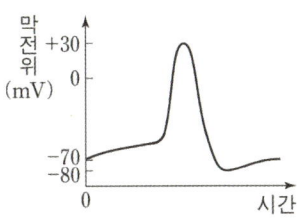

이에 대한 설명으로 옳은 것만을 <보기>에서 있는 대로 고르시오. (단, A와 B에서 흥분의 전도는 각각 1회 일어났고, 휴지 전위는 −70mV이다.)

〈 보 기 〉

ㄱ. III은 d_2에서 측정한 막전위이다.

ㄴ. t_1일 때, A의 d_3에서의 막전위와 ㉠은 같다.

ㄷ. t_1일 때, B의 d_3에서 Na^+이 세포 안으로 유입된다.

METHOD #0. 기본 정보 확인

1. 자극지점 정보
– 자극지점의 위치 : 제시되어 있음
– 변수분리 여부 : 변수에 자극지점이 섞여 있음
– 자극지점 동일 여부 : 뉴런의 A와 B의 자극지점은 동일함

→ A와 B에서 가장 뒷시간이 길고 막전위 값이 동일하게 나타나는 지점을 I~IV에서 찾아야 한다.
⇒ II가 자극지점(d_1)이다.

2. 변수 체크 : 거리가 변수

3. 발문 추가 정보 : IV는 d_4이다.

METHOD #1. 뒷시간 대소 관계

1. 관계 찾기 : B의 흥분 전도 속도가 A보다 빠르다.

2. 관계 → 탈분극/재분극 여부
I에서 세로 비교시, 막전위 값이 더 작은 A의 -55mV가 탈분극 상태임을,
III에서 세로 비교시, 막전위 값이 더 작은 B의 -10mV이 재분극 상태임을 알 수 있다.

3. 탈분극/재분극 여부 → 관계
A에서 I과 III을 비교하자. I이 탈분극 상태이고, 막전위 값이 더 큰 III과 비교했을 때 I 〉III임을 찾을 수 있다. 이때 자극지점에 더 가까운 d_2가 뒷시간이 더 길어야 하므로 d_2가 III이고 d_3이 I이어야 한다.

METHOD #2. 정량적 계산 (ㄴ선지 판단)

A의 흥분전도 속도가 2cm/ms이므로 A의 d_3(I)의 앞시간은 3ms이며, 뒷시간은 t_1-2ms이다.
B의 흥분전도 속도가 3cm/ms이므로 d_4(IV)의 앞시간 또한 3ms이며, 뒷시간은 t_1-2ms이다.
뒷시간이 동일하므로 ㉠은 -55mV로 같게 나와야한다.

ㄱ. III은 d_2에서 측정한 막전위이다. (○)

ㄴ. t_1일 때, A의 d_3에서의 막전위는 -55mV이다. ㉠도 -55mV로 같다. (○)

ㄷ. t_1일 때, B의 d_3는 탈분극 상태이므로 Na^+은 이온 통로를 통해 세포 안으로 유입된다. (○)

정답 : ㄱ, ㄴ, ㄷ

이처럼 거리, 속도, 시간 중 2가지 요소를 제시하여 나머지 1개 요소의 정량적 판단을 요구하는 식으로 문제를 구성하기도 한다.

그러나 이런 식으로 정보를 대놓고 노출한 문제는 결코 난이도가 높은 문제가 아니다. 평가원은 다양한 방식으로 정보를 숨겨 문항의 복잡도를 높인다.

평가원이 변수를 만드는 대표적인 방식은 거리, 속도, 앞시간 중 하나의 요소를 상수로 제시하고, 나머지 두 요소 간의 관계를 살피도록 하는 것이다.

(1) 앞시간이 상수인 경우

서로 다른 두 뉴런에서 지점을 변수로 두고 있는 두 지점에 대하여 일정 조건을 충족하면 거리와 속도의 비례관계를 활용하여 자극지점의 위치를 찾거나, 두 지점의 위치를 찾을 수 있다.

즉 거리와 속도를 변수로 두고 있는 상황에서 사용할 수 있는 논리이다.

두 막전위 값의 '위상이 동일하다'라는 표현은 두 탈재막전위의 1) 막전위 값이 동일하면서 2) 탈분극/재분극 상태가 동일한 상황이라고 약속하자. 또한 두 +30mV과 같이 막전위 그래프의 극점에 해당하는 동일한 두 막전위 값에 대해서도 위상이 동일하다고 할 수 있다. 앞으로 쭉 사용할 표현이니 기억해두자.

〈 명제 〉

(1) 두 관찰대상에 부여된 전체시간이 동일할 때, 두 지점의 뒷시간이 동일하다면 앞시간 또한 동일하다.

(2) 뒷시간이 동일하다는 것은 막전위 그래프에 대입하여 나오는 막전위 값과 위상이 같다는 것이다.

(3) 앞시간이 동일하면 거리=속도x앞시간 공식에서 앞시간이 상수가 되어 거리와 속도가 서로 비례 관계에 있게 된다.

→ 서로 다른 두 뉴런에 위치한 두 측정지점에 대하여 그들의 막전위 값과 위상이 동일하다면, 두 지점이 각각의 자극지점으로부터 떨어진 거리의 비가 각 지점을 포함하고 있는 뉴런의 속도의 비와 동일해야 한다. (단, 두 지점과 자극지점 사이에 시냅스는 존재하지 않아야한다.)

여기에서 주목해야 할 조건은 위상이 동일하다는 조건이다. 막전위 값이 같아도 하나는 탈분극이고 하나는 재분극 상태여서 위상이 다르다면 뒷시간이 다르기에 앞시간이 동일할 수 없으니 실수하지 않도록 하자.

(2) 속도가 상수인 경우

속도가 상수라는 것은 한 뉴런 위의 두 측정지점 혹은 속도가 같은 두 뉴런을 관찰하는 것이다. 일반적으로는 전자에 해당하는 상황이 대부분이다. 즉 거리를 변수로 두고 있는 상황에서 사용할 수 있는 논리이다.

❶ 위상이 동일한 두 막전위

한 뉴런 위의 두 측정지점에서 위상이 같은 두 막전위는 뒷시간이 같아야 한다. 뒷시간이 같다는 것은 앞시간이 같다는 것이다. 즉 자극지점으로부터 같은 거리만큼 떨어져 있다는 의미이다. 이때 두 막전위를 끼고 있는 지점은 자극지점을 기준으로 서로 반대 방향에 위치해야 한다. 속도와 앞시간이 모두 상수인 상황이다.

이는 자극지점의 위치를 찾는 데 활용할 수 있다. 다음 예제를 풀어보자.

---

15. 다음은 민말이집 신경 A와 B의 흥분 전도에 대한 자료이다.

○ 그림은 A와 B의 지점 $d_1 \sim d_4$의 위치를, 표는 A의 ㉠과 B의 ㉡에 역치 이상의 자극을 동시에 1회 주고 경과된 시간이 3ms일 때 $d_1 \sim d_4$에서의 막전위를 나타낸 것이다. ㉠과 ㉡은 각각 $d_1 \sim d_4$ 중 하나이다.

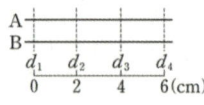

신경	3ms일 때 막전위(mV)			
	d_1	d_2	d_3	d_4
A	ⓒ	+10	ⓐ	ⓑ
B	ⓑ	ⓐ	ⓒ	ⓐ

○ A와 B의 흥분 전도 속도는 각각 1cm/ms와 2cm/ms 중 하나이다.
○ A와 B 각각에서 활동 전위가 발생하였을 때, 각 지점에서의 막전위 변화는 그림과 같다.

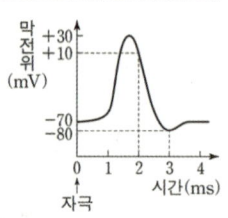

이에 대한 설명으로 옳은 것만을 <보기>에서 있는 대로 고른 것은? (단, A와 B에서 흥분의 전도는 각각 1회 일어났고, 휴지 전위는 −70mV이다.) [3점]

<보 기>
ㄱ. ㉡은 d_1이다.
ㄴ. A의 흥분 전도 속도는 2cm/ms이다.
ㄷ. 3ms일 때 B의 d_2에서 재분극이 일어나고 있다.

① ㄱ 　② ㄴ 　③ ㄷ 　④ ㄱ, ㄷ 　⑤ ㄴ, ㄷ

2023학년도 9월 모의평가 15번

---

comment

Q. B에 나타난 두 ⓐ의 위상이 동일하다면 자극지점은 어디인가?

A. d_2와 d_4가 자극지점까지의 거리가 같아야 하므로 d_3가 자극지점이다.

앞서 배운 내용들을 활용하여 아래 예제를 풀어보자.

예제(3) 2023학년도 수능 15번

다음은 민말이집 신경 I~III의 흥분 전도에 대한 자료이다.

○ 그림은 I~III의 지점 d_1~d_5의 위치를, 표는 ㉠ I과 II의 P에, III의 Q에 역치 이상의 자극을 동시에 1회 주고 경과된 시간이 4 ms일 때 d_1~d_5에서의 막전위를 나타낸 것이다. P와 Q는 각각 d_1~d_5 중 하나이다.

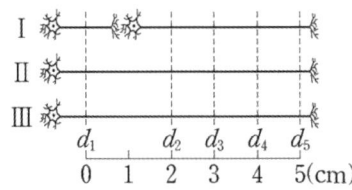

신경	4 ms일 때 막전위(mV)				
	d_1	d_2	d_3	d_4	d_5
I	-70	ⓐ	?	ⓑ	?
II	ⓒ	ⓐ	?	ⓒ	ⓑ
III	ⓒ	-80	?	ⓐ	?

○ I을 구성하는 두 뉴런의 흥분 전도 속도는 $2v$로 같고, II와 III의 흥분 전도 속도는 각각 $3v$와 $6v$이다.

○ I~III 각각에서 활동 전위가 발생하였을 때, 각 지점에서의 막전위 변화는 그림과 같다.

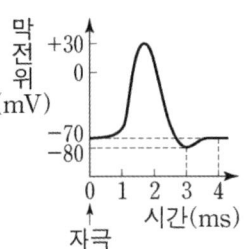

이에 대한 설명으로 옳은 것만을 <보기>에서 있는 대로 고르시오. (단, I~III에서 흥분의 전도는 각각 1회 일어났고, 휴지 전위는 -70 mV이다.)

〈 보 기 〉

ㄱ. Q는 d_4이다.

ㄴ. II의 흥분 전도 속도는 2 cm/ms이다.

ㄷ. ㉠이 5 ms일 때 I의 d_5에서 재분극이 일어나고 있다.

해당 문항의 경우 ⓐ,ⓑ,ⓒ끼리 서로 막전위 값이 다르다는 조건이 따로 없으며, P와 Q가 다르다는 조건도 없기에 같을 가능성을 고려하면서 푸는 것이 논리적으로 완벽한 풀이입니다. 그러나 평가원은 매력적인 단서를 제시하여 풀이자가 특정한 사고에 이를 수 있도록 조건을 구성한다는 점을 고려하여 필자가 생각하는 평가원의 의도에 맞는 풀이를 서술하도록 하겠습니다. 논리적으로 더 엄밀한 풀이는 유제 18번의 해설지를 참조하시기 바랍니다.

2023학년도 9월 모의평가 15번에 'ⓐ,ⓑ,ⓒ의 막전위 값이 서로 같지 않다'는 조건없이 ⓐ,ⓑ,ⓒ가 서로 다른 상황을 상정하여 출제되었기에, 2023학년도 수능도 그점을 고려하여 'ⓐ,ⓑ,ⓒ의 막전위값이 서로 다르다'고 생각하여 풀이하겠습니다.

METHOD #0. 기본 정보 확인

출제자가 P가 d_2일 수밖에 없다는 다양한 단서를 제시하고 있음을 확인해봅시다.

1) (자극지점 특징) P에서는 I과 II의 막전위 값이 동일해야 하는데, d_2에서는 막전위 값이 ⓐ로 같게 나옵니다.
2) (앞시간이 상수) I과 II에서 d_2를 기준으로 ⓑ가 등장하는 지점의 거리비가 2:3(2cm:3cm)인데, I과 II의 속도비인 2:3과 동일한 상황입니다.
3) (속도가 상수) II에서 d_2를 기준으로 거리가 같은 두 지점인 d_1과 d_4에서 막전위 값이 ⓒ로 같게 등장합니다.

물론 막전위 값이 같은 ⓐ끼리, ⓑ끼리, ⓒ끼리 서로 위상이 같아야지만 성립하는 정보입니다. 그럼에도 불구하고 출제자가 제시하는 단서들이 전부 정황상 d_2가 자극지점 P일 수밖에 없음을 제시하고 있습니다. 또한 출제자는 새로운 정보를 통해 또 다른 정보를 찾도록 하는 '단계적 추론'을 유도한다는 것을 고려하였을 때, d_2가 자극지점 P이기에 밝혀지는 ⓐ가 -70mV라는 정보는 III에서 d_4의 막전위 값이 -70mV이라는 새로운 정보를 제시합니다. 평가원의 단계적 추론의 유도방식을 고려했을 때, 새롭게 주어지는 d_4가 -70mV라는 정보가 새로운 의미를 생성하기 위해서는 III의 자극지점 Q는 d_4로 추정하는 것이 타당해 보입니다.

METHOD #1. 정량적 계산

평가원이 제시한 단서를 기반으로 추정한 P와 Q의 위치로부터 속도정보를 계산해봅시다.
Q가 d_4일 때, -80mV(1+3)의 앞시간(1ms)과 거리(2cm)를 고려했을 때 III의 속도가 2cm/ms임을 찾을 수 있습니다.

ㄱ. Q는 d_4이다. (O)
ㄴ. II의 흥분 전도 속도는 1cm/ms이다. (X)
ㄷ. ㉠이 5ms일 때 I의 d_5에서는 재분극이 일어나고 있지 않다. (X)

정답 : ㄱ

❷ t와 d가 비례관계에 놓여있다.

같은 뉴런 위의 두 지점에서 t를 d로 나누어 속도를 구한다고 했을 때, 어떤 지점에서 같은 방식으로 속도를 구하든 한 뉴런 위이기 때문에 속도는 같아야 한다(상수여야 한다). 이를 활용하여 아래 예제를 풀어보자.

예제(4) 2022학년도 6월 모의평가 11번

다음은 민말이집 신경 A의 흥분 전도에 대한 자료이다.

○ 그림은 A의 지점 d_1로부터 네 지점 $d_2 \sim d_5$까지의 거리를, 표는 d_1과 d_5 중 한 지점에 역치 이상의 자극을 1회 주고 경과된 시간이 4ms, 5ms, 6ms일 때 I과 II에서의 막전위를 나타낸 것이다. I과 II는 각각 d_2와 d_4 중 하나이다.

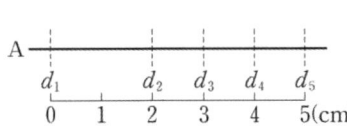

시간	막전위(mV)	
	I	II
4 ms	?	+30
5 ms	−60	ⓐ
6 ms	+30	−70

○ A에서 활동 전위가 발생하였을 때, 각 지점에서의 막전위 변화는 그림과 같다.

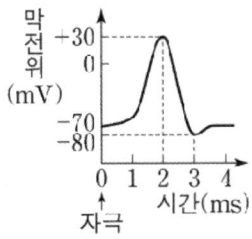

이에 대한 설명으로 옳은 것만을 <보기>에서 있는 대로 고르시오. (단, A에서 흥분의 전도는 각각 1회 일어났고, 휴지 전위는 −70mV이다.)

〈 보 기 〉

ㄱ. A의 흥분 전도 속도는 2cm/ms이다.

ㄴ. ⓐ는 −80이다.

ㄷ. 4ms일 때 d_3에서 탈분극이 일어나고 있다.

METHOD #0. 기본 정보 확인

1) 자극지점 찾기 : 자극지점의 후보가 d_1과 d_5로 주어져 있으나, 자극점에 대한 정보가 따로 없기 때문에 당장 자극지점을 확정할 수 없습니다. 케이스 분류를 통한 귀류가 필요해 보이는 상황입니다.

2) 확보 가능한 정보 : I의 앞시간은 6ms의 +30(4+2)으로부터 4ms임을 구할 수 있고. II의 앞시간은 4ms의 +30(2+2)로부터 2ms임을 구할 수 있다. d_1과 d_5중 어디에 가까운지에 따라 I과 II가 d_2와 d_4중 무엇인지 확정되겠다.

METHOD #1. 정량적 계산

제시된 막전위 값들은 모두 한 뉴런 위에서 등장한 정보이므로, 속도가 상수라고 할 수 있다.

즉 "거리비=앞시간비"여야한다, 앞시간 비는 1:2(2ms:4ms)이다.

자극점이 d_1일 때 I과 II의 후보인 d_2와 d_4까지의 거리비는 1:2(2cm:4cm)이며,

자극점이 d_5일 때 I과 II의 후보인 d_2와 d_4의 거리비는 1:3(1cm:3cm)이다.

거리비와 앞시간비가 동일하려면 자극점은 d_1이어야한다. I은 d_2이며, II는 d_4이다.

ㄱ. A의 흥분 전도 속도는 1cm/ms이다. (X)

ㄴ. ⓐ=-80이다. (O)

ㄷ. 4ms일 때, d_3는 〈시간 분할 해석〉에 따라 해석하면 3+1이므로, 탈분극이 일어나고 있다. (O)

정답 : ㄴ,ㄷ

아래 예제를 풀면서 METHOD #3에 대한 설명을 시작하겠다.

예제(5) 2022학년도 9월 평가원 16번 변형

다음은 민말이집 신경 A의 흥분 전도에 대한 자료이다.

○ 그림은 A의 지점 I,II,III의 위치를, 표는 A의 d_3에 역치 이상의 자극을 1회 주고 경과된 시간이 t_1일 때, I~III에서의 막전위를 나타낸 것이다. III은 d_3이고, I, II, IV는 d_1, d_2, d_4를 순서 없이 나타낸 것이다.

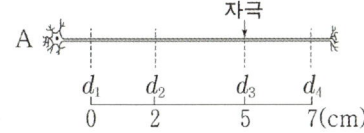

신경	t_1일 때 막전위(mV)			
	I	II	III	IV
A	−80	0	?	0

○ A에서 활동 전위가 발생하였을 때, 각 지점에서의 막전위 변화는 그림과 같다.

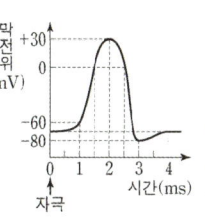

A의 속도를 구하시오. (단, A에서 흥분의 전도는 1회 일어났고, 휴지 전위는 −70mV이다.)

METHOD #1에서 배운 내용을 활용하여 가로 비교하면 I 〉II, IV이다. 거리가 변수이므로 I이 d_4에 배정되어야 한다. 자극지점으로부터 같은 방향에 있는 두 지점에서의 막전위 값 0mV은 위상이 동일할 수 없다. 하나는 탈분극, 하나는 재분극이다. 이 상황에서 A의 속도를 구하는 방법은 두 가지이다.

(1) 미지수 도입하기

A의 d_4는 [t_1-3 + 3]이며 A의 d_2는 [t_1-2.5 + 2.5]이다. 한 뉴런 위에서 속도는 동일하므로

$$\frac{3}{t_1-2.5} = \frac{2}{t_1-3}$$ 이다. 이를 풀면 t_1이 4ms임을 구할 수 있다.

A의 d_4의 앞시간은 1ms인데 자극지점으로부터의 거리가 2cm이므로 A의 속도는 2cm/ms이다.

(2) 차이 활용하기

A의 d_1은 [t_1-1.5 + 2.5] A의 d_2는 [t_1-2.5 + 2.5]이다. 속도를 구하기 위해서는 거리와 앞시간 정보가 필요하다. 앞시간 정보가 t_1이라는 미지수를 끼고 있기에 속도를 구하는 데 바로 활용할 수 없다. 그러나 자극 지점~측정지점까지 자극이 이동하는데 걸리는 시간(앞시간)이 아니라 d_1과 d_2사이를 이동하는 데 걸린 시간과 그 거리를 활용하면 속도를 구할 수 있다.

d_1과 d_2사이를 이동하는 데 걸린 시간은 (t_1-1.5)-(t_1-2.5)=1ms이다. d_1과 d_2사이의 거리는 2cm이다. 이를 나누면 A의 속도가 2cm/ms임을 구할 수 있다.

이처럼 자극 지점과 측정 지점의 비교로는 풀 수 없는 변수가 측정 지점들 사이의 차이를 활용함으로써 해결될 수 있다. [거리 = 속도 x 앞시간]의 공식을 활용하되, 어느 거리를 풀이에 사용할 것인지는 유동적으로 떠올릴 줄 알아야겠다.

METHOD #4. 시냅스가 있는 문항의 처리

시냅스가 존재할 때 활용가능해지는 논리는 다음과 같다.

〈 명제 〉

(1) 동일한 두 지점 사이에서 흥분이 전도될 때, 두 지점 사이에 시냅스가 존재하면 그 속도는 느려진다.
   즉, 시냅스의 존재는 비정상적인 앞시간 증가 효과를 발생시킨다.

(2) 전달은 한 방향으로 발생하기에 시냅스 이후 뉴런의 자극은 시냅스 이전 뉴런으로 전달되지 않는다.

이 두 가지 논리만 고려하면 시냅스 문항을 쉽게 해결할 수 있다. 아래 평가원 문항을 풀어보면서 확인해보자.

다음은 민말이집 신경 A~C의 흥분 전도에 대한 자료이다.

○ 그림은 A~C의 지점 d_1~d_5의 위치를, 표는 ㉠ A~C의 P에 역치 이상의 자극을 동시에 1회 주고 경과된 시간이 4ms일 때 d_1~d_5에서의 막전위를 나타낸 것이다. P는 d_1~d_5 중 하나이고, (가)~(다) 중 두 곳에만 시냅스가 있다. I~III은 d_2~d_4를 순서 없이 나타낸 것이다.

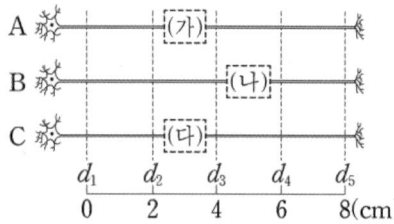

신경	4ms일 때 막전위(mV)				
	d_1	I	II	III	d_5
A	?	?	+30	+30	-70
B	+30	-70	?	+30	?
C	?	?	?	-80	+30

○ A~C 중 2개의 신경은 각각 두 뉴런으로 구성되고, 각 뉴런의 흥분 전도 속도는 ⓐ로 같다. 나머지 1개의 신경의 흥분 전도 속도는 ⓑ이다. ⓐ와 ⓑ는 서로 다르다.

○ A~C 각각에서 활동 전위가 발생하였을 때, 각 지점에서의 막전위 변화는 그림과 같다.

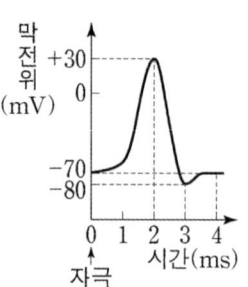

이에 대한 설명으로 옳은 것만을 <보기>에서 있는 대로 고르시오. (단, A~C에서 흥분의 전도는 각각 1회 일어났고, 휴지 전위는 -70mV이다.)

〈보 기〉

ㄱ. II는 d_2이다.

ㄴ. ⓐ는 1cm/ms이다.

ㄷ. ㉠이 5ms일 때 B의 d_5에서의 막전위는 -80mV이다.

METHOD #0. 기본 정보 확인

1. 변수 체크
I~III 지점 매칭이 필요하므로 거리가 변수이다. 시냅스의 위치도 (가)~(다) 중 확정해야 하므로 시냅스의 위치도 변수이며, 속도도 매칭해야 하므로 속도 또한 변수이다.

2. 자극지점의 후보 찾기
세 뉴런의 자극지점이 모두 동일하고 전체시간이 4ms이므로 자극지점에서 막전위 값이 모두 -70mV로 나와야 하기에 가능한 자극지점 P는 I이다.

3. 자극지점의 위치 찾기
만약 d_2가 자극지점이라면 A에서 II, III이 d_3와 d_4가 되는데, 시냅스의 유무와 관계 없이 자극지점으로부터 같은 방향에 존재하는 지점들 중 앞시간이 같은 지점이 중복해서 존재할 수는 없으므로 모순이다. 반대로 d_4가 자극지점인 경우를 가정해도 (가)에 시냅스가 존재하지 않아 d_2에 흥분이 도달할지라도 위와 같은 논리로 모순이 발생한다. 자극점은 d_3이다.

METHOD #1. 시냅스 처리

(1) 시냅스가 존재하면 비정상적인 앞시간 증가 효과가 발생한다.

A의 d_2와 d_4에서 공통으로 +30mV가 측정되므로 (가)에는 시냅스가 없어야하며, (나)와 (다)에만 시냅스가 존재한다. +30mV의 앞시간이 2ms이므로 A의 흥분 전도속도는
1cm/ms(ⓑ)이다.

(2) 전달은 한방향으로만 발생한다.

흥분의 전달은 한방향으로만 발생하기에 C의 d_2에서는 막전위 값이 -70mV로 나와야하므로 C의 II가 -70mV이며 II가 d_2, III이 d_4임을 알 수 있다. -80mV의 앞시간이 1ms이므로 B와 C의 흥분 전도 속도는 2cm/ms(ⓐ)임을 구할 수 있다.

ㄱ. II는 d_2이다. (O)
ㄴ. ⓐ는 2cm/ms이다. (X)
ㄷ. B의 d_4에서 앞시간이 2ms이므로 d_4로부터 2cm떨어진 d_5에서의 앞시간은 흥분 전도 속도를 고려했을 때 3ms임을 알 수 있다 따라서 ㉠이 5ms일 때 B의 d_5에서의 뒷시간은 2ms가 되고 이때의 막전위는 +30mV이다. (X)

정답 : ㄱ

01

그림 (가)는 신경 A~C를, (나)는 (가)의 P 지점에 역치 이상의 자극을 동시에 1회씩 준 후, Q 지점에서의 막전위 변화를 나타낸 것이다. (나)의 I~III은 각각 A~C의 막전위 변화 중 하나이다. t_1과 t_2는 I~III에서 같은 시점을 나타낸다.

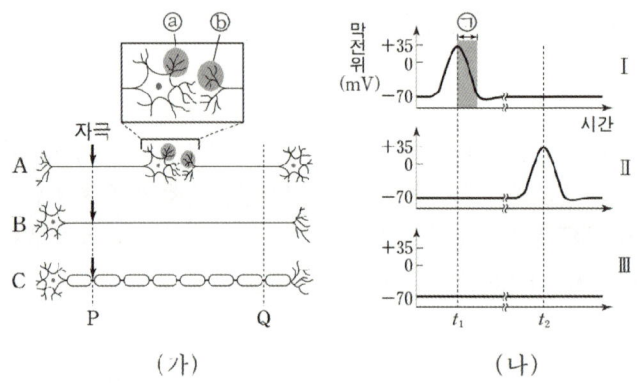

(가)   (나)

이에 대한 설명으로 옳은 것만을 <보기>에서 있는 대로 고르시오.

――――――――――――― <보 기> ―――――――――――――

ㄱ. 시냅스 소포는 ⓐ보다 ⓑ에 많다.

ㄴ. 구간 ㉠에서 K^+의 농도는 세포 안보다 세포 밖이 높다.

ㄷ. C의 막전위 변화는 (나)의 II에 해당한다.

그림 (가)는 어떤 뉴런에 역치 이상의 자극을 주었을 때 시간에 따른 막전위를, (나)는 이 뉴런에 물질 X를 처리하고 역치 이상의 자극을 주었을 때 시간에 따른 막전위를 나타낸 것이다. X는 세포막에 있는 이온 통로를 통한 Na^+과 K^+의 이동 중 하나를 억제한다.

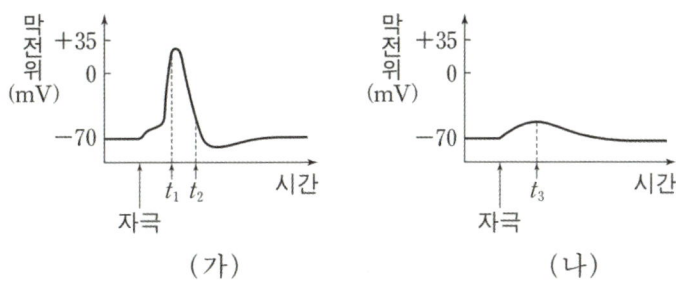

(가)   (나)

이에 대한 설명으로 옳은 것만을 <보기>에서 있는 대로 고르시오.

―――――――――― <보 기> ――――――――――

ㄱ. (가)에서 $\dfrac{K^+의\ 막투과도}{Na^+의\ 막투과도}$ 는 t_2일 때가 t_1일 때보다 크다.

ㄴ. X는 K^+의 이동을 억제한다.

ㄷ. (나)에서 t_3일 때 Na^+의 농도는 세포 안이 세포 밖보다 높다.

다음은 신경 A와 B의 흥분의 전도에 대한 자료이다.

○ 그림은 민말이집 신경 A와 B의 P 지점으로부터 $d_1 \sim d_3$까지의 거리를, 표는 A와 B의 P 지점에 역치 이상의 자극을 동시에 1회 주고 경과된 시간이 5ms일 때 $d_1 \sim d_3$에서 각각 측정한 막전위를 나타낸 것이다. A와 B에서 흥분의 전도는 각각 1회 일어났다.

○ A와 B는 흥분의 전도 속도가 다르며, A와 B 중 한 신경에서의 흥분의 전도는 1ms당 2cm씩 이동한다.

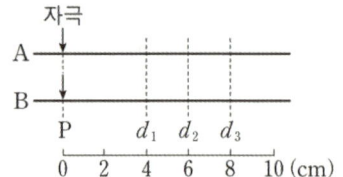

신경	5ms일 때 측정한 막전위(mV)		
	d_1	d_2	d_3
A	−80	?	?
B	−70	−80	?

○ A와 B 각각에서 활동 전위가 발생하였을 때, 그림과 같은 막전위 변화가 나타난다.

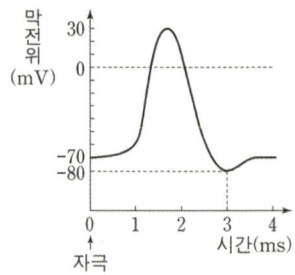

이 자료에 대한 설명으로 옳은 것만을 <보기>에서 있는 대로 고르시오. (단, 휴지 전위는 −70mV이다.)

─────── <보 기> ───────

ㄱ. 흥분의 전도 속도는 A보다 B에서 빠르다.

ㄴ. 5ms일 때, A의 d_2에서 탈분극이 일어나고 있다.

ㄷ. 5ms일 때, d_3에서 $\dfrac{A의\ 막전위}{B의\ 막전위}$ 의 값은 1보다 크다.

그림 (가)는 어떤 뉴런에 역치 이상의 자극을 주었을 때 이 뉴런의 축삭 돌기 한 지점에서 측정한 막전위 변화를, (나)는 t_1일 때 이 지점에서 Na^+ 통로를 통한 Na^+의 확산을 나타낸 것이다. ㉠과 ㉡은 각각 세포 안과 세포 밖 중 하나이다.

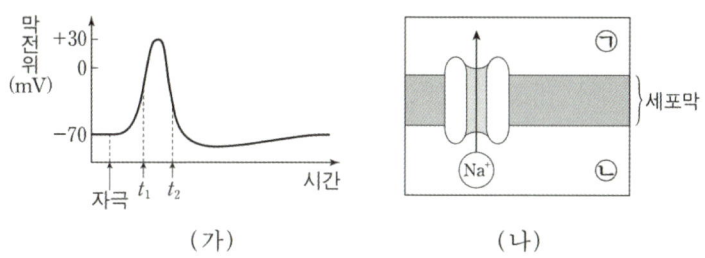

(가)   (나)

이에 대한 설명으로 옳은 것만을 <보기>에서 있는 대로 고르시오.

───── <보 기> ─────

ㄱ. Na^+의 막투과도는 t_1일 때가 t_2일 때보다 크다.

ㄴ. t_2일 때 K^+은 K^+ 통로를 통해 ㉠에서 ㉡으로 확산된다.

ㄷ. t_2일 때 이온의 $\dfrac{㉡에서의 농도}{㉠에서의 농도}$ 는 K^+이 Na^+보다 크다.

그림 (가)는 운동 신경 X에 역치 이상의 자극을 주었을 때 X의 축삭 돌기 한 지점 P에서 측정한 막전위 변화를, (나)는 P에서 발생한 흥분이 X의 축삭 돌기 말단 방향 각 지점에 도달하는 데 경과된 시간을 P로부터의 거리에 따라 나타낸 것이다. I과 II는 X의 축삭 돌기에서 말이집으로 싸여 있는 부분과 말이집으로 싸여 있지 않은 부분을 순서 없이 나타낸 것이다.

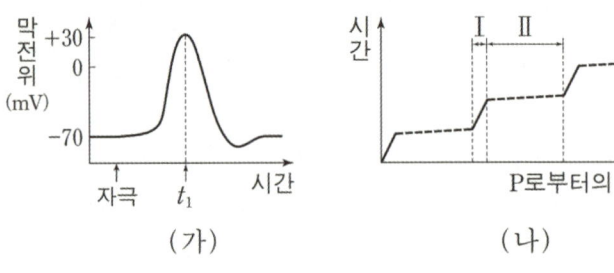

(가)   (나)

이에 대한 설명으로 옳은 것만을 <보기>에서 있는 대로 고르시오. (단, 흥분의 전도는 1회 일어났다.)

<보 기>

ㄱ. t_1일 때 이온의 $\dfrac{세포\ 안의\ 농도}{세포\ 밖의\ 농도}$ 는 K^+이 Na^+보다 크다.

ㄴ. I에서 활동 전위가 발생했다.

ㄷ. II에는 슈반 세포가 존재하지 않는다.

다음은 민말이집 신경 A와 B의 흥분 전도에 대한 자료이다.

○ 그림은 A와 B의 축삭 돌기 일부를, 표는 A와 B의 동일한 지점에 역치 이상의 자극을 동시에 1회 주고 일정 시간이 지난 후 t_1일 때 네 지점 $d_1 \sim d_4$에서 측정한 막전위를 나타낸 것이다. 자극을 준 지점은 P와 Q 중 하나이다. I~III은 각각 $d_1 \sim d_3$ 중 하나이고, IV는 d_4이다. 흥분의 전도 속도는 B에서가 A에서보다 빠르다.

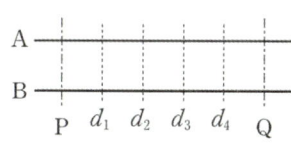

신경	t_1일 때 측정한 막전위(mV)			
	I	II	III	IV
A	0	+15	−65	−70
B	+15	−45	+20	−80

○ A와 B의 $d_1 \sim d_4$에서 활동 전위가 발생하였을 때, 각 지점에서의 막전위 변화는 그림과 같다.

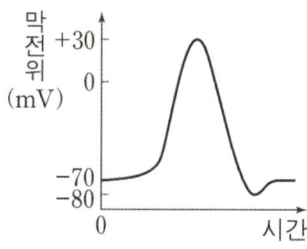

이에 대한 설명으로 옳은 것만을 <보기>에서 있는 대로 고르시오. (단, A와 B에서 흥분의 전도는 각각 1회 일어났고, 휴지 전위는 −70mV이다.)

───── 〈 보 기 〉 ─────

ㄱ. II는 d_1이다.

ㄴ. 자극을 준 지점은 Q이다.

ㄷ. t_1일 때, B의 d_2에서 탈분극이 일어나고 있다.

다음은 신경 A와 B의 흥분 전도에 대한 자료이다.

○ 그림은 민말이집 신경 A와 B의 지점 $d_1 \sim d_5$의 위치를, 표는 A와 B의 동일한 지점에 역치 이상의 자극을 동시에 1회 주고 경과된 시간이 3ms일 때 각 지점에서 측정한 막전위를 나타낸 것이다. I~V는 $d_1 \sim d_5$를 순서 없이 나타낸 것이다.

○ 자극을 준 지점은 $d_1 \sim d_5$ 중 하나이고, A와 B의 흥분의 전도 속도는 각각 2cm/ms, 3cm/ms이다.

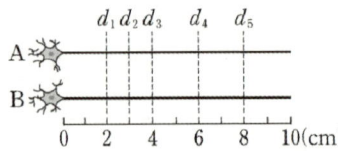

신경	3ms일 때 측정한 막전위(mV)				
	I	II	III	IV	V
A	+10	?	-80	?	+10
B	-40	+30	㉠	+10	?

○ A와 B 각각에서 활동 전위가 발생하였을 때, 각 지점에서의 막전위 변화는 그림과 같다.

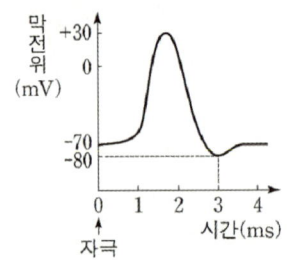

이에 대한 설명으로 옳은 것만을 <보기>에서 있는 대로 고르시오. (단, A와 B에서 흥분의 전도는 각각 1회 일어났고, 휴지 전위는 -70mV이다.)

———————————— <보   기> ————————————

ㄱ. ㉠은 -80이다.

ㄴ. 자극을 준 지점은 d_3이다.

ㄷ. 3ms일 때, B의 d_2에서 탈분극이 일어나고 있다.

그림은 어떤 뉴런에 역치 이상의 자극을 주었을 때, 이 뉴런 세포막의 한 지점에서 이온 ㉠과 ㉡의 막투과도를 시간에 따라 나타낸 것이다. ㉠과 ㉡은 각각 Na^+과 K^+ 중 하나이다.

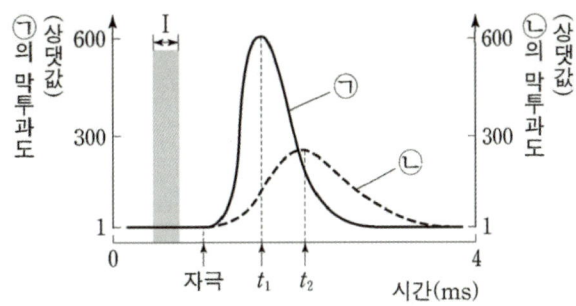

이에 대한 설명으로 옳은 것만을 <보기>에서 있는 대로 고르시오.

─── <보 기> ───

ㄱ. Na^+의 막투과도는 t_1일 때가 t_2일 때보다 크다.

ㄴ. t_2일 때, K^+은 K^+ 통로를 통해 세포 밖으로 확산된다.

ㄷ. 구간 I에서 $Na^+ - K^+$ 펌프를 통해 ㉠이 세포 안으로 유입된다.

다음은 민말이집 신경 A~C의 흥분 전도에 대한 자료이다.

○ 그림은 A~C의 지점 d_1으로부터 세 지점 d_2~d_4까지의 거리를, 표는 ㉠ 각 신경의 d_1에 역치 이상의 자극을 동시에 1회 주고 경과된 시간이 3ms일 때 d_1~d_4에서 측정한 막전위를 나타낸 것이다. I~III은 A~C를 순서 없이 나타낸 것이다.

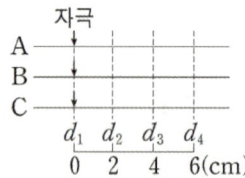

신경	3 ms일 때 측정한 막전위(mV)			
	d_1	d_2	d_3	d_4
I	−80	?	−60	?
II	?	−80	?	−70
III	?	?	+30	−60

○ A의 흥분 전도 속도는 2cm/ms이다.

○ 그림 (가)는 A와 B의 d_1~d_4에서, (나)는 C의 d_1~d_4에서 활동 전위가 발생하였을 때 각 지점에서의 막전위 변화를 나타낸 것이다.

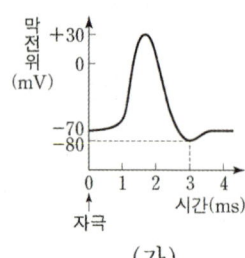

(가)

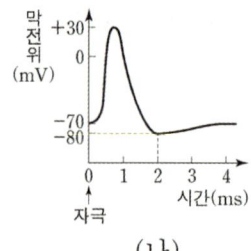

(나)

이 자료에 대한 설명으로 옳은 것만을 <보기>에서 있는 대로 고르시오. (단, A~C에서 흥분의 전도는 각각 1회 일어났고, 휴지 전위는 − 70mV이다.)

<보 기>

ㄱ. 흥분의 전도 속도는 C에서가 A에서보다 빠르다.

ㄴ. ㉠이 3ms일 때 I의 d_2에서 K^+은 K^+ 통로를 통해 세포 밖으로 확산된다.

ㄷ. ㉠이 5ms일 때 B의 d_4와 C의 d_4에서 측정한 막전위는 같다.

다음은 민말이집 신경 A와 B의 흥분 전도에 대한 자료이다.

○ 그림은 A와 B의 지점 $d_1 \sim d_4$의 위치를, 표는 ㉠ A와 B의 지점 X에 역치 이상의 자극을 동시에 1회 주고 경과한 시간이 2ms, 3ms, 5ms, 7ms일 때 d_2에서 측정한 막전위를 나타낸 것이다. X는 d_1과 d_4 중 하나이고, I~IV는 2ms, 3ms, 5ms, 7ms를 순서 없이 나타낸 것이다.

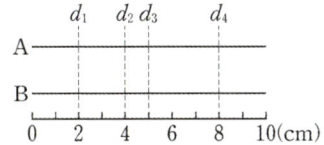

신경	d_2에서 측정한 막전위(mV)			
	I	II	III	IV
A	?	-60	?	-80
B	-60	-80	?	-70

○ A와 B의 흥분 전도 속도는 각각 1cm/ms와 2cm/ms 중 하나이다.

○ A와 B에서 활동 전위가 발생하였을 때, 각 지점에서의 막전위 변화는 그림과 같다.

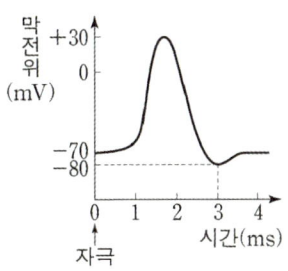

이에 대한 설명으로 옳은 것만을 <보기>에서 있는 대로 고르시오. (단, A와 B에서 흥분의 전도는 각각 1회 일어났고, 휴지 전위는 -70mV이다.)

─────── <보 기> ───────

ㄱ. II는 3ms이다.

ㄴ. B의 흥분 전도 속도는 2cm/ms이다.

ㄷ. ㉠이 4ms일 때 A의 d_3에서의 막전위는 -60mV이다.

다음은 민말이집 신경 A~D의 흥분 전도와 전달에 대한 자료이다.

○ 그림은 A, C, D의 지점 d_1으로부터 두 지점 d_2, d_3까지의 거리를, 표는 ㉠ A, C, D의 d_1에 역치 이상의 자극을 동시에 1회 주고 경과된 시간이 5ms일 때 d_2와 d_3에서의 막전위를 나타낸 것이다.

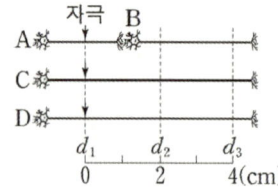

신경	5ms일 때 막전위(mV)	
	d_2	d_3
B	−80	ⓐ
C	?	−80
D	+30	?

○ B와 C의 흥분 전도 속도는 같다.

○ A~D 각각에서 활동 전위가 발생하였을 때, 각 지점에서의 막전위 변화는 그림과 같다.

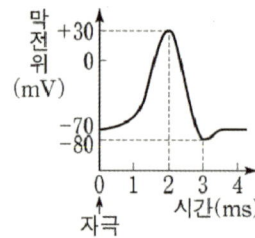

이에 대한 설명으로 옳은 것만을 <보기>에서 있는 대로 고르시오. (단, A~D에서 흥분의 전도는 각각 1회 일어났고, 휴지 전위는 −70mV이다.)

─────── <보 기> ───────

ㄱ. 흥분의 전도 속도는 C에서가 D에서보다 빠르다.

ㄴ. ⓐ는 +30이다.

ㄷ. ㉠이 3ms일 때 C의 d_3에서 탈분극이 일어나고 있다.

다음은 민말이집 신경 A와 B의 흥분 전도와 전달에 대한 자료이다.

○ 그림은 A와 B의 지점 $d_1 \sim d_4$의 위치를 나타낸 것이다. B는 2개의 뉴런으로 구성되어 있고, ㉠~㉢ 중 한 곳에만 시냅스가 있다.

○ 표는 A와 B의 d_3에 역치 이상의 자극을 동시에 1회 주고 경과된 시간이 t_1일 때 $d_1 \sim d_4$에서의 막전위를 나타낸 것이다. I~IV는 $d_1 \sim d_4$를 순서 없이 나타낸 것이다.

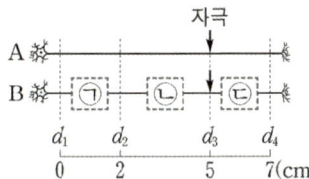

신경	t_1일 때 막전위(mV)			
	I	II	III	IV
A	−80	0	?	0
B	0	−60	?	?

○ B를 구성하는 두 뉴런의 흥분 전도 속도는 1cm/ms로 같다.

○ A와 B 각각에서 활동 전위가 발생하였을 때, 각 지점에서의 막전위 변화는 그림과 같다.

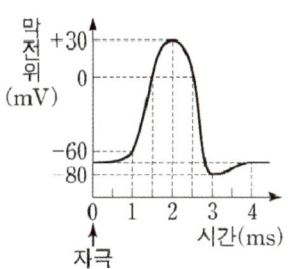

이에 대한 설명으로 옳은 것만을 <보기>에서 있는 대로 고르시오. (단, A와 B에서 흥분의 전도는 각각 1회 일어났고, 휴지 전위는 −70mV이다.)

―――――――――〈보 기〉―――――――――

ㄱ. t_1은 5ms이다.

ㄴ. 시냅스는 ㉢에 있다.

ㄷ. t_1일 때, A의 II에서 탈분극이 일어나고 있다.

다음은 민말이집 신경 A~C의 흥분 전도에 대한 자료이다.

○ 그림은 A~C의 지점 d_1~d_4의 위치를 나타낸 것이다. A~C의 흥분 전도 속도는 각각 서로 다르다.

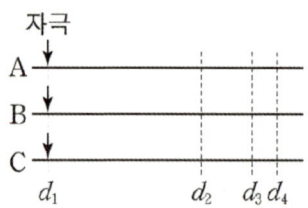

○ 그림은 A~C 각각에서 활동 전위가 발생하였을 때, 각 지점에서의 막전위 변화를, 표는 ⓐ <u>A~C의 d_1에 역치 이상의 자극을 동시에 1회 주고 경과된 시간이 4ms일 때</u> d_2~d_4에서의 막전위가 속하는 구간을 나타낸 것이다. I~III은 d_2~d_4를 순서 없이 나타낸 것이고, ⓐ일 때 각 지점에서의 막전위는 구간 ㉠~㉢ 중 하나에 속한다.

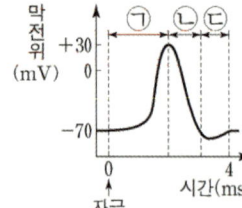

신경	4ms일 때 막전위가 속하는 구간		
	I	II	III
A	㉡	?	㉢
B	?	㉠	?
C	㉡	㉢	㉡

이에 대한 설명으로 옳은 것만을 <보기>에서 있는 대로 고르시오. (단, A~C에서 흥분의 전도는 각각 1회 일어났고, 휴지 전위는 −70mV이다.)

─────── <보 기> ───────

ㄱ. ⓐ일 때 A의 II에서의 막전위는 ㉢에 속한다.

ㄴ. ⓐ일 때 B의 d_3에서 재분극이 일어나고 있다.

ㄷ. A~C 중 C의 흥분 전도 속도가 가장 빠르다.

다음은 민말이집 신경 A와 B의 흥분 전도와 전달에 대한 자료이다.

○ 그림은 A와 B의 지점 $d_1 \sim d_4$의 위치를, 표는 ㉠ A와 B의 지점 X에 역치 이상의 자극을 동시에 1회 주고 경과된 시간이 3ms일 때 $d_1 \sim d_4$에서의 막전위를 나타낸 것이다. X는 $d_1 \sim d_4$ 중 하나이고, I~IV는 $d_1 \sim d_4$를 순서 없이 나타낸 것이다.

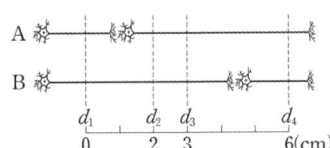

신경	3ms일 때 막전위(mV)			
	I	II	III	IV
A	+30	?	−70	㉮
B	?	−80	?	+30

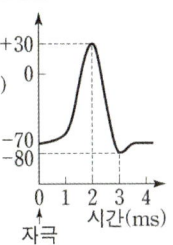

○ A를 구성하는 두 뉴런의 흥분 전도 속도는 ⓐ로 같고, B를 구성하는 두 뉴런의 흥분 전도 속도는 ⓑ로 같다. ⓐ와 ⓑ는 1cm/ms와 2cm/ms를 순서 없이 나타낸 것이다.

○ A와 B 각각에서 활동 전위가 발생하였을 때, 각 지점에서의 막전위 변화는 그림과 같다.

이에 대한 설명으로 옳은 것만을 <보기>에서 있는 대로 고르시오.(단, A와 B에서 흥분의 전도는 각각 1회 일어났고, 휴지전위는 −70mV이다.)

─────── <보 기> ───────

ㄱ. X는 d_3이다.

ㄴ. ㉮는 −70이다.

ㄷ. ㉠이 5ms일 때 A의 III에서 재분극이 일어나고 있다.

다음은 민말이집 신경 A와 B의 흥분 전도에 대한 자료이다.

○ 그림은 A와 B의 지점 d_1~d_4의 위치를, 표는 A의 ㉠과 B의 ㉡에 역치 이상의 자극을 동시에 1회 주고 경과된 시간이 3ms일 때 d_1~d_4에서의 막전위를 나타낸 것이다. ㉠과 ㉡은 각각 d_1~d_4 중 하나이다.

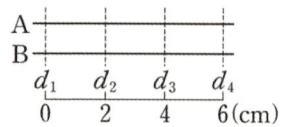

신경	3ms일 때 막전위(mV)			
	d_1	d_2	d_3	d_4
A	ⓒ	+10	ⓐ	ⓑ
B	ⓑ	ⓐ	ⓒ	ⓐ

○ A와 B의 흥분 전도 속도는 각각 1cm/ms와 2cm/ms 중 하나이다.
○ A와 B 각각에서 활동 전위가 발생하였을 때, 각 지점에서의 막전위 변화는 그림과 같다.

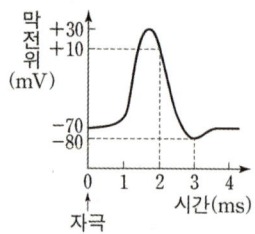

이에 대한 설명으로 옳은 것만을 <보기>에서 있는 대로 고르시오. (단, A와 B에서 흥분의 전도는 각각 1회 일어났고, 휴지 전위는 −70mV이다.)

――――――――――― <보 기> ―――――――――――

ㄱ. ㉡은 d_1이다.

ㄴ. A의 흥분 전도 속도는 2cm/ms이다.

ㄷ. 3ms일 때 B의 d_2에서 재분극이 일어나고 있다.

다음은 민말이집 신경 I~III의 흥분 전도에 대한 자료이다.

○ 그림은 I~III의 지점 d_1~d_5의 위치를, 표는 ㉠ I과 II의 P에, III의 Q에 역치 이상의 자극을 동시에 1회 주고 경과된 시간이 4ms일 때 d_1~d_5에서의 막전위를 나타낸 것이다. P와 Q는 각각 d_1~d_5 중 하나이다.

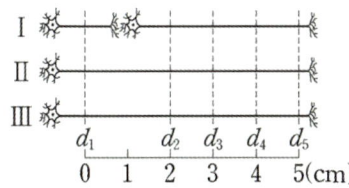

신경	4ms일 때 막전위(mV)				
	d_1	d_2	d_3	d_4	d_5
I	-70	ⓐ	?	ⓑ	?
II	ⓒ	ⓐ	?	ⓒ	ⓑ
III	ⓒ	-80	?	ⓐ	?

○ I을 구성하는 두 뉴런의 흥분 전도 속도는 $2v$로 같고, II와 III의 흥분 전도 속도는 각각 $3v$와 $6v$이다.

○ I~III 각각에서 활동 전위가 발생하였을 때, 각 지점에서의 막전위 변화는 그림과 같다.

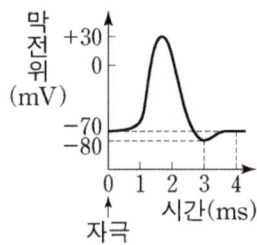

이에 대한 설명으로 옳은 것만을 <보기>에서 있는 대로 고르시오. (단, I~III에서 흥분의 전도는 각각 1회 일어났고, 휴지 전위는 -70mV이다.)

──────── 〈보 기〉 ────────

ㄱ. Q는 d4이다.

ㄴ. II의 흥분 전도 속도는 2cm/ms이다.

ㄷ. ㉠이 5ms일 때 I의 d5에서 재분극이 일어나고 있다.

다음은 민말이집 신경 A의 흥분 전도와 전달에 대한 자료이다.

○ A는 2개의 뉴런으로 구성되고, 각 뉴런의 흥분 전도 속도는 ㉮로 같다. 그림은 A의 지점 $d_1 \sim d_5$의 위치를, 표는 ㉠ $\underline{d_1}$에 역치 이상의 자극을 1회 주고 경과된 시간이 2ms, 4ms, 8ms일 때 $d_1 \sim d_5$에서의 막전위를 나타낸 것이다. I~III은 2ms, 4ms, 8ms를 순서 없이 나타낸 것이다.

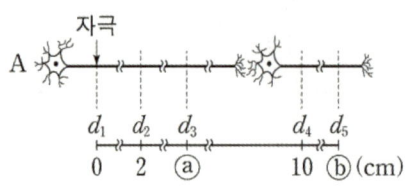

시간	막전위(mV)				
	d_1	d_2	d_3	d_4	d_5
I	?	-70	?	$+30$	0
II	$+30$	?	-70	?	?
III	?	-80	$+30$	?	?

○ A에서 활동 전위가 발생하였을 때, 각 지점에서의 막전위 변화는 그림과 같다.

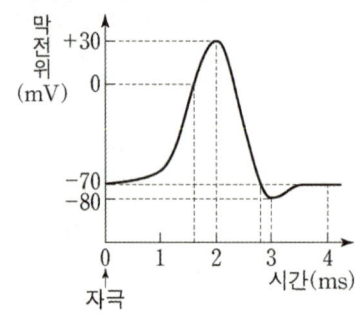

이에 대한 옳은 설명만을 <보기>에서 있는 대로 고르시오. (단, A에서 흥분의 전도는 1회 일어났고, 휴지 전위는 -70mV이다.)

───── <보 기> ─────

ㄱ. ㉮는 2cm/ms이다.

ㄴ. ⓐ는 4이다.

ㄷ. ㉠이 9ms일 때 d_5에서 재분극이 일어나고 있다.

다음은 민말이집 신경의 흥분 전도와 전달에 대한 자료이다.

○ 그림은 뉴런 A ~ C의 지점 P, Q와 d_1~d_6의 위치를, 표는 P와 Q에 역치 이상의 자극을 동시에 1회 주고 경과된 시간이 3ms일 때 d_1과 d_2, 6ms일 때 d_3과 d_4, 7ms일 때 d_5와 d_6의 막전위를 나타낸 것이다. t_1과 t_2는 3ms와 7ms를 순서 없이 나타낸 것이고, ㉠~㉣은 d_1, d_2, d_5, d_6을 순서 없이 나타낸 것이다.

○ P와 d_1 사이의 거리는 1cm이다.

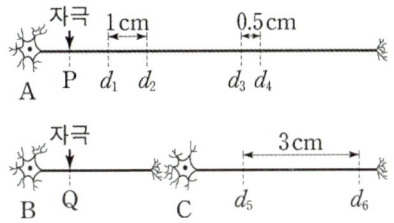

시간	6 ms		t_1		t_2	
지점	d_3	d_4	㉠	㉡	㉢	㉣
막전위 (mV)	x	y	-80	y	y	0

○ x와 y는 +30과 -60을 순서 없이 나타낸 것이다.

○ A와 B의 흥분 전도 속도는 1cm/ms이고, C의 흥분 전도 속도는 2cm/ms이다.

○ A와 C 각각에서 활동 전위가 발생하였을 때, A의 각 지점에서의 막전위 변화는 그림 (가)와 (나) 중 하나이고, C의 각 지점에서의 막전위 변화는 나머지 하나이다.

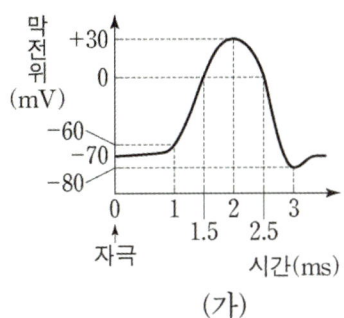

(가)

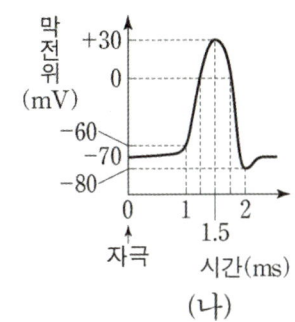

(나)

이에 대한 옳은 설명만을 <보기>에서 있는 대로 고르시오. (단, A ~ C에서 흥분의 전도는 각각 1회 일어났고, 휴지 전위는 −70mV이다.)

───── <보 기> ─────

ㄱ. x는 +30이다.

ㄴ. ㉣은 d_6이다.

ㄷ. Q에 역치 이상의 자극을 1회 주고 경과된 시간이 6ms일 때 d_5에서 탈분극이 일어나고 있다.

다음은 민말이집 신경 A ~ C의 흥분 전도와 전달에 대한 자료이다.

○ 그림은 A ~ C의 지점 d_1~d_5의 위치를, 표는 ㉠ A와 B의 P에, C의 Q에 역치 이상의 자극을 동시에 1회 주고 경과된 시간이 t_1일 때 d_1~d_5에서의 막전위를 나타낸 것이다. P와 Q는 각각 d_1~d_5 중 하나이고, ㉮와 ㉯ 중 한 곳에만 시냅스가 있다.

○ I~III은 A ~ C를 순서 없이 나타낸 것이고, ⓐ~ⓒ는 -80, -70, +30을 순서 없이 나타낸 것이다.

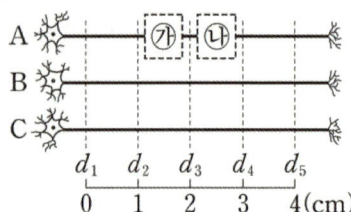

신경	t_1일 때 막전위(mV)				
	d_1	d_2	d_3	d_4	d_5
I	?	ⓑ	ⓒ	ⓑ	?
II	ⓐ	?	ⓑ	?	ⓒ
III	?	ⓒ	ⓐ	ⓑ	ⓒ

○ A를 구성하는 두 뉴런의 흥분 전도 속도는 1cm/ms로 같고, B와 C의 흥분 전도 속도는 각각 1cm/ms와 2cm/ms 중 하나이다.

○ A ~ C 각각에서 활동 전위가 발생하였을 때, 각 지점에서의 막전위 변화는 그림과 같다.

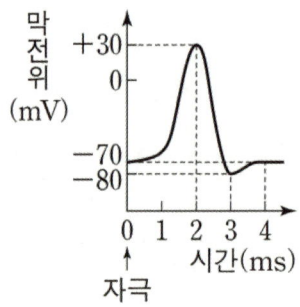

이에 대한 옳은 설명만을 <보기>에서 있는 대로 고르시오. (단, A ~ C에서 흥분의 전도는 각각 1회 일어났고, 휴지 전위는 -70mV이다.)

<보 기>

ㄱ. ⓐ는 -70이다.

ㄴ. ㉮에 시냅스가 있다.

ㄷ. ㉠이 3ms일 때, B의 d_2에서 재분극이 일어나고 있다.

다음은 민말이집 신경 A ~ C의 흥분 전도와 전달에 대한 자료이다.

○ 그림은 A ~ C의 지점 d_1~d_5의 위치를, 표는 ㉠ A와 B의 P에, C의 Q에 역치 이상의 자극을 동시에 1회 주고 경과된 시간이 4ms일 때 d_1, d_3, d_5에서의 막전위를 나타낸 것이다. P와 Q는 각각 d_2, d_3, d_4 중 하나이고, ㉠~㉣ 중 세 곳에만 시냅스가 있다.

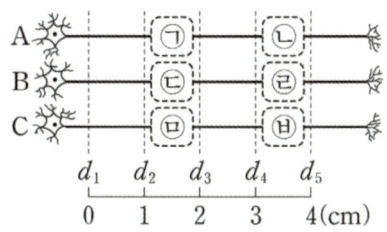

신경	4ms일 때 막전위(mV)		
	d_1	d_3	d_5
A	+30	−70	−60
B	ⓐ	?	+30
C	−70	−80	−80

○ A를 구성하는 모든 뉴런의 흥분 전도 속도는 1cm/ms로 같다. B를 구성하는 모든 뉴런의 흥분 전도 속도는 x로 같고, C를 구성하는 모든 뉴런의 흥분 전도 속도는 y로 같다. x와 y는 1cm/ms와 2cm/ms를 순서 없이 나타낸 것이다.

○ A ~ C 각각에서 활동 전위가 발생하였을 때, 각 지점에서의 막전위 변화는 그림과 같다.

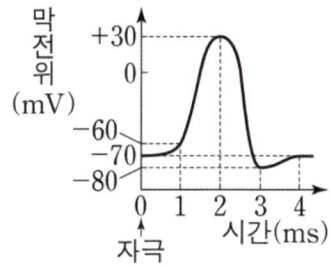

이에 대한 옳은 설명만을 <보기>에서 있는 대로 고르시오. (단, A ~ C에서 흥분의 전도는 각각 1회 일어났고, 휴지 전위는 −70mV이다.)

<보 기>

ㄱ. ⓐ는 +30이다.

ㄴ. ㉤에 시냅스가 있다.

ㄷ. ㉮가 3ms일 때, B의 d_5에서 탈분극이 일어나고 있다.

다음은 민말이집 신경 A와 B의 흥분 전도에 대한 자료이다.

○ 그림 (가)는 A와 B의 지점 d_1으로부터 세 지점 $d_2 \sim d_4$까지의 거리를, (나)는 A와 B 각각 에서 활동 전위가 발생하였을 때 각 지점에서의 막전위 변화를 나타낸 것이다.

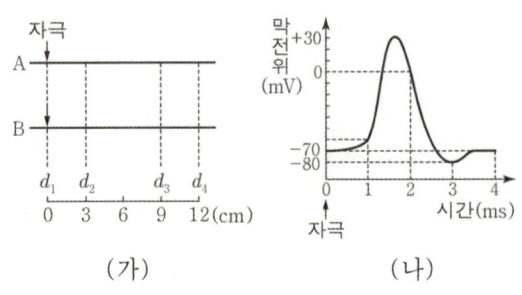

(가)　　　　　　　(나)

○ A와 B의 흥분 전도 속도는 각각 1cm/ms와 3cm/ms 중 하나이다.

○ 표는 A와 B의 d_1에 역치 이상의 자극을 동시에 1회 주고, 경과된 시간이 t_1일 때와 t_2일 때 $d_2 \sim d_4$에서 측정한 막전위를 나타낸 것이다.

신경	t_1일 때 측정한 막전위(mV)			t_2일 때 측정한 막전위(mV)		
	d_2	d_3	d_4	d_2	d_3	d_4
A	?	−70	?	−80	?	−70
B	−70	0	−60	−70	?	0

이에 대한 설명으로 옳은 것만을 <보기>에서 있는 대로 고르시오. (단, A와 B에서 흥분의 전 도는 각각 1회 일어났고, 휴지 전위는 −70mV이다.)

─────── <보 기> ───────

ㄱ. t_1은 5ms이다.

ㄴ. B의 흥분 전도 속도는 1cm/ms이다.

ㄷ. t_2일 때 B의 d_3에서 탈분극이 일어나고 있다.

다음은 민말이집 신경 A의 흥분 전도에 대한 자료이다.

○ 그림은 A의 지점 $d_1 \sim d_4$의 위치를, 표는 ㉠ $d_1 \sim d_4$ 중 한 지점에 역치 이상의 자극을 동시에 1회 주고 경과된 시간이 2~5ms일 때 A의 어느 한 지점에서 측정한 막전위를 나타낸 것이다. I~IV는 $d_1 \sim d_4$를 순서 없이 나타낸 것이다.

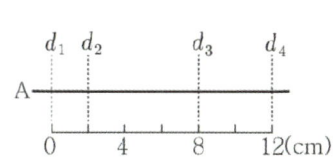

구분	2~5ms일 때 측정한 막전위(mV)			
	2 ms	3 ms	4 ms	5 ms
I	-60			
II		?		
III			-60	
IV				-80

○ A에서 활동 전위가 발생하였을 때, 각 지점에서의 막전위 변화는 그림과 같다.

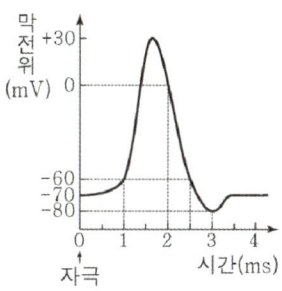

이 자료에 대한 설명으로 옳은 것만을 <보기>에서 있는 대로 고르시오. (단, A에서 흥분의 전도는 1회 일어났고, 휴지 전위는 −70mV이다.)

─────────── <보 기> ───────────

ㄱ. IV는 d_1이다.

ㄴ. A의 흥분 전도 속도는 2cm/ms이다.

ㄷ. ㉠이 3ms일 때 d_4에서 재분극이 일어나고 있다.

다음은 민말이집 신경 A∼C의 흥분 전도와 전달에 대한 자료이다.

○ 그림은 A와 B의 지점 d_1으로부터 d_2∼d_5까지의 거리를, 표는 A와 B의 d_1에 역치 이상의 자극을 동시에 1회 주고, 경과된 시간이 ⓐms일 때 A의 d_2와 d_5, B의 d_2, C의 d_3∼d_5에서의 막전위를 나타낸 것이다. ⓐ는 4와 5 중 하나이다.

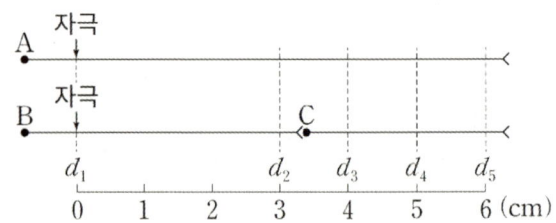

ⓐms일 때 막전위(mV)					
A의 d_2	A의 d_5	B의 d_2	C의 d_3	C의 d_4	C의 d_5
−80	㉠	−70	+30	㉡	−70

○ A∼C의 흥분 전도 속도는 서로 다르며 각각 1cm/ms, 1.5cm/ms, 3cm/ms 중 하나이다.

○ A∼C 각각에서 활동 전위가 발생했을 때 각 지점에서의 막전위 변화는 그림과 같다.

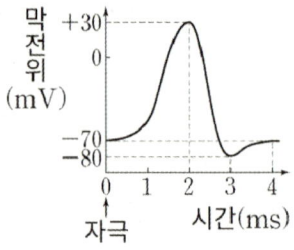

이에 대한 옳은 설명만을 <보기>에서 있는 대로 고르시오. (단, A∼C에서 흥분의 전도는 각각 1회 일어났고, 휴지 전위는 −70mV이다.)

───── <보 기> ─────

ㄱ. ⓐ는 5이다.

ㄴ. ㉠과 ㉡은 같다.

ㄷ. 흥분 전도 속도는 B가 A의 2배이다.

다음은 민말이집 신경 A~C의 흥분 전도와 전달에 대한 자료이다.

○ 그림은 (가)와 (나)의 지점 $d_1 \sim d_5$의 위치를, 표는 ⓐ (가)와 (나)의 지점 X에 역치 이상 의 자극을 동시에 1회 주고 경과된 시간이 4ms일 때 d_2, A, B에서의 막전위를 나타낸 것이다. X는 d_1과 d_5 중 하나이고, A와 B는 d_3과 d_4를 순서 없이 나타낸 것이다. ㈀~㈂은 0, −70, −80을 순서 없이 나타낸 것이다.

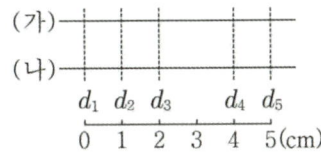

신경	4ms일 때 막전위(mV)		
	d_2	A	B
(가)	㈀	㈁	㈂
(나)	㈁	㈂	㈀

○ 흥분 전도 속도는 (나)에서가 (가)에서의 2배이다.

○ (가)와 (나) 각각에서 활동 전위가 발생하였을 때, 각 지점에서의 막전위 변화는 그림과 같다.

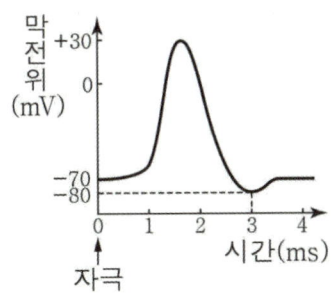

이에 대한 옳은 설명만을 <보기>에서 있는 대로 고르시오. (단, (가)와 (나)에서 흥분의 전도는 각각 1회 일어났고, 휴지 전위는 −70mV이다.)

<보 기>

ㄱ. X는 d_5이다.

ㄴ. ㈀은 −80이다.

ㄷ. ⓐ가 5ms일 때 (나)의 B에서 탈분극이 일어나고 있다.

다음은 민말이집 신경 A~C의 흥분 전도와 전달에 대한 자료이다.

○ 그림은 A, B, C의 지점 d_1~d_6의 위치를, 표는 A의 d_1과 C의 d_2에 역치 이상의 자극을 동시에 1회 주고 경과된 시간이 4ms와 5ms일 때 d_3~d_6에서의 막전위를 순서 없이 나타낸 것이다.

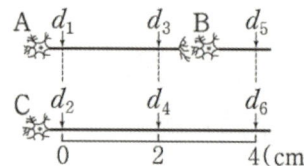

시간(ms)	d_3~d_6에서의 막전위(mV)
4	㉠, −70, 0, +10
5	−80, −70, −60, −50

○ A와 B의 흥분 전도 속도는 모두 ⓐ cm/ms, C의 흥분 전도 속도는 ⓑ cm/ms이다. ⓐ와 ⓑ는 각각 1과 2 중 하나이다.

○ A~C에서 활동 전위가 발생하였을 때, 각 지점에서의 막전위 변화는 그림과 같다.

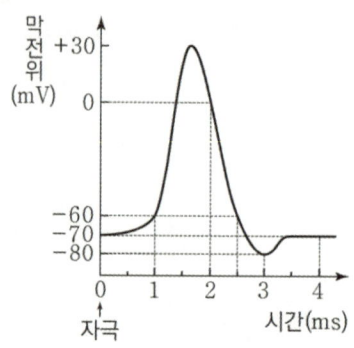

이에 대한 설명으로 옳은 것만을 <보기>에서 있는 대로 고르시오. (단, A~C에서 흥분의 전도는 각각 1회 일어났고, 휴지 전위는 −70mV이다.)

――――――― <보 기> ―――――――

ㄱ. ⓐ는 1이다.

ㄴ. ㉠은 −80이다.

ㄷ. 4ms일 때 B의 d_5에서 탈분극이 일어나고 있다.

memo

03 신경계

PART 3. 신경계에서는 하나의 문항이 출제된다. 주요 출제 유형은 개념형 혹은 간단한 자료해석형이다.

문항의 특징은 개념들의 정의보다는 체계와 분류를 바탕으로 하는 문항이 출제된다는 점이다.
[부교감 신경 or 교감 신경], [아세틸콜린 or 노르에피네프린], [방광 확장 or 방광 축소]
등과 같이 둘 중 하나를 자료를 해석하여 결정해야 한다.

자료가 제시되어도 직관적이므로 암기해야 하는 내용만 확실히 알고 있다면 1분 내로 고민 없이 해결할 수
있지만, **개념이 헷갈리는 순간 둘 중 하나로 찍어야 하는 상황이 된다.** 대충만 알고 있으면 안 된다는 것이다.

기본적으로 **생명과학1은 지엽적인 개념으로 수험생을 변별하는 과목이 아니다.**
다만, 절대라는 것은 없으므로 언제든지 지엽적인 선지가 시험지에 등장할 수 있다.
아직 출제된 적이 없는 지엽적인 개념일지라도,
교육과정 내에 있고 출제 가능성이 있다고 판단한 경우는 모두 책에 수록했다.

이번 PART는 두 개의 THEME로 구성했다.

❶ THEME 01. 중추 신경계의 구조와 기능
❷ THEME 02. 말초 신경계

THEME 01. 중추 신경계의 구조와 기능에서는 뇌와 척수에 대한 개념 문항을 다룬다.
뇌와 척수의 구조적 특징과 각 부위의 기능에 대한 암기가 필요하다.
출제 빈도는 THEME 02에 비해서 낮지만,
관련 자료가 시험지에 등장했을 때 답이 바로바로 튀어나오도록 깔끔하게 암기하자.

THEME 02. 말초 신경계에서는 말초 신경의 구분을 요구하는 자료가 제시된다.
문제에서는 **말초 신경의 구조와 연결 부위, 신경 세포체의 위치, 시냅스의 위치와 유무, 자극했을 때의 결과**
등을 제시하여 신경의 종류를 구분토록 한다. 문항은 얼마든지 헷갈리게끔 만들 수 있다.
각 말초 신경의 구조와 기능적 특징에 대해서 확실하게 정리가 되어있어야만
어떤 자료가 제시되어도 빠르게 답을 낼 수 있을 것이다.

더하여 교육과정 내에 **신경계 질환**에 대한 내용이 있다.
신경계 질환의 경우 교육과정이 바뀌면서 내용이 조금 더 구체적으로 추가되었고, 22학년도 수능 5번 문제에서
개념형으로 질병의 특징에 대해 물어보면서 '헌팅턴 무도병'이 언급되기는 했다.
하지만, 신경계 질환의 경우 정확하게 규명되지 않은 내용들이 많을뿐더러 교육과정 내에서 제시할 수 있는
자료도 마땅치 않아 앞으로도 출제 확률은 낮다. 관련 개념만 명료하게 정리하고 넘어가자.

THEME 01. 중추 신경계의 구조와 기능

IDEA.

이번 THEME에서는 제시되는 자료에 따라 개념형 혹은 자료해석형 문항이 모두 출제될 수 있다.

대부분은 개념형으로 출제되며 분류 체계와 각 부위에 대해 정리가 잘 되어있으면 어렵지 않게 해결할 수 있다.

자료해석형 문항에서는 대뇌 겉질의 운동령, 감각령 혹은 연수와 척수에서 신경의 교차 등
개념적으로 굉장히 낯선 부분이 자료로 등장할 수 있는데,
이때는 차분하게 자료를 해석하도록 하자. 직관적인 도식 자료이므로 어렵지 않게 해석할 수 있을 것이다.

(1) 신경계

자극에 대한 반응은 다음과 같은 경로로 이루어진다.

자극 → 감각 기관 → 말초 신경계 → 중추 신경계 → 말초 신경계 → 반응 기관 → 반응

사람의 신경계는 **중추 신경계와 말초 신경계**로 구분된다.

중추 신경계(연합 뉴런)는 시각 기관, 후각 기관, 미각 기관, 청각 기관 등 다양한 감각 기관으로부터의 자극에 대한 정보를 받아 분석하고 명령하며, 이는 **뇌와 척수**로 구분된다.
말초 신경계는 정보를 전달하는 방향에 따라서는 **구심성 신경(감각 뉴런)과 원심성 신경(운동 뉴런)**으로, 해부학적으로는 뇌와 연결된 **뇌 신경**과 척수와 연결된 **척수 신경**으로 구분된다.

이때 해부학적으로 **원심성 신경**은 골격근에 연결되는 **체성 신경**과
심장근, 내장근, 분비샘에 연결되는 **자율 신경**으로 구분되고,
자율 신경은 교감 신경과 부교감 신경으로 구분된다.

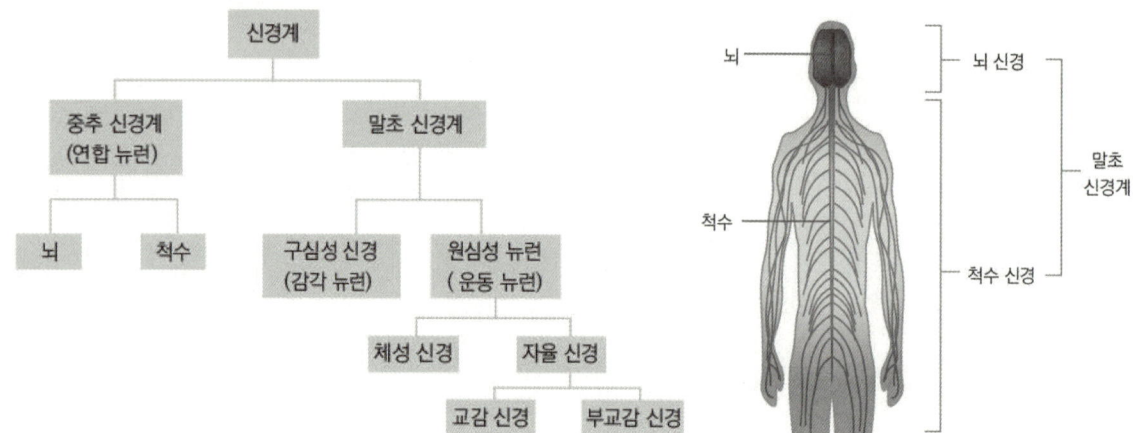

(2) 뇌

사람의 뇌는 **대뇌, 소뇌, 간뇌, 중간뇌, 뇌교, 연수**로 구성된다.

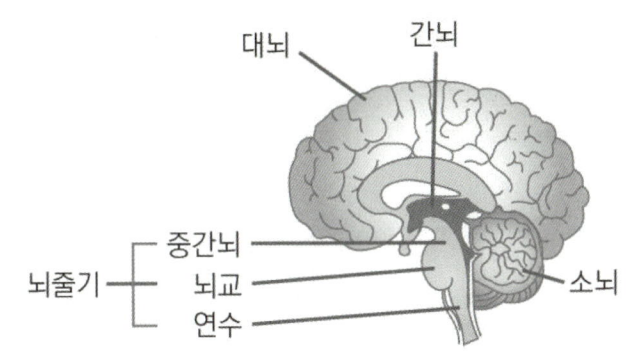

구성	위치	특징 및 기능
대뇌		• 기억, 분석, 판단, 감정 등 **고등 정신활동과 감각, 수의 운동의 중추**이다. • **좌우 2개의 반구**로 나누어지며 표면에 주름이 많아 표면적이 넓다. 좌반구는 인체의 우반신을, 우반구는 인체의 좌반신을 조절한다. • 대뇌 **겉질**은 신경 세포체가 모인 **회색질**이고, **속질**은 주로 축삭 돌기로 이루어진 **백색질**이다. **기능에 따른 구분(겉질)** 감각령 / 연합령 / 운동령 **위치에 따른 구분(겉질)** 전두엽 / 두정엽 / 측두엽
소뇌		• 소뇌는 대뇌의 수의 운동을 보조하여 **섬세한 수의 운동과 몸의 평형**을 조절하는 중추이다. • 대뇌와 마찬가지로 **좌우 2개의 반구**로 나누어져 있다.
간뇌		• **시상과 시상 하부**로 구성된다. • 시상은 척수나 연수에서 오는 후각을 제외한 감각 신호를 대뇌로 전달하는 통로 역할을 한다. • **시상 하부**는 자율 신경과 내분비샘의 조절 중추로 **혈당량, 체온, 혈장 삼투압 등 항상성**을 조절한다. • 시상 하부는 호르몬 분비샘인 뇌하수체와 연결되어 있다. • 간뇌에는 **자율 신경이 연결되어있지 않음**을 기억하자.

구성		위치	특징 및 기능
중간뇌	뇌줄기		• 중간뇌는 간뇌 아래, 뇌교 위에 위치하며 크기가 가장 작은 부위이다. • **동공의 크기 조절과 안구 운동의 중추**이면서 소뇌와 함께 몸의 평형을 조절한다. • 부교감 신경이 연결되어 있다.
뇌교			• 중간뇌 아래, 연수 위에 위치하여 소뇌의 좌우 반구를 연결하고 있다. • **소뇌와 대뇌 사이의 정보 전달을 중계**하고, 호흡 운동의 조절에 관여한다. • 부교감 신경이 연결되어 있다. 다만, 뇌교는 교육과정이 바뀌면서 추가된 내용이며 아직 자세히 다뤄진 적은 없다.
연수			• 척수와 이어져 있고, **대뇌와 연결되는 대부분의 신경이 좌우 교차**하는 장소이다. • **심장 박동, 호흡 운동, 소화 운동의 중추**인 동시에 **하품, 기침, 재채기, 침 분비 등의 중추**로도 작용한다. • 심장 박동을 조절하는 부교감 신경이 연결되어 있어 문제에서 자주 다뤄지는 영역이다.

(3) 척수

척수는 뇌와 함께 중추 신경계를 구성하여 뇌와 말초 신경계를 연결하는 통로로 작용한다.
회피반사, 무릎반사, 배뇨, 배변 등 **무조건 반사의 중추**로 작용한다.
대뇌와 반대로 척수의 **겉질은 백색질이고, 속질은 회색질**이다.

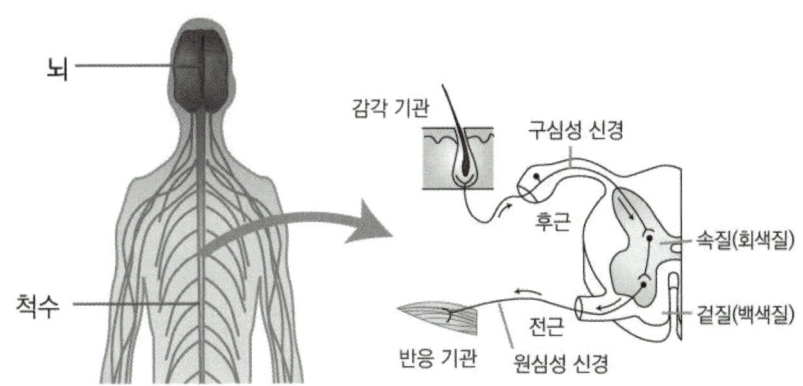

척수에 연결된 척수 신경은 전근과 후근으로 구분된다.
배 쪽으로 **원심성 신경(운동 뉴런)** 다발이 좌우로 나와 **전근**을 이루고,
등 쪽으로 **구심성 신경(감각 뉴런)** 다발이 좌우로 나와 **후근**을 이룬다.

전근과 후근은 척수 신경에서만 정의되는 개념이기 때문에
뇌 신경에서는 전근과 후근을 정의할 수 없다.

중추 신경계	속질	겉질
뇌	백색질(축삭 돌기)	회색질(신경 세포체)
척수	회색질(신경 세포체)	백색질(축삭 돌기)

신경의 교차는 연수와 척수에서 일어난다. 신경의 교차와 관련된 추가적인 내용은
교육과정 내에 등장하지 않아 구체적으로 알 필요는 없다. 다만, 자료해석형 문제로 출제될 수 있다.

다음 쪽의 2022 수능특강의 예시를 풀어보자.

그림은 우리 몸에서 정보가 전달되는 경로를 나타낸 것이다. 빗금 친 부분은 다쳐서 손상된 부위로 흥분의 이동이 차단된다.

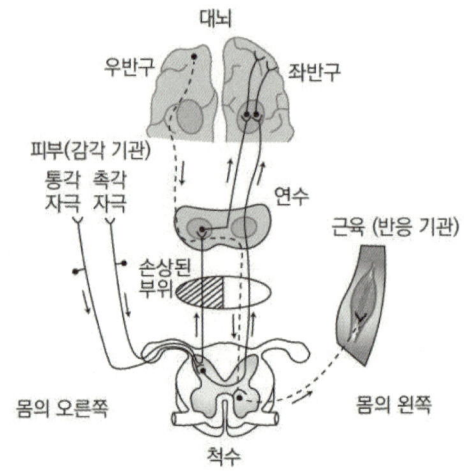

이에 대한 설명으로 옳은 것만을 <보기>에서 있는 대로 고르시오.

```
─────────────── <보   기> ───────────────
ㄱ. 신경의 교차는 연수와 척수에서 모두 일어난다.
```

위 문제의 자료에 따르면 통각 자극은 척수, 촉각 자극은 연수에서 교차가 일어난다.
교차에서 연수와 척수의 구분은 자료 없이는 당연히 모르는 게 정상이고, 자료를 통해서 물을 수는 있다.

(4) 무조건 반사

❶ 의식적인 반응

대뇌가 중추인 반응이다.

❷ 무조건 반사

반응의 중추가 간뇌, 중간뇌, 연수, 척수 등인 반응이다.
자극에 대해 무의식적이고 순간적으로 일어나는 반응으로, 의식적인 반응에 비해 반응 속도가 빠르다.

반사	중추	반응
척수 반사	척수	무릎 반사, 회피 반사, 배변·배뇨 반사 등
연수 반사	연수	재채기, 하품, 침 분비 등
중간뇌 반사	중간뇌	동공 반사, 안구 운동 등

무조건 반사를 자료로 제시하는 문제에서는
경로를 구성하는 각 신경의 이름과 구조, 특징을 묻거나
의식적인 반응과 무조건 반사의 흥분 전달 경로 차이를 구별할 수 있는지를 시험한다.

무릎 반사를 예로 들어 자극에 의한 흥분이 전달되는 경로를 파악해보겠다.

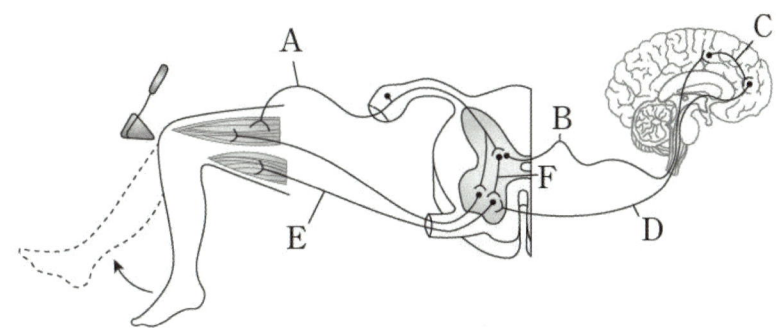

위 그림에서 A는 구심성 신경(감각 뉴런), E는 원심성 신경(운동 뉴런)으로 말초 신경계를 구성한다.
C는 대뇌의 연합 뉴런을, F는 척수의 연합 뉴런을 나타낸다.

의식적인 반응이라면 무릎에 주어진 자극에 의한 흥분은
A→B→C→D→E 경로를 따라 전달된다.

반면에 무릎 반사와 같이 척수 반사라면 자극에 의한 흥분은
A→F→E 경로를 따라 전달된다.

중추가 대뇌가 아니라고 해서 아무런 정보도 대뇌로 가지 못하는 것은 아니다.
반응에 대한 명령의 중추가 대뇌가 아닌 것이지, 감각 정보는 뇌로도 전달된다.

무릎 반사의 경우가 아니더라도 **반사의 유형과 중추를 올바르게 매칭**해놓으면
큰 어려움 없이 문제를 해결할 수 있다.

그림은 중추 신경계의 구조를 나타낸 것이다. ㉠~㉣은 간뇌, 대뇌, 소뇌, 중간뇌를 순서 없이 나타낸 것이다.

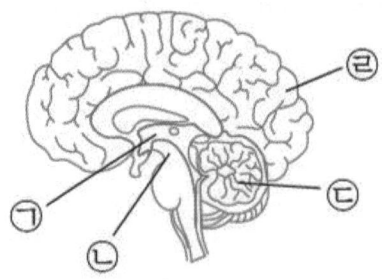

이 자료에 대한 설명으로 옳은 것만을 <보기>에서 있는 대로 고르시오.

<보   기>

ㄱ. ㉠은 중간뇌이다.

ㄴ. ㉢은 몸의 평형(균형) 유지에 관여한다.

ㄷ. ㉣에는 시각 기관으로부터 오는 정보를 받아들이는 영역이 있다.

ㄹ. ㉡은 동공의 크기 조절에 관여한다.

ㅁ. ㉡은 뇌줄기의 한 부분이다.

㉠~㉣ 순서대로 간뇌, 중간뇌, 소뇌, 대뇌이다.
중간뇌, 뇌교, 연수는 뇌줄기를 구성한다.
→ ㄱ 오답, ㅁ 정답

ㄴ. 소뇌는 몸의 평형(균형) 유지에 관여한다. (○)
ㄷ. 대뇌에는 시각 기관으로부터 오는 정보를 받아들이고 처리하는 영역이 있다. (○)
ㄹ. 중간뇌는 동공의 크기 조절에 관여한다. (○)

정답 : ㄴ, ㄷ, ㄹ, ㅁ

❚THEME 02. 말초 신경계

IDEA.

말초 신경은 그 종류와 기능이 다양하다.
문제에서는 자료와 함께 말초 신경의 종류와 기능에 대해 묻는다.

개념적으로 **말초 신경의 구조와 연결된 부위, 신경 세포체의 위치, 시냅스의 유무, 자극했을 때의 결과**에 대해서 잘 정리되어 있지 않으면 조금만 헷갈리게 출제해도 크게 휘청일 수 있다.

주로 출제되는 주제는 **교감 신경과 부교감 신경의 구분**이다.
교감 신경과 부교감 신경의 경우는 신경이 연결된 구조가 각각 정해져 있고
교육과정에서 이를 그림 자료로 제시했기 때문에,
체계와 분류를 바탕으로 문항이 출제되는 이번 PART에 가장 적합한 유형이다.

자극했을 때의 결과와 신경의 구조 등으로 구분 지을 수 있고 암기만 잘 되어있으면
어렵지 않으므로 신경 써서 암기하자.

(1) 말초 신경계

말초 신경계의 분류 체계는 다음과 같다.

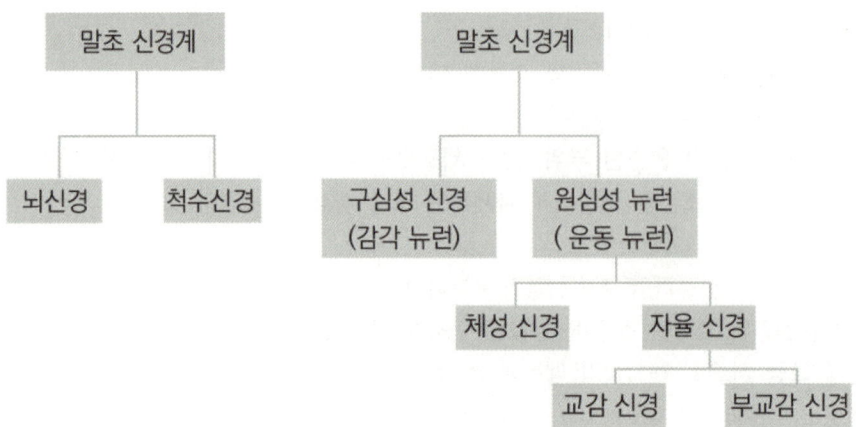

단순히 분류만 기억할 것이 아니라 **분류된 신경들 각각의 기능과 특징, 서로 간의 차이점을** 명확하게 정리하고 암기해야 한다.

또한 문제에서는 그림 자료로 출제되기도 해서
신경 세포체의 위치, 시냅스의 유무 등에 대해서 시각적으로도 기억하고 있어야 한다.

다음 쪽에서 표를 이용하여 깔끔하게 정리해보자.

❶ 뇌 신경 Vs 척수 신경

신경이 연결된 위치를 기준으로 구분했을 때이다.

말초 신경계	뇌 신경	• 뇌와 연결된 **좌우 12쌍**의 말초 신경
	척수 신경	• 척수와 연결된 **좌우 31쌍**의 말초 신경

뇌 신경과 척수 신경은 중추 신경계가 아니라 엄연히 말초 신경계임을 기억해야 한다.

❷ 구심성 신경(감각 뉴런) Vs 원심성 신경(운동 뉴런)

말초 신경계	구심성 신경 (감각 뉴런)	• 감각 기관 → 중추 신경계
	원심성 신경 (운동 뉴런)	• 중추 신경계 → 운동 기관

구심성 신경과 원심성 신경을 구분할 때는
그림에서 나타난 **신경 세포체와 축삭 돌기 말단의 위치와 방향**을 확인하면 된다.

❸ 체성 신경 Vs 자율 신경

원심성 신경 (운동 뉴런)	체성 신경	• 주로 **대뇌, 척수의 지배**를 받는다. • 일반적인 기능을 수행하며 **1개의 운동 뉴런**으로 구성된다. • **골격근**에 연결되어 **아세틸콜린**을 분비한다.
	자율 신경	• **간뇌, 중간뇌, 연수, 척수의 지배**를 받는다. • 생명 유지와 관련된 기능을 수행하며 **2개의 운동 뉴런**으로 구성된다. • **심장근, 내장근, 분비샘**에 연결된다.

자율 신경은 다시 교감 신경과 부교감 신경으로 나뉘는데,
이 내용은 바로 다음 순서에서 자세히 정리하겠다.

(2) 교감 신경과 부교감 신경

자율 신경에 속하는 교감 신경과 부교감 신경은 심장근, 내장근, 분비샘에 연결되어
길항 작용을 하면서 반응 기관을 조절한다.
각각의 구조적 특징은 다음 표에 정리된 바와 같다.

자율 신경	교감 신경	• **척수**와 연결되어 있다. • **신경절 이전 뉴런이 신경절 이후 뉴런보다 짧다.** • 신경절 이전 뉴런에서는 **아세틸콜린**이, 신경절 이후 뉴런에서는 **노르에피네프린**이 분비된다.
	부교감 신경	• **중간뇌, 연수, 척수**에 연결되어 있다. • **신경절 이전 뉴런이 신경절 이후 뉴런보다 길다.** • 신경절 이전, 이후 뉴런 모두 **아세틸콜린**을 분비한다.

2개의 운동 뉴런으로 구성된 자율 신경은 아래와 같은 구조를 가진다.

교감 신경	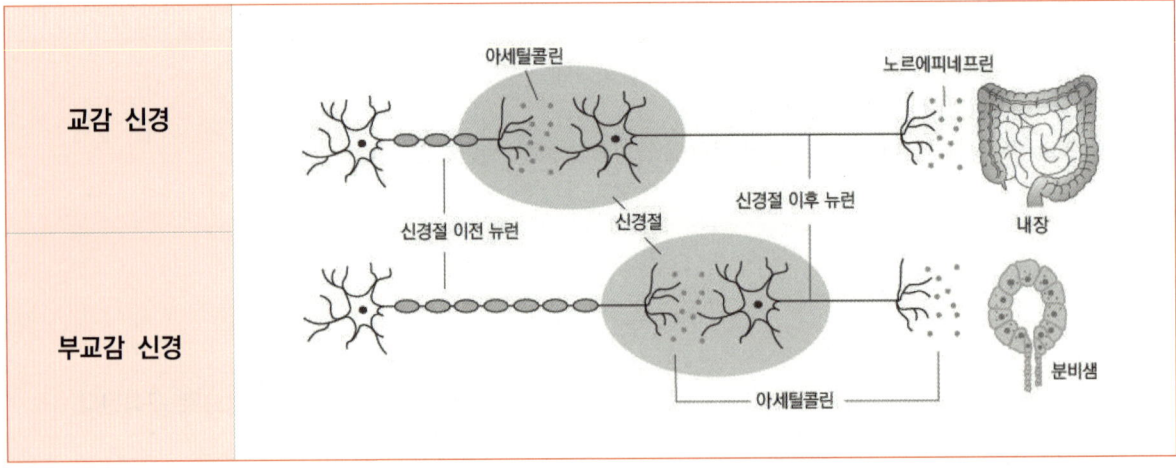
부교감 신경	

아래 자료를 확인하면서

교감 신경과 부교감 신경을 각각 **자극했을 때의 결과**에 대해서 정리해두어야 하고,

추가적으로 **부교감 신경의 연결 부위**에서 헷갈리지 않도록 암기해야 한다.

자극했을 때의 결과를 바탕으로 역추론해야 하는 유형도 빈번하게 출제됨을 기억해야 한다.

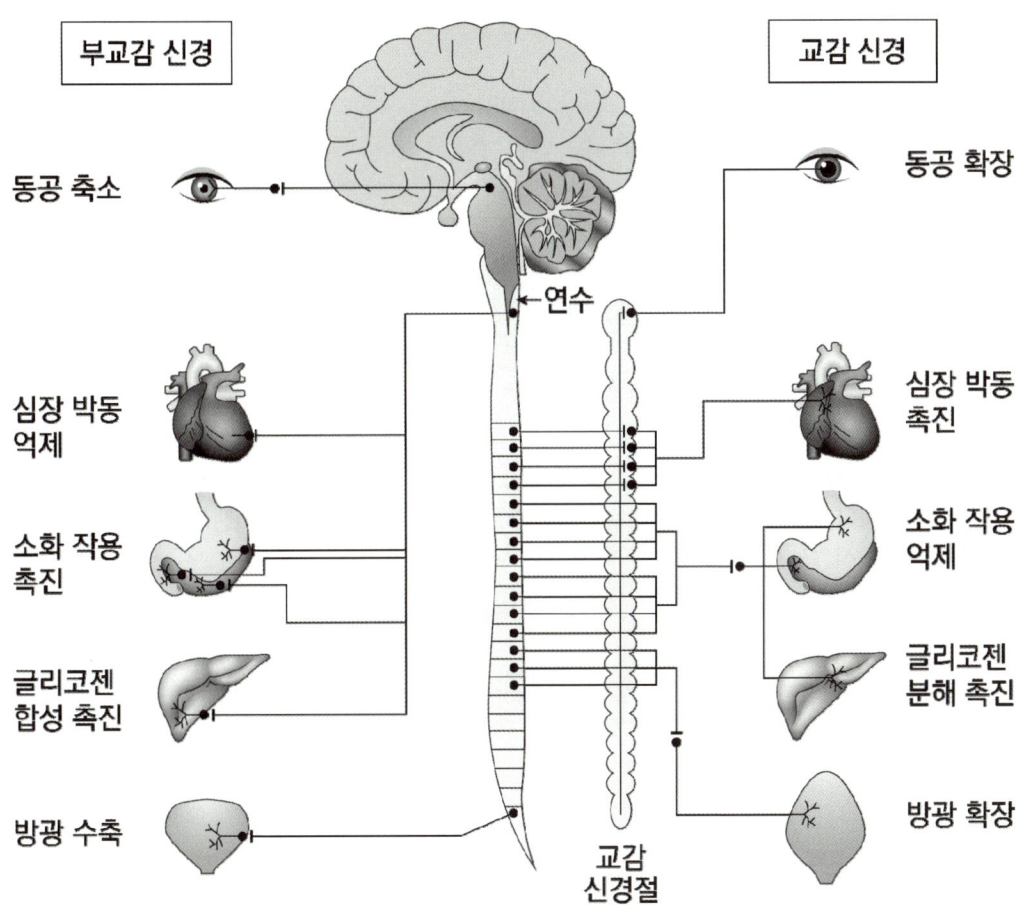

자율 신경	동공	심장 박동	호흡 운동	침 분비	소화 작용	간 글리코젠	이자	방광
교감 신경	확장	촉진	촉진	억제	억제	분해 촉진	글루카곤 촉진	확장
부교감 신경	축소	억제	억제	촉진	촉진	합성 촉진	인슐린 촉진	수축

대표적인 표적 기관별 출제 Point는 아래 표로 정리했으니
이어지는 예제와 유제를 해결하면서 문제의 요구에 맞춰가며 개념을 체계화하자.
핵심은 '표적 기관에 어떤 신경이 연결되어 있고, 반응 결과는 무엇인가'이다.

표적 기관	출제 Point
심장	가장 자주 다뤄지는 반응 기관이고, 단독으로 활용된 문제가 많다. 위 자료와 같이 심장 박동의 빈도가 증가하는지, 감소하는지를 해석하여 교감 신경과 부교감 신경 중 무엇을 자극한 결과인지를 판단해야 한다. 부교감 신경은 연수에 연결되어 있음을 기억하자. 그래프 자료 외에도 심장 박동 횟수나 주기의 변화를 제시할 수 있다.
폐[8] (기관지)	지금까지 호흡수 변화를 자료로 제시한 적을 제외하면 크게 다뤄진 적이 없는 표적기관이다. 들숨 날숨의 양이나 호흡 주기의 변화를 조절하는 기전은 평가원 수준에서 학습하지 않기에 디테일하게 출제되기가 어렵다.
동공	 위 자료처럼 그림이 제시되어 동공 크기의 확장, 축소 여부를 바탕으로 교감 신경과 부교감 신경을 판단할 것과 자율 신경의 시작 부위가 중간뇌인지 척수인지를 바탕으로 판단할 것을 요구한다.
위	 16학년도 6평에서 출제된 적이 있다. 소화 작용의 촉진, 억제 여부를 바탕으로 역추론하여 교감 신경과 부교감 신경을 판단할 것과 자율 신경의 시작 부위가 연수인지 척수인지를 바탕으로 판단할 것을 요구해왔다. 위액의 양으로도 소화 작용의 활성화 정도를 가늠하게 할 수 있다.

8) 폐에는 근육이 없다. 자율 신경은 폐가 아니라 기관지에 연결되어있다.

(3) 신경계 질환

다른 개념들과의 연결성이 낮아 잘 출제되지 않는 내용일뿐더러
교육과정에서도 간단히 소개하고 넘어가는 개념이라
아래의 표만 정리하고 넘어가도록 하겠다.

질환	원인	주요 증상
알츠하이머병	대뇌 손상에 따른 기능 저하	기억력, 판단력 저하
파킨슨병	신경 전달 물질 중 도파민의 분비 이상	손발 떨림, 불안정한 자세
근위축성 측삭 경화증	체성 신경의 선택적 손상	사지 근력 약화, 호흡 기능 저하
헌팅턴 무도병	신경계의 점진적 파괴가 일어나는 유전병	몸의 움직임 통제 불가, 지적 장애

알츠하이머병과 파킨슨병은 **중추 신경계 이상 질환**이고,
근위축성 측삭 경화증은 **말초 신경계 이상 질환**이다.

신경계 질환의 내용이 문제로 출제되거나 선지로 활용된다면
질환-원인-주요 증상을 올바르게 연결 지어서 구분할 수 있어야 할 것이다.
각 질환의 원인에서 대뇌, 도파민, 체성 신경과 같은 단어들은 빈칸으로 만들 수도 있으니
이 점도 생각해두면 좋다.

그림 (가)는 심장 박동을 조절하는 자율 신경 A와 B 중 A를 자극했을 때 심장 세포에서 활동 전위가 발생하는 빈도의 변화를, (나)는 물질 ㉠의 주사량에 따른 심장 박동 수를 나타낸 것이다. ㉠은 심장 세포에서의 활동 전위 발생 빈도를 변화시키는 물질이며, A와 B는 교감 신경과 부교감 신경을 순서 없이 나타낸 것이다.

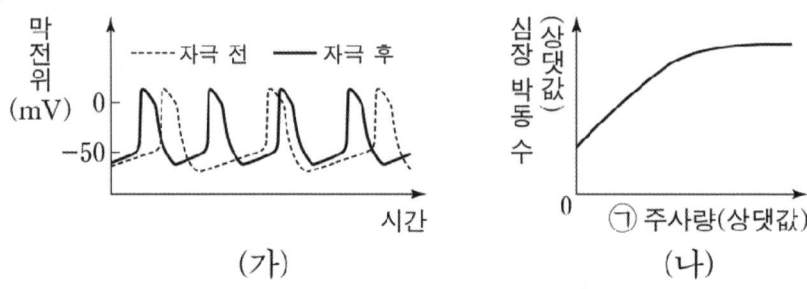

(가)   (나)

이에 대한 설명으로 옳은 것만을 <보기>에서 있는 대로 고르시오.

〈 보 기 〉

ㄱ. A의 신경절 이후 뉴런의 축삭 돌기 말단에서 분비되는 신경 전달 물질은 아세틸콜린이다.
ㄴ. ㉠이 작용하면 심장 세포에서의 활동 전위 발생 빈도가 감소한다.
ㄷ. A와 B는 심장 박동 조절에 길항적으로 작용한다.
ㄹ. A는 신경절 이전 뉴런이 신경절 이후 뉴런보다 짧다.
ㅁ. B의 신경절 이전 뉴런의 신경 세포체는 척수에 존재한다.

(가)를 통해 A를 자극한 결과로 심장 박동의 빈도가 높아졌음을 알 수 있다.
A는 교감 신경, B는 부교감 신경이다. 두 신경은 서로 길항적으로 작용한다.
→ ㄷ 정답

ㄱ. 교감 신경의 신경절 이후 뉴런의 축삭 돌기 말단에서는 노르에피네프린이 분비된다. (X)
ㄴ. ㉠이 작용하면 심장 세포에서의 활동 전위 발생 빈도가 증가한다. (X)
ㄹ. 교감 신경은 신경절 이전 뉴런이 신경절 이후 뉴런보다 짧다. (O)
ㅁ. 심장에 연결된 부교감 신경의 신경절 이전 뉴런의 신경 세포체는 연수에 존재한다. (X)

정답 : ㄷ, ㄹ

그림 (가)는 동공의 크기 조절에 관여하는 말초 신경이 중추 신경계에 연결된 경로를, (나)는 무릎 반사에 관여하는 말초 신경이 중추 신경계에 연결된 경로를 나타낸 것이다.

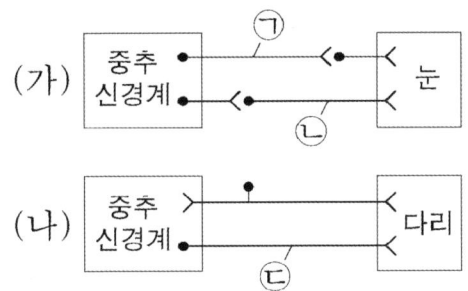

이에 대한 설명으로 옳은 것만을 <보기>에서 있는 대로 고르시오.

〈 보 기 〉

ㄱ. ㉠~㉢은 모두 자율 신경계에 속한다.
ㄴ. ㉠과 ㉡의 말단에서 분비되는 신경 전달 물질은 같다.
ㄷ. 무릎 반사의 중추는 척수이다.
ㄹ. ㉡의 말단에서 분비되는 신경 전달 물질은 노르에피네프린이다.
ㅁ. ㉠의 신경 세포체는 척수에 존재한다.

㉠은 부교감 신경의 신경절 이전 뉴런, ㉡은 교감 신경의 신경절 이후 뉴런이다. 교감 신경과 부교감 신경만 자율 신경에 속한다. ㉢은 체성 신경이다.
→ ㄱ 오답

㉠의 말단에서는 아세틸콜린이, ㉡의 말단에서는 노르에피네프린이 분비된다.
→ ㄴ 오답, ㄹ 정답

ㄷ. 무릎 반사의 중추는 척수이다. (○)
ㅁ. 눈으로 연결되는 부교감 신경에서 신경절 이전 뉴런의 신경 세포체는 중간뇌에 존재한다. (X)

정답 : ㄷ, ㄹ

01 2015학년도 9월 평가원 11번

그림은 무릎 반사가 일어나는 과정에서 흥분 전달 경로를 나타낸 것이다.

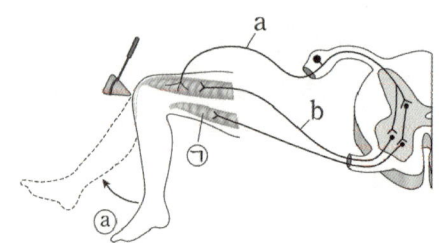

이에 대한 설명으로 옳은 것만을 <보기>에서 있는 대로 고르시오.

─────── <보 기> ───────

ㄱ. 신경 a의 축삭 돌기에서 $Na^+ - K^+$ 펌프를 통해 K^+이 세포 안으로 유입된다.

ㄴ. 신경 b에서 흥분의 이동은 도약 전도를 통해 일어난다.

ㄷ. ⓐ가 일어나는 동안 ㉠의 근육 원섬유 마디에서 $\dfrac{\text{A대의 길이}}{\text{I대의 길이}}$ 가 커진다.

02 2018학년도 9월 평가원 13번

그림은 자극에 의한 반사가 일어나 근육 ⓐ가 수축할 때 흥분 전달 경로를 나타낸 것이다.

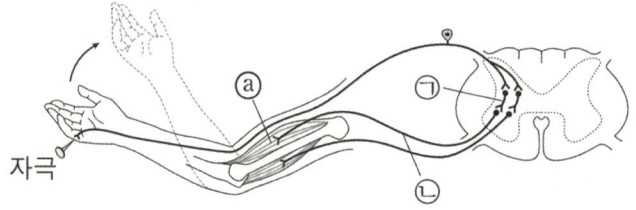

이에 대한 설명으로 옳은 것만을 <보기>에서 있는 대로 고르시오.

─────── <보 기> ───────

ㄱ. ㉠은 연합 뉴런이다.

ㄴ. ㉡의 신경 세포체는 척수의 회색질(회백질)에 존재한다.

ㄷ. ⓐ의 근육 원섬유 마디에서 $\dfrac{\text{A대의 길이}}{\text{I대의 길이}+\text{H대의 길이}}$ 가 작아진다.

03 2022학년도 9월 평가원 2번

그림은 무릎 반사가 일어날 때 흥분 전달 경로를 나타낸 것이다. A와 B는 감각 뉴런과 운동 뉴런을 순서 없이 나타낸 것이다.

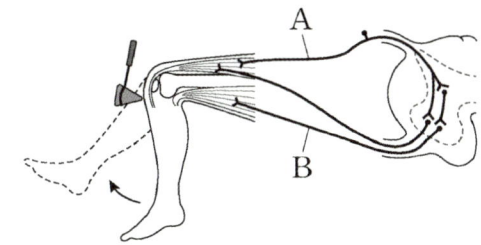

이에 대한 설명으로 옳은 것만을 <보기>에서 있는 대로 고르시오.

───────────── <보 기> ─────────────

ㄱ. A는 감각 뉴런이다.

ㄴ. B는 자율 신경계에 속한다.

ㄷ. 이 반사의 중추는 뇌줄기를 구성한다.

04 2023학년도 수능 5번

그림은 자극에 의한 반사가 일어날 때 흥분 전달 경로를 나타낸 것이다.

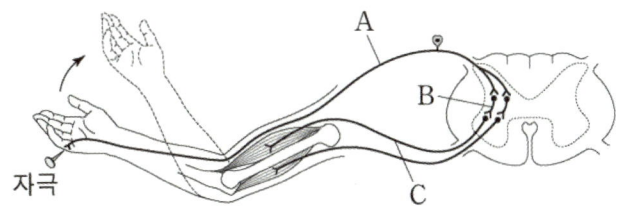

이에 대한 설명으로 옳은 것만을 <보기>에서 있는 대로 고르시오.

───────────── <보 기> ─────────────

ㄱ. A는 운동 뉴런이다.

ㄴ. C의 신경 세포체는 척수에 있다.

ㄷ. 이 반사 과정에서 A에서 B로 흥분의 전달이 일어난다.

05 2018학년도 수능 13번

그림은 중추 신경계로부터 말초 신경을 통해 심장과 다리 골격근에 연결된 경로를 나타낸 것이다.

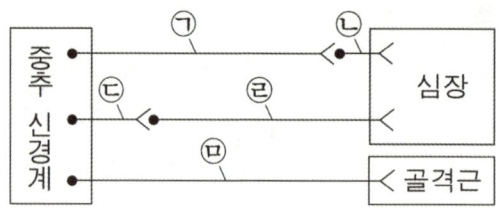

이에 대한 설명으로 옳은 것만을 <보기>에서 있는 대로 고르시오.

———————————— <보 기> ————————————

ㄱ. ㉠의 신경 세포체는 연수에 있다.

ㄴ. ㉡과 ㉢의 말단에서 분비되는 신경 전달 물질은 같다.

ㄷ. ㉤은 후근을 통해 나온다.

06 2019학년도 수능 12번

그림은 중추 신경계로부터 자율 신경을 통해 위와 방광에 연결된 경로를 나타낸 것이다.

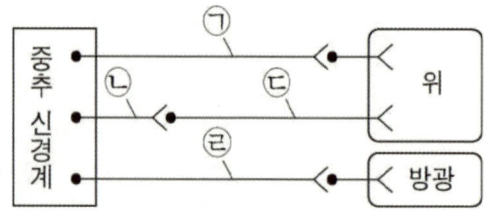

이에 대한 설명으로 옳은 것만을 <보기>에서 있는 대로 고르시오.

———————————— <보 기> ————————————

ㄱ. ㉠은 말초 신경계에 속한다.

ㄴ. ㉠과 ㉢의 말단에서 분비되는 신경 전달 물질은 같다.

ㄷ. ㉣의 신경 세포체는 연수에 존재한다.

07 2020학년도 6월 평가원 11번

그림은 (가)는 심장 박동을 조절하는 자율 신경 A와 B를, (나)는 A와 B 중 하나를 자극했을 때 심장 세포에서의 활동 전위가 발생하는 빈도의 변화를 나타낸 것이다.

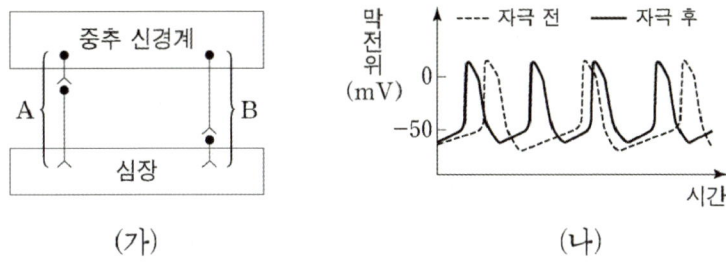

(가)   (나)

이에 대한 설명으로 옳은 것만을 <보기>에서 있는 대로 고르시오.

───────────── <보 기> ─────────────

ㄱ. A는 말초 신경계에 속한다.

ㄴ. B의 신경절 이전 뉴런의 신경 세포체는 척수에 존재한다.

ㄷ. (나)는 A를 자극했을 때의 변화를 나타낸 것이다.

---

08 2020년 3월 교육청 6번

그림은 사람에서 중추 신경계와 심장이 자율 신경으로 연결된 모습의 일부를 나타낸 것이다. A와 B는 각각 연수와 중간뇌 중 하나이고, ㉠과 ㉡ 중 한 부위에 신경절이 있다.

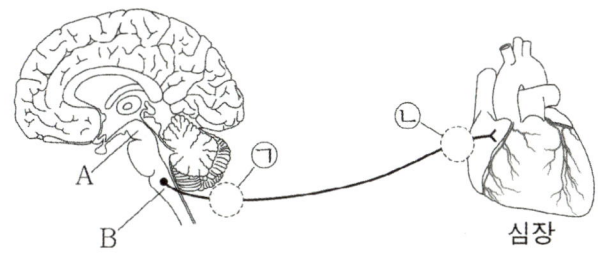

이에 대한 옳은 설명만을 <보기>에서 있는 대로 고르시오.

───────────── <보 기> ─────────────

ㄱ. A는 동공 반사의 중추이다.

ㄴ. B는 중간뇌이다.

ㄷ. ㉠에 신경절이 있다.

그림은 중추 신경계로부터 자율 신경을 통해 심장과 위에 연결된 경로를, 표는 ㉠이 심장에, ㉡이 위에 각각 작용할 때 나타나는 기관의 반응을 나타낸 것이다. ⓐ는 '억제됨'과 '촉진됨' 중 하나이다.

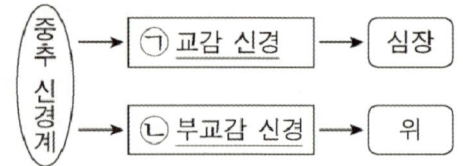

기관	반응
심장	심장 박동 촉진됨
위	소화 작용 (ⓐ)

이에 대한 설명으로 옳은 것만을 <보기>에서 있는 대로 고르시오.

<보 기>

ㄱ. ㉠은 신경절 이전 뉴런이 신경절 이후 뉴런보다 짧다.

ㄴ. ㉡은 감각 신경이다.

ㄷ. ⓐ는 '억제됨'이다.

그림 (가)는 동공의 크기 조절에 관여하는 교감 신경과 부교감 신경이 중추 신경계에 연결된 경로를, (나)는 빛의 세기에 따른 동공의 크기를 나타낸 것이다. ⓐ와 ⓑ에 각각 하나의 신경절이 있으며, ㉠과 ㉣의 말단에서 분비되는 신경 전달 물질은 같다.

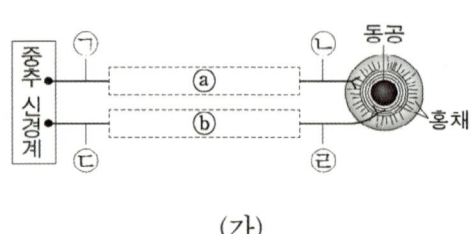
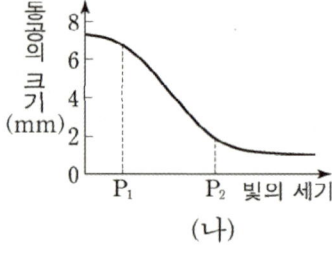

(가)   (나)

이에 대한 설명으로 옳은 것만을 <보기>에서 있는 대로 고르시오.

<보 기>

ㄱ. ㉠의 신경 세포체는 척수의 회색질에 있다.

ㄴ. ㉡의 말단에서 분비되는 신경 전달 물질의 양은 P_2일 때가 P_1일 때보다 많다.

ㄷ. ㉣의 말단에서 분비되는 신경 전달 물질은 노르에피네프린이다.

11 2021년 3월 교육청 5번

그림은 동공 크기의 조절에 관여하는 자율 신경이 중간뇌에, 심장 박동의 조절에 관여하는 자율 신경이 연수에 연결된 경로를 나타낸 것이다. ⓐ와 ⓑ에는 각각 하나의 신경절이 있다.

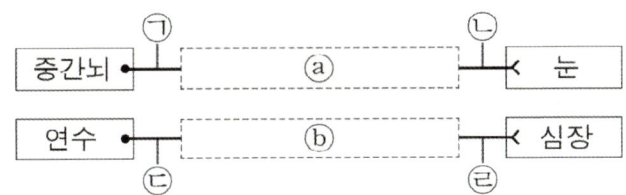

이에 대한 옳은 설명만을 <보기>에서 있는 대로 고르시오.

――――――――――― <보 기> ―――――――――――

ㄱ. ㉠은 부교감 신경을 구성한다.

ㄴ. ㉡과 ㉢의 말단에서 모두 아세틸콜린이 분비된다.

ㄷ. ㉣의 말단에서 심장 박동을 촉진하는 신경 전달 물질이 분비된다.

12 2021년 7월 교육청 10번

그림은 중추 신경계로부터 말초 신경을 통해 소장과 골격근에 연결된 경로를, 표는 뉴런 ⓐ~ⓒ의 특징을 나타낸 것이다. ⓐ~ⓒ는 ㉠~㉢을 순서 없이 나타낸 것이다.

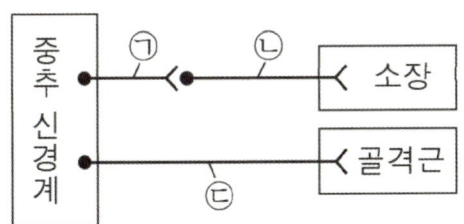

구분	특징
ⓐ	?
ⓑ	체성 신경계에 속한다.
ⓒ	축삭 돌기 말단에서 노르에피네프린이 분비된다.

이에 대한 설명으로 옳은 것만을 <보기>에서 있는 대로 고르시오.

――――――――――― <보 기> ―――――――――――

ㄱ. ⓐ는 ㉡이다.

ㄴ. ㉠의 신경 세포체는 척수에 있다.

ㄷ. ㉢은 운동 신경이다.

다음은 자율 신경 A에 의한 심장 박동 조절 실험이다.

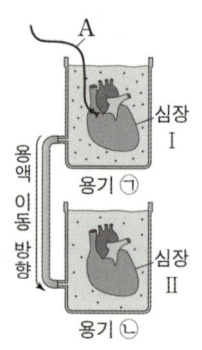

[실험 과정]

(가) 같은 종의 동물로부터 심장 I과 II를 준비하고, II에서만 자율 신경을 제거한다.

(나) I과 II를 각각 생리식염수가 담긴 용기 ㉠과 ㉡에 넣고, ㉠에서 ㉡으로 용액이 흐르도록 두 용기를 연결한다.

(다) I에 연결된 A에 자극을 주고 I과 II의 세포에서 활동 전위 발생 빈도를 측정한다. A는 교감 신경과 부교감 신경 중 하나이다.

[실험 결과]

◦ A의 신경절 이후 뉴런의 축삭 돌기 말단에서 물질 ㉮가 분비되었다. ㉮는 아세틸콜린과 노르에피네프린 중 하나이다.

◦ I과 II의 세포에서 측정한 활동 전위 발생 빈도는 그림과 같다.

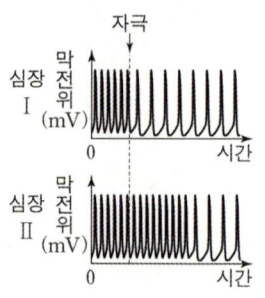

이 자료에 대한 설명으로 옳은 것만을 <보기>에서 있는 대로 고르시오. (단, 제시된 조건 이외는 고려하지 않는다.)

<보 기>

ㄱ. A는 말초 신경계에 속한다.

ㄴ. ㉮는 노르에피네프린이다.

ㄷ. (나)의 ㉡에 아세틸콜린을 처리하면 II의 세포에서 활동 전위 발생 빈도가 증가한다.

표는 사람의 자율 신경 Ⅰ ~ Ⅲ의 특징을 나타낸 것이다. (가)와 (나)는 척수와 뇌줄기를 순서 없이 나타낸 것이고, ㉠은 아세틸콜린과 노르에피네프린 중 하나이다.

자율 신경	신경절 이전 뉴런의 신경 세포체 위치	신경절 이후 뉴런의 축삭 돌기 말단에서 분비되는 신경 전달 물질	연결된 기관
Ⅰ	(가)	아세틸콜린	위
Ⅱ	(가)	㉠	심장
Ⅲ	(나)	㉠	방광

이에 대한 설명으로 옳은 것만을 <보기>에서 있는 대로 고르시오.

─────────── <보 기> ───────────

ㄱ. (가)는 뇌줄기이다.

ㄴ. ㉠은 노르에피네프린이다.

ㄷ. Ⅲ은 부교감 신경이다.

15 2025학년도 6월 평가원 7번

그림은 중추 신경계로부터 자율 신경 A와 B가 방광에 연결된 경로를, 표는 A와 B가 각각 방광에 작용할 때의 반응을 나타낸 것이다.

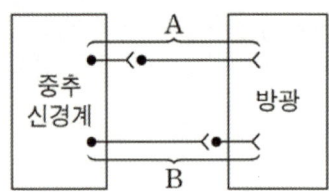

자율 신경	반응
A	방광 확장(이완)
B	방광 수축

이에 대한 설명으로 옳은 것만을 <보기>에서 있는 대로 고르시오.

<보 기>

ㄱ. A의 신경절 이후 뉴런의 축삭 돌기 말단에서 노르에피네프린이 분비된다.

ㄴ. B의 신경절 이전 뉴런의 신경 세포체는 척수에 있다.

ㄷ. A와 B는 모두 말초 신경계에 속한다.

04 호르몬과 항상성

추론형 유형을 제외하면 **가장 까다로운 PART 중 하나**인 PART 4. 호르몬과 항상성이다.

이번 PART에서 출제되는 문항 수는 두 개 혹은 세 개로
UNIT 3에서 가장 많은 문항이 출제되는 PART다.
출제되는 주제는 혈당량/체온/삼투압/티록신의 조절 과정으로,
네 가지 모두가 단독 주제로 출제될 수 있고 **문항의 난도는 제시되는 자료가 결정**한다.

이번 PART에서 출제되는 자료해석형 문항들은 시험지에서 차지하는 존재감이 상당히 크다.
추론형 문항만큼 어렵지는 않더라도 자료를 해석하여 알아내야 하는
선지 한두 개가 학습자를 귀찮게 할 수 있다.
빈출 자료에서 묻는 내용들에 대해 확실히 정리하고 개념과 자료를 잘 연결 짓는 것이 중요하다.

이번 PART는 네 개의 THEME로 구성했다.

❶ THEME 01. 항상성 유지의 원리
❷ THEME 02. 혈당량의 조절 과정
❸ THEME 03. 체온의 조절 과정
❹ THEME 04. 삼투압의 조절 과정

THEME 01. 항상성 유지의 원리에서는 호르몬과 항상성 조절 과정에 대해 다룬다.
길항작용과 음성 피드백에 대해서 알고, 티록신의 조절 과정에 대한 해석이 필요하다.
특히 티록신의 조절 과정의 경우 자료에 따라서 까다롭게 출제될 수 있다.
문제의 난도와 무관하게 해석하는 데 시간이 많이 소모될 수 있는 유형이기도 하다.
기존에 출제되었던 자료들을 빠르고 정확하게 해석할 수 있도록 연습하자.

THEME 02.~THEME 04. 혈당량, 체온, 삼투압의 조절 과정에서는
각 조절 과정에서 신경과 호르몬의 작용을 다룬다.
문항에서는 각 조절 과정에 대한 암기를 기반으로 한 자료의 해석을 요구한다.

모든 교과서에 나와 있는 조절 과정에 대한 도식과 자주 묻는 선지들에 대해서 확실히 암기하여야 한다.
예를 들어, 체온 조절 과정에는 부교감 신경이 관여하지 않는다. 호르몬과 교감 신경의 활성화로 조절한다.

THEME 01. 항상성 유지의 원리

항상성 유지의 원리에서는 주로 **티록신의 음성 피드백에 대한 자료해석형 문항이 출제**된다.
티록신 문항의 경우 자료의 볼륨에 비해 **시간이 많이 소요되고 학습자들을 귀찮게 할 수 있는 유형**이다.

호르몬의 종류와 기능은 다음 THEME에서 다룰 조절 과정의 개념적 Base가 된다.
이번 THEME에서는 먼저 **암기할 내용을 제시**한다. 호르몬의 정의와 기본적인 호르몬에 대해 암기하고 개념을 다지자.

티록신의 음성 피드백 문항의 경우 이전 교육과정에서 거의 다루어지지 않은 주제였다. 다만 이번 교육과정에서는 평가원에서도, 사설에서도 힘주어 다루는 유형 중 하나가 되었다. 예전 기출 문제들만 보고 너무 안심하지 말고 최근의 흐름에 맞추어 대비하자.

(1) 항상성

사람은 외부의 환경이 변해도 혈당량, 체온, 혈장 삼투압 등 체내 환경을 일정하게 유지하려는 성질을 가진다.
이를 **항상성의 유지**라고 한다. UNIT 1. 생물의 특성에서 간단하게 다룬 적이 있는 내용이다.

항상성 유지의 중추는 간뇌의 시상 하부다. 시상 하부(간뇌)는 항상성 유지를 위해 **자율 신경계와 호르몬을 사용**한다.

(2) 자율 신경과 호르몬

호르몬은 내분비샘에서 생성되어 혈액으로 분비되는 물질로, 대부분 일종의 단백질이다.
혈액을 통해 이동하다가 표적세포에만 작용하여 생리작용을 조절한다.
선지에서는 외분비샘과의 구분을 묻기도 한다.

외분비샘과 호르몬이 나오는 내분비샘의 가장 큰 차이점은 **분비관의 유무**다. 헷갈리지 않도록 표로 정리하자.

구분	외분비샘	내분비샘
그림 자료		
분비관	○	X
분비샘	침샘, **이자**, 땀샘 등	시상 하부, 뇌하수체, **이자** 등
분비물	소화액, 땀 등	호르몬
특징	이자는 호르몬과 소화액을 모두 분비한다. 즉, **외분비샘이자 내분비샘**이다.	별도의 분비관 없이 바로 혈액으로 분비, 혈액을 통해 이동한다.

항상성의 유지를 위한 조절 과정에서는 **자율 신경과 호르몬이 모두 사용**된다.
구체적인 조절 과정과 관련 자료는 이어지는 THEME에서 학습하도록 하자.

선지에서 가끔 **호르몬과 자율 신경의 차이**에 대해서 묻기도 한다. 이것도 표로 정리하고 넘어가자.

구분	신경	호르몬
전달 경로	신경 세포	혈액
효과 범위	좁다 (신경이 연결된 부위에 작용한다)	넓다 (표적 세포들에 작용한다)
효과의 지속성	짧다	길다
전달 속도	빠르다	느리다

(3) 암기해야 하는 호르몬

우리 몸에는 많은 내분비샘과 호르몬들이 있다.
일부 개념서들은 호르몬의 종류들을 이삼십 개씩 나열하는 경우가 종종 있다. **다 외울 필요는 절대 없다.**
티록신/혈당량/체온/삼투압의 조절 과정과 무관한 호르몬을 묻는 문항이 출제될 확률은 지금으로써는 매우 적다.

문항에서 직접적으로 다루어지는 기본적인 호르몬들에 대해 정리하겠다.

호르몬	내분비샘	관련 조절 과정	표적 기관
TRH	시상 하부	티록신의 음성 피드백, 체온	뇌하수체 전엽
TSH	뇌하수체 전엽	티록신의 음성 피드백, 체온	갑상샘
티록신	갑상샘	티록신의 음성 피드백, 체온	간[9]
인슐린	이자 (β세포)	혈당량	간
글루카곤	이자 (α세포)	혈당량	간
에피네프린	부신 속질	혈당량, 체온	간
당질 코르티코이드	부신 겉질	혈당량	간
ADH	뇌하수체 후엽	삼투압	콩팥

---

9) 티록신, 인슐린, 글루카곤, 에피네프린, 당질 코르티코이드와 관련해서 가끔 "근육 세포"라는 워딩이 등장하기도 한다.
　표적 기관은 일반적으로 간이지만 가끔 근육 세포에도 수용체가 존재하여 같은 작용을 한다.

다만, 교육과정 내에 존재하는 다른 호르몬들에 대해 조금 더 공부하고 싶거나 지엽적인 사설 문제까지 다 준비하고 싶은 학습자들을 위해 호르몬에 대해 알아두면 좋을 몇 가지를 더 정리하겠다. 중요도는 이전의 표보다 떨어진다.

❶ 전달하는 호르몬과 작용하는 호르몬 : 시상 하부는 신경이나 호르몬으로 체내 환경을 조절한다. 이 과정에서 시상 하부가 신경을 통해 직접 내분비샘을 자극해서 작용하는 호르몬이 나올 수도 있지만, 시상 하부가 전달하는 호르몬을 분비하여 다른 내분비샘으로 신호를 전달하기도 한다.
티록신을 예시로 들면, TRH와 TSH는 갑상샘에게 신호를 전달하는 호르몬이라고 할 수 있다. 최종적으로 표적으로 하는 기관에 작용하는 호르몬은 티록신이다. 시상 하부가 뇌하수체 전엽을 자극하고, 자극된 뇌하수체 전엽이 갑상샘에서 티록신의 분비를 촉진하는 식이다.

❷ 코르티코이드 : 부신 겉질 호르몬을 코르티코이드라고 한다. 가끔 사설 선지에서 당질 코르티코이드 대신 코르티코이드라는 워딩을 쓰기도 하는데 무기질 코르티코이드가 따로 존재하기 때문이다. 무기질 코르티코이드도 부신 겉질에서 분비되는 호르몬이다. 자세히 알 필요는 없다.

❸ 성호르몬 : 성호르몬은 GnRH – GTH – 성호르몬의 단계를 거쳐 분비된다. 남성은 정소에서 테스토스테론이, 여성은 난소에서 에스트로젠과 프로게스테론이 분비된다. 참고로 성호르몬은 단백질이 아닌 스테로이드(지질)성 호르몬이다. GnRH와 GTH는 전달하는 호르몬인데, 알 필요는 없다.

❹ 생장호르몬 : GRH – 생장호르몬의 단계로 분비된다. GRH는 전달하는 호르몬인데, 마찬가지로 몰라도 된다.

❺ 글루카곤/에피네프린/당질 코르티코이드 : 글루카곤, 에피네프린, 당질 코르티코이드는 모두 혈당량 조절 과정에서 등장하는 호르몬들이다. 혈당량이 낮을 때 혈당량을 높이는 호르몬 들인데. 작용 과정과 기능은 각각 다르다. 이는 혈당량의 조절 과정에서 언급하겠다.

(4) 내분비계 질환

호르몬 분비나 표적 기관의 반응에 이상이 생기면 내분비계 질환이 발생한다. 교육과정 내에서 알아둬야 할 내분비계 질환에 대해 정리하겠다. 참고로 당뇨병은 대사성 질환이기도 하면서 내분비계 질환이기도 하다.

질환	원인	증상
제1형 당뇨병	인슐린 분비량 저하	혈당량이 감소하지 않음
제2형 당뇨병	인슐린 수용체의 민감도 저하	혈당량이 감소하지 않음
갑상샘 기능 항진증	티록신 분비량 과다	체중 감소
갑상샘 기능 저하증	티록신 분비량 저하	체중 증가
거인증	생장호르몬 분비량 과다	신장이 비정상적으로 큼
왜소증	생장호르몬 분비량 저하	신장이 비정상적으로 작음
요붕증	ADH 분비량 저하	오줌량 증가

특히 당뇨병의 경우는 혈당량의 조절 과정에서 자주 등장한다. THEME 02에서 더 자세히 정리하자.

(5) 길항작용과 음성 피드백

호르몬의 조절 과정에서는 **길항작용과 음성 피드백**이라는 개념이 등장한다.

학습자들은 각각의 **정의보다는 예시로 더 친숙할 개념**이다. 대표적인 예시로 각각 인슐린-글루카곤과 티록신의 음성 피드백이 있다.

정의를 정확하게 알지 못해도 친숙한 대표 예시들로 출제되기에 대부분의 문항을 푸는 데는 크게 문제가 없다. 그러나, 약간 틀어서 선지에서 **인슐린-에피네프린의 관계를 묻기만 해도** 개념의 Base가 약한 학습자들은 멈칫하게 될 것이다. 조금 더 깊게 파고드는 문항이 나와도 해결할 수 있도록 개념을 명확하게 정리하자.

길항작용이란, **두 가지 요인이 같은 기관에 서로 반대 작용을 하여 서로의 효과를 상쇄하는 관계**를 말한다.
대표적으로 교감 신경-부교감 신경의 관계, 인슐린-글루카곤의 관계가 있다.
정의에 따르면 앞서 서술한 **인슐린-에피네프린의 관계는 길항작용에 해당**한다. 같은 기관(간, 근육 세포)에 대하여 한쪽은 혈당량이 높이고 한쪽은 혈당량을 낮추는, 서로의 효과를 상쇄하는 관계이기 때문이다.

대표적인 예시들을 제외하면 문항에서 만날 확률은 매우 낮다. 다만 혹시라도 다른 예시로 길항작용의 여부를 묻는다면 앞서 서술한 정의로 판단하자.

음성 피드백이란, **기준을 두고 현재 상태를 측정하고, 현재 상태와 반대되는 방향으로 조절하여 기준에 가깝게 유지하려는 현상**이다. 대표적으로 티록신의 음성 피드백이 있다. 티록신의 음성 피드백은 단독 문항으로 출제되는 주제이니 뒤에서 자세히 설명하겠다.

참고로 양성 피드백도 있다. 현재 상태와 같은 방향으로 조절하는 현상으로, 자궁수축호르몬인 옥시토신이 양성 피드백으로 조절된다. 다만 평가원에서 이를 문항으로 다룬 적은 없다. 대부분의 호르몬은 음성 피드백으로 조절된다.

요약하면 길항작용은 서로 상쇄하는 관계, 음성 피드백은 조절 시스템이라고 할 수 있겠다.

(6) 티록신의 음성 피드백

티록신의 음성 피드백은 자주 출제되는 주제 중 하나다. 티록신의 구체적인 기능은 간과 근육 세포에서 세포 호흡을 촉진하는 것으로, 세포 호흡의 결과로 열이 함께 발생하여 체온이 상승한다.

티록신의 조절 과정은 음성 피드백으로 조절되는데, 시상 하부와 뇌하수체 전엽은 티록신의 표적 기관으로 티록신의 양을 일정하게 조절하는 역할을 한다. 각 기관이 분비하는 호르몬과 각 기관에 존재하는 수용체에 대해 정리하자.

구분	분비하는 호르몬	존재하는 수용체
시상 하부	TRH	티록신
뇌하수체 전엽	TSH	TRH, 티록신
갑상샘	티록신	TSH
간	없음	티록신

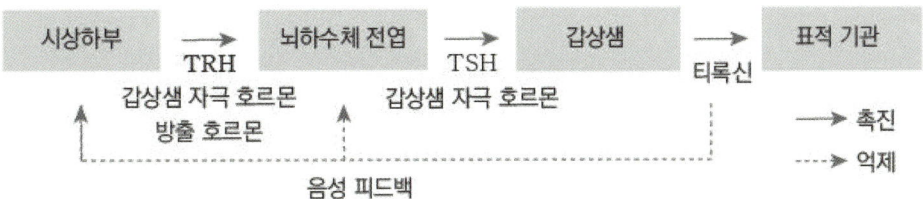

주의해야 할 점은 티록신의 수용체는 간뿐만 아니라 시상 하부와 뇌하수체 전엽에도 있다는 점이다. 아직 문항에서 직접 물어본 적은 없지만, 충분히 출제 가능한 선지이므로 주의하자.

METHOD. 【음성 피드백과 호르몬 분비 조절 이상】

21학년도 수능 19번 [211119]에서 가볍게 관련 내용을 다룬 적이 있으나 기존 기출에서는 아직 제대로 다뤄진 내용은 아니다.

다만, 수능 특강과 다른 생명과학 Contents들에서는 자주 접할 수 있는 유형이다. 관련해서 참고할 만한 많은 문항이 시중에 존재하므로 앞으로 평가원에서도 주요 자료해석형 문제로 힘주어 출제할 수 있다고 판단했다.

그래서, 이번 METHOD에서는 기출에서 이미 다뤄진 내용과 아직 **다뤄지지 않았지만 앞으로 다뤄질 수 있는 주요 내용들**을 포괄하여 다루겠다. 자료해석의 순서와 방법에 대해 숙지하고 예시 문항으로 연습하자.

(1) METHOD #1. 【음성 피드백과 호르몬 분비 조절 이상】 유형 확인

다음과 같은 문항 구성을 확인하여 유형을 확인하자.

❶ 시상 하부, 뇌하수체 전엽, 갑상샘 중 어느 한 기관에 이상이 있는 환자 3-4명
❷ TRH, TSH, 티록신이 정상보다 많음(+) 혹은 적음(-)을 자료로 제시

→ 각 환자가 어느 부위에 이상이 있는지 결정

(2) METHOD #2. 발문 확인

【음성 피드백과 호르몬 분비 조절 이상】 유형이라고 확인했다면 가장 먼저 해야 할 것은 **문제의 발문으로부터 환자의 상황 파악**이다.

다음 세 종류 중 어떤 상황인지 확인하자.

Case 1. '호르몬 분비가 적게 되는 환자'인 상황 (OR 호르몬 분비샘을 제거한 상황, 211119)
Case 2. '호르몬 분비가 많이 되는 환자'인 상황
Case 3. '호르몬 분비에 이상이 있는 환자'인 상황

발문에서 "티록신이 정상인보다 적게 분비되는" "호르몬 분비샘을 제거한" 등을 확인했다면 Case 1이다.
발문에서 "티록신이 정상인보다 많이 분비되는" 등을 확인했다면 Case 2다.
발문에서 "분비 기관에 이상이 있는" 등 어떤 이상인지 결정되지 않았음을 확인했다면 Case 3이다.

한 번 더 강조하는데, 반드시 발문을 먼저 확인하자. 발문 제대로 안 읽고 휘둘리기 쉽다.

(3) METHOD #3-1. Case 1 자료해석

Case 1으로 판단되었다면 **반드시 다음 사실을 암기하고, 보자마자 기계적으로 떠올리자.**

호르몬 분비가 적게 되는 상황에서는 이상이 있는 기관 이후로는 (−), 이전으로는 (+)다.

시상 하부 이상 = (−) 3개
뇌하수체 전엽 이상 = (−) 2개, (+) 1개
갑상샘 이상 = (−) 1개, (+) 2개

즉, (−)개수가 많을수록 더 이전의 내분비샘에 이상이 있다. (−)와 (+)의 개수로 이상이 있는 기관을 파악한다.

기계적 판단을 강조하는 이유는 쓸데없는 시간 낭비를 줄이기 위해서다.
생명과학1에서는 시간을 10초라도 줄일 수 있으면 훌륭한 풀이다.

티록신의 음성 피드백 조절에는 3개의 내분비샘과 3개의 호르몬이 관여하고 있다.

Case 1에서 시상 하부에 문제가 생겼다면 시상 하부 이후로는 호르몬 분비가 적음(−)이므로 (−) 3개다

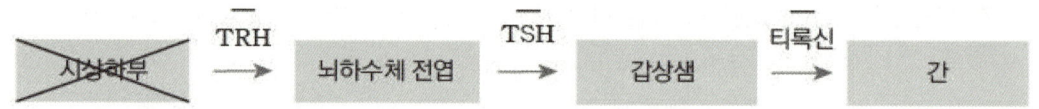

구분	TRH	TSH	티록신
시상 하부에 이상이 있는 사람	(−)	(−)	(−)

Case 1에서 뇌하수체 전엽에 문제가 생겼다면 뇌하수체 전엽이 두 번째 기관이므로 (−)는 2개다.

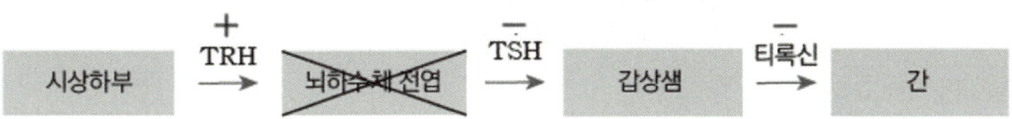

구분	TRH	TSH	티록신
뇌하수체 전엽에 이상이 있는 사람	(+)	(−)	(−)

Case 1에서 갑상샘에 문제가 생겼다면 (−)는 1개다.

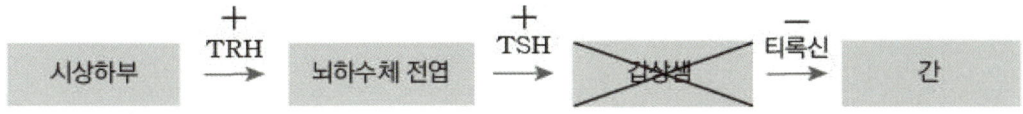

구분	TRH	TSH	티록신
갑상샘에 이상이 있는 사람	(+)	(+)	(−)

> **(−)개수가 많을수록 이전의 내분비샘에 이상이 있다.**
> **이상이 있는 기관 이후는 (−), 이전은 (+)다.**

이 명제를 바탕으로 다음 자료를 해석해보자.

Case 1 예시 문항

표는 시상 하부, 뇌하수체 전엽, 갑상샘 중 서로 다른 하나에 각각 이상이 생겨 **티록신이 정상인보다 적게 분비**되는 환자 (가)~(다)의 혈중 ㉠~ ㉢ 농도를 정상인과 비교하여 나타낸 것이다. ㉠~ ㉢은 각각 TRH, TSH, 티록신을 순서 없이 나타낸 것이다.

	㉠	㉡	㉢
(가)	−	−	+
(나)	+	?	?
(다)	?	?	−

〈보 기〉

ㄱ. (가)는 뇌하수체 전엽에 이상이 생긴 사람이다.

ㄴ. ㉢은 TSH이다.

METHOD #1. 유형 확인

호르몬의 분비에 이상이 있는 환자가 제시됨을 확인하였고, 호르몬의 분비량이 (+)와 (-)로 제시되어 있다. 【음성 피드백과 호르몬 분비 조절 이상】 유형이다.

METHOD #2. 발문 확인

발문을 통해 '티록신이 정상인보다 적게 분비되는' 환자임을 확인한다.
티록신이 정상인보다 적게 분비되는 경우는 Case 1이다.

METHOD #3-1. Case 1 자료해석

(가)는 (-) 2개, (+) 1개. **기계적으로** 두 번째 내분비샘인 뇌하수체 전엽이 이상하다고 판단하자.
뇌하수체 전엽 이전은 (+), 이후는 (-). 즉 (+)인 ㉢이 TRH다.

∴ (가) = 뇌하수체 전엽 이상, ㉢ = TRH

나머지 (나)와 (다) 중 시상 하부가 이상한 환자는 (-)가 3개일 것이고 갑상샘이 이상한 환자는 (-)가 1개일 것이다.
(나)는 이미 (+)가 하나 있으므로 시상 하부가 이상한 경우는 될 수가 없다.

∴ (나) = 갑상샘 이상, (다)=시상 하부 이상
∴ ㉠ = TSH, ㉡ = 티록신

구분	㉠ TSH	㉡ 티록신	㉢ TRH
(가) 뇌하수체	-	-	+
(나) 갑상샘	+	-	+
(다) 시상 하부	-	-	-

선지 판단

ㄱ. (가)는 뇌하수체 전엽에 이상이 생긴 사람이다. (○)
ㄴ. ㉢은 TRH이다.

정답 : ㄱ

(4) METHOD #3-2. Case 2 자료해석

호르몬 분비가 많이 되는 상황에서는 이상이 있는 기관 이후로의 호르몬은 (+), 이전으로는 (−)다.
즉, (+)개수가 많을수록 이전의 내분비샘에 이상이 있다.

> **(+)개수가 많을수록 이전의 내분비샘에 이상이 있다.**
> **이상이 있는 기관 이후는 (+), 이전은 (−)다.**

이후의 내용은 Case 1과 정확히 반대다.
마찬가지로 (+)와 (−) 개수를 보고 기계적으로 판단할 수 있게끔 연습하자.

다음 표는 각 기관에서 호르몬이 많이(+) 혹은 적게(−) 분비되는 경우의 FULL SET이다. 참고하자.

구분	TRH	TSH	티록신
A. 시상 하부 +	+	+	+
B. 시상 하부 −	−	−	−
C. 뇌하수체 전엽 +	−	+	+
D. 뇌하수체 전엽 −	+	−	−
E. 갑상샘 +	−	−	+
F. 갑상샘 −	+	+	−

(5) METHOD #3-3. Case 3 자료해석

환자들의 호르몬 분비에 어떤 이상이 있는지 모르는 상황은 조금 다르다.

기출로는 제시된 적이 없지만 2022 수능특강에서 Case 3형태로 문항이 출제된 적이 있고, 앞으로 충분히 평가원에서 다룰 수 있는 형태라고 판단한다.

기본적으로 이전의 Case보다 경우의 수가 많다.
호르몬 분비에 어떤 이상이 있는지 모르는 경우에서는 다음 6가지 경우가 모두 나올 수 있다.

구분	TRH	TSH	티록신
A. 시상 하부 +	+	+	+
B. 시상 하부 −	−	−	−
C. 뇌하수체 전엽 +	−	+	+
D. 뇌하수체 전엽 −	+	−	−
E. 갑상샘 +	−	−	+
F. 감상샘 −	+	+	−

평소 보던 문항보다 추론의 난도가 높아서 시험지에서 만날 경우 학습자에게 복병이 될 수 있다.

METHOD #2에서 Case 3로 판단했다면, 다음 사실들을 꼭 기억하자.

Case 3에서 TRH와 티록신은 추가적인 정보 없이는 절대 구분할 수 없다.

* TRH와 티록신의 구분이 불가능하면 문제를 풀 수 없으므로,
  출제자는 반드시 TRH와 티록신 중 하나를 어떤 형태로든 결정해줄 수밖에 없다.

* TSH는 유일하게 추가 조건 없이 결정할 수 있는 경우가 있지만 많은 정보를 (?) 형태로 숨긴다면 이것도 결정할 수 없어 출제자는 정보를 많이 숨길 수도 없다. 또 반드시 결정할 수 있는 것도 아니다. 그래도 출제가 된다면 결정할 수 있게끔 출제할 것이다.

다음 사실들을 이해해야 문제를 빠르게 풀 수 있다.
❶ 위의 FULL SET에서 A와 B는 제시되어도 호르몬끼리 구분할 수 없으므로 도움이 안 된다.
❷[10]나머지 C, D, E, F는 각각 (−)와 (+)가 2개 OR 1개인 경우인데, 이 때 (+)와 (−) 중 1개인 쪽은 반드시 TRH OR 티록신이다.
❸ C, D, E, F 간의 비교를 통해 TRH OR 티록신인 호르몬 두 개를 구별하면, 나머지 하나가 TSH로 결정된다.
❹ 문항의 추가 정보를 통해 TRH와 티록신 중 하나가 결정되면 자료가 완벽하게 해석된다.

---

10) 글로 쓰는 것의 한계로 문장이 어려울 수 있다.
   차분하게 이해하려고 노력해보고, 대략적으로 이해했다면 뒤의 예시 문항으로 연습해보자.

METHOD #3-3에서 구체적 풀이의 순서는 다음과 같다.

❶ (+),(−)가 2개, 1개로 나뉜 환자의 비교를 통한 **TSH의 결정**
❷ 추가 조건을 통해 티록신과 TRH 구분 지어 **호르몬 매칭**
❸ 환자의 호르몬 상태와 발문의 정보(서로 다른 기관에 이상이 있다 등)를 통해 **각 환자를 A~F 중 하나로 각각 결정**

METHOD #3-3의 순서를 대략적으로 이해했다면, 다음 예시 문항으로 연습해보자.

Case 3 예시 문항

표는 시상 하부, 뇌하수체 전엽, 갑상샘 중 서로 다른 하나에 각각 <u>이상이 있는 환자</u> (가)~(다)의 혈중 ㉠~ ㉢ 농도를 정상인과 비교하여 나타낸 것이다. ㉠~ ㉢은 각각 TRH, TSH, 티록신을 순서 없이 나타낸 것이다. (나)는 티록신 분비가 정상인보다 증가한 환자이다.

	㉠	㉡	㉢
(가)	+	−	−
(나)	+	−	+
(다)	?	−	?

〈보 기〉

ㄱ. (가)는 뇌하수체 전엽에 이상이 생긴 사람이다.
ㄴ. ㉢은 TSH이다.
ㄷ. (다)는 정상인보다 티록신이 더 많이 분비된다.

METHOD #1. 유형 확인

호르몬의 분비에 이상이 있는 환자가 제시됨을 확인하였고, 호르몬의 분비량이 (+)와 (−)로 제시되어 있다. 【음성 피드백과 호르몬 분비 조절 이상】 유형이다.

METHOD #2. 발문 확인

발문을 통해 '호르몬 분비에 이상이 있지만 어떤 이상인지 결정되지 않은' 환자임을 확인한다. Case 3이다. (가)~(다)가 서로 다른 기관에 이상이 있다는 조건도 확인하자.

(나)의 티록신이 정상인보다 많다(+)는 조건에서 표를 통해 티록신은 ㉠ or ㉢임을 확인하자.
→ TRH와 티록신을 구분 짓기 위한 추가 정보이다. 앞서 이런 **추가 정보 없이는 TRH와 티록신을 구별할 수 없다고 설명했다.**

METHOD #3-3. Case 3 자료해석

앞서 **표로 결정할 수 있는 건 TSH뿐이라고 설명했다.**
(가)에서 (+)가 ㉠ 1개이므로 ㉠은 TRH or 티록신이다.
(나)에서 (−)가 ㉡ 1개이므로 ㉡은 TRH or 티록신이다.
∴ ㉠, ㉡ ↔ TRH, 티록신.
∴ ㉢ = TSH

발문 확인 단계에서 티록신은 ㉠ or ㉢임을 확인했고 ㉢은 TSH로 결정되었으므로, 티록신은 ㉠으로 확정된다.
∴ ㉠ = 티록신, ㉡ = TRH

호르몬을 결정했으므로 호르몬의 (+), (−)를 바탕으로 각 환자의 상태를 판단해보자.
(가)는 갑상샘에서 분비량이 증가한 환자이다.
(나)는 뇌하수체 전엽에서 분비량이 증가한 환자이다.
발문에서 '서로 다른 기관에 이상이 있다'고 하였고 (다)의 TRH가 (−)이므로, (다)는 시상 하부에서 분비량이 감소한 환자이다
[11])∴ (가) = E, (나) = C, (다) = B

	㉠ 티록신	㉡ TRH	㉢ TSH
(가) E	+	−	−
(나) C	+	−	+
(다) B	−	−	−

ㄱ. (가)는 갑상샘에 이상이 생긴 환자이다, (X)
ㄴ. ㉢은 TSH이다. (○)
ㄷ. (다)는 정상인보다 티록신이 더 적게 분비된다. (X)

---

11) METHOD #3-3의 표 참고

THEME 02. 혈당량의 조절 과정

THEME 02 - THEME 04에서는 항상성 유지를 위한 조절 과정에 대해 다룬다.
교육과정 개정 이전에는 체온은 상대적으로 출제 빈도가 낮았지만, 개정 후에는 세 주제 모두 자주 출제되고
있다. 문제에서 제시하는 자료가 까다로워짐에 따라 학습자는 시간도 많이 소모되고 해석도 잘 안 될 수 있다.

조절 과정에 대한 암기와 함께 자주 묻는 개념들에 대해 정리하자.
이번 THEME에서는 어떻게 혈당량 조절 과정 자료를 해석하는 것이 정확하고 효율적인지 알아보자.

혈당량의 조절 과정에서는 두 가지의 상태(변화)가 제시된다.
(1) 혈당량이 정상 범위보다 낮을 때 [운동 or 공복 시]
(2) 혈당량이 정상 범위보다 높을 때 [식사 시]
호르몬과 신경의 작용으로 혈당량이 조절된다. 각 상태(변화)에 따라 어떤 조절 과정(반응)이 일어나는지 알아보자.

GUIDELINE.

(1) 혈당량

혈액 속의 포도당 농도를 **혈당량**이라 한다.
혈당량은 **간뇌의 시상하부**가 자율 신경을 통해 조절하거나 이자가 직접 감지해 조절한다.

(2) 혈당량 조절 과정

❶ 혈당량이 높을 때

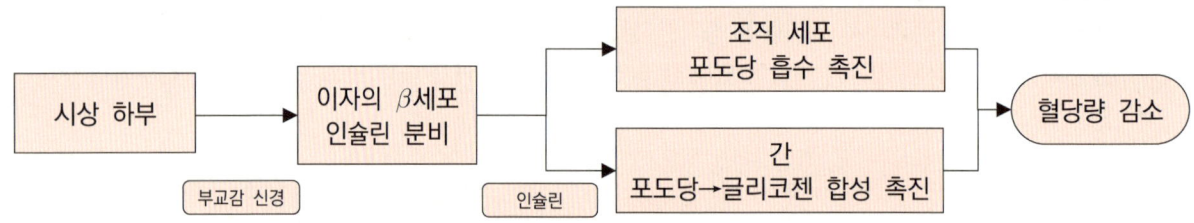

혈당량이 높으면 시상하부가 **부교감 신경**으로 이자의 **β세포**를 자극하여 **인슐린의 분비를 촉진**한다.
인슐린에 의해 **조직 세포의 포도당 흡수**와 간에서의 **글리코젠 합성**이 촉진돼 혈당량이 감소한다.

혈당량이 낮아지면 음성 피드백을 통해 인슐린의 분비가 감소한다.

❷ 혈당량이 낮을 때

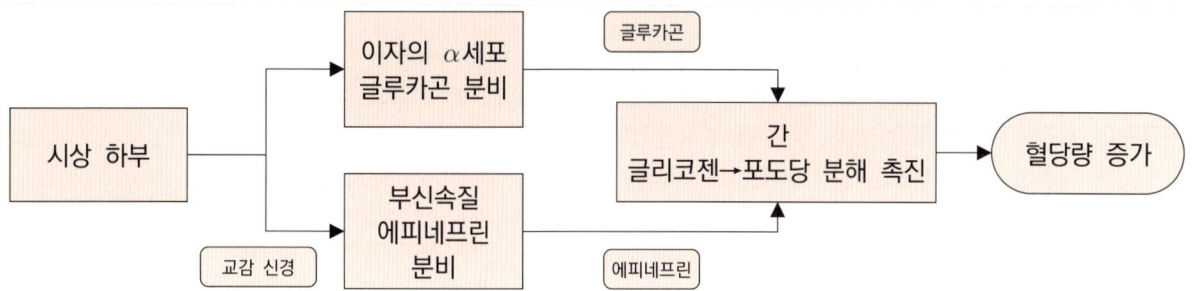

혈당량이 낮으면 시상하부가 **교감 신경**으로 이자의 α세포와 부신속질을 자극해
α**세포**에서의 **글루카곤** 분비와 **부신속질**에서의 **에피네프린**(아드레날린) 분비를 촉진한다.
글루카곤과 에피네프린은 간에서의 **글리코젠 분해**를 촉진해 혈당량을 증가시킨다.

혈당량이 증가하면 음성 피드백을 통해 글루카곤과 에피네프린의 분비가 감소한다.

❸ 그 외
참고로 당질코르티코이드는 지방과 단백질을 포도당으로 전환해 혈당량을 증가시킨다.
뇌하수체 전엽에서 분비된 ACTH가 부신 겉질에서 당질코르티코이드 분비를 촉진한다.
모든 교과서에 나오는 내용이 아니라 출제될 가능성은 희박하다.

인슐린과 글루카곤은 간에서 서로 반대 효과를 내며 **길항작용**한다.
참고로 인슐린과 에피네프린도 서로 반대 효과를 내어서 길항작용 한다고 할 수 있다.

METHOD. 【식사, 운동】

(1) METHOD #1. 【식사, 운동】 유형 확인

가로축이 시간으로 주어지고 **'식사, 운동' 등의 사건**이 주어진다.
포도당을 섭취하거나 투여하는 경우도 있는데 식사를 한 경우와 동일하게 해석하면 된다.

(2) METHOD #2. 자료해석

사건으로 인해 깨진 항상성을 회복하기 위해 인슐린과 글루카곤의 농도가 변화한다.
식사를 하면 혈당량이 올라가 인슐린 농도가 증가하고 글루카곤 농도가 감소하고,
운동을 하면 혈당량이 내려가 인슐린 농도가 감소하고 글루카곤 농도가 증가한다.

구분	인슐린	글루카곤
식사	+	−
운동	−	+

예시 문항

그림 (가)는 정상인에서 24시간 동안 시간에 따른 호르몬 X의 혈중 농도를, 그림 (나)는
정상인이 운동을 하는 동안 혈중 ㉠과 ㉡의 농도를 나타낸 것이다. X, ㉠, ㉡은 각각 인슐린과
글루카곤 중 하나이다.

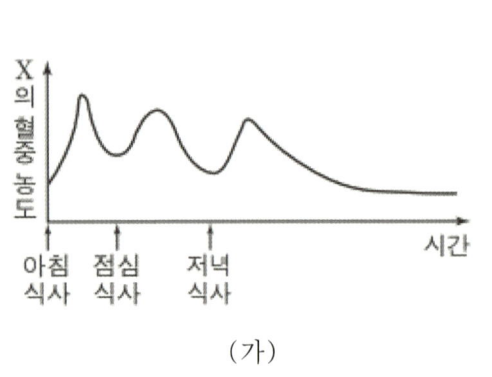

(가)

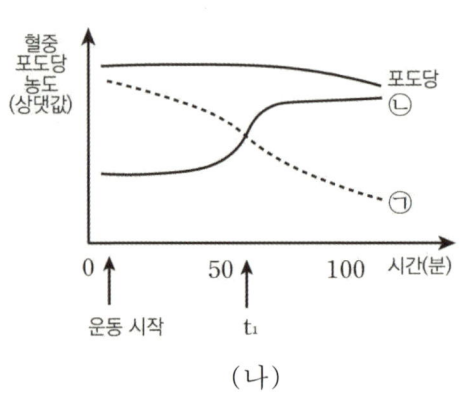

(나)

〈보 기〉

ㄱ. X는 ㉠이다.
ㄴ. 세포로의 포도당 유입량은 점심 식사 시점에서가 저녁 식사 시점에서보다 높다.
ㄷ. 단위 시간당 글리코겐으로 전환되는 포도당의 양은 운동 시작 시점보다 t_1에서 더 높다.

METHOD #1. 유형 확인

'시간'에 따른 변화를 줬고 '식사', '운동' 등의 사건이 주어진다.

METHOD #2-1. 자료 해석

식사 후마다 X의 농도가 증가하므로 X는 혈당량을 낮추는 인슐린이다.
또한 운동 후에는 글루카곤의 농도가 증가하고 인슐린 농도가 감소하므로
㉠이 인슐린, ㉡이 글루카곤이다.
→ ㄱ 정답

점심 식사 시점의 인슐린 농도가 저녁 식사 시점의 인슐린 농도보다 높으므로
점심 식사 시점에서의 세포로의 포도당 유입량이 더 크다.
→ ㄴ 정답

t_1에서의 인슐린 농도가 더 낮으므로 글리코젠으로 전환되는 포도당 양이 더 적다.
→ ㄷ 오답

METHOD. 【특정 호르몬 농도의 변화】

(1) METHOD #1. 【특정 호르몬 농도의 변화】 유형 확인

매우 간단한 유형이다.
가로축에는 주로 포도당 농도, 인슐린 농도, 글루카곤 농도 등이 주어진다.

(2) METHOD #2. 자료해석

가로축의 수치가 변하면 세로축의 수치가 어떻게 반응하는지 판단해야 한다.
가로축은 원인, 세로축은 결과로 해석해야 한다. 절대로 반대로 해석하지 않도록 주의하자.

가로축과 세로축의 변화에 집중하며 아래 예시 몇 개를 보자.

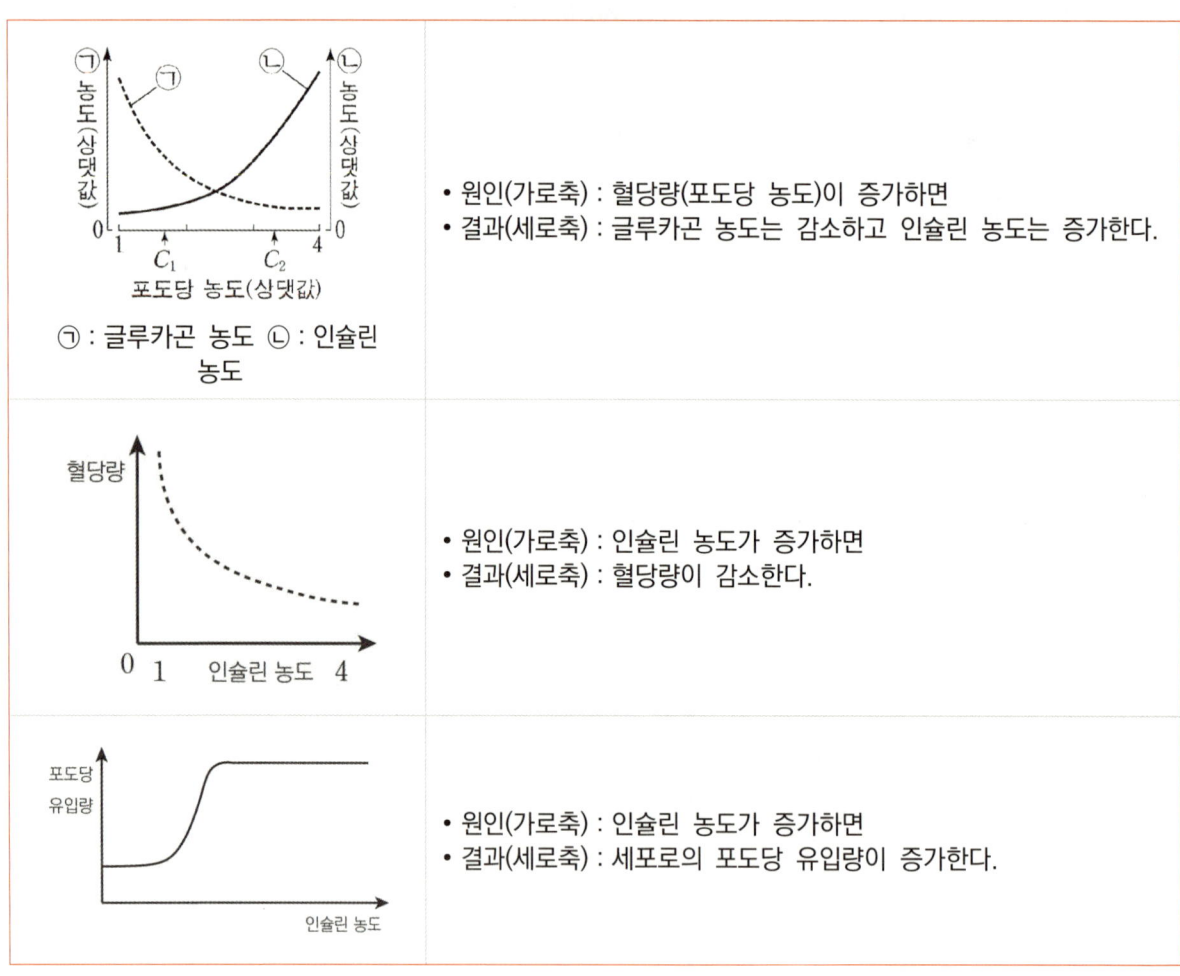

$\bigcirc$: 글루카곤 농도 $\bigcirc$: 인슐린 농도	• 원인(가로축) : 혈당량(포도당 농도)이 증가하면 • 결과(세로축) : 글루카곤 농도는 감소하고 인슐린 농도는 증가한다.
	• 원인(가로축) : 인슐린 농도가 증가하면 • 결과(세로축) : 혈당량이 감소한다.
	• 원인(가로축) : 인슐린 농도가 증가하면 • 결과(세로축) : 세포로의 포도당 유입량이 증가한다.

계속 강조하는데 가로축을 원인, 세로축을 결과로 해석해야 한다.
두 번째 그래프에서 예를 들자면 인슐린의 농도가(가로) 증가하면 혈당량이(세로) 감소한다고 해석해야 하지,
혈당량이(세로) 감소한다고 인슐린 농도가(가로) 증가한다고 해석하면 완전히 틀린 해석이 된다.

그림 (가)와 (나)는 이자에서 분비되는 혈당량 조절 호르몬 X와 Y의 혈중 농도를 혈당량에 따라 나타낸 것이다.

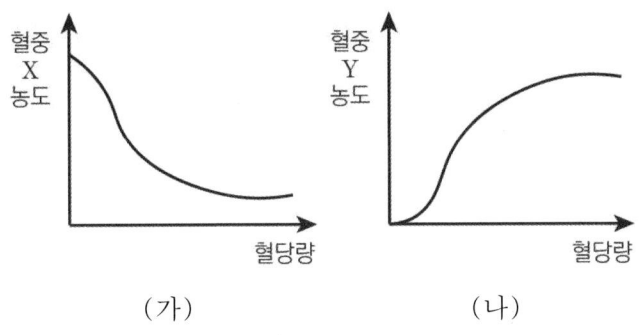

(가)　　　　　　　　　(나)

〈보　기〉

ㄱ. X는 α세포에서 분비된다.

ㄴ. X는 혈액에서 조직 세포로의 포도당 흡수를 촉진한다.

ㄷ. 교감 신경의 흥분으로 Y의 분비가 촉진된다.

METHOD #1. 유형 확인

가로축(혈당량)의 변화에 따른 X와 Y의 변화를 판단해야 한다.

METHOD #2. 자료 해석

혈당량이 증가할 때 감소한 X는 글루카곤이다.
혈당량이 증가할 때 증가한 Y는 인슐린이다.

ㄱ. 글루카곤은 α세포에서 분비된다. (○)
ㄴ. 인슐린(Y)에 대한 설명이다. (X)
ㄷ. 인슐린의 분비는 부교감 신경에 의해 촉진된다. (X)

(1) METHOD #1.【당뇨병】유형 확인

문제에서 직접 '당뇨병 환자'를 주거나 '인슐린에 반응하지 못하는 사람', '인슐린을 생성하지 못하는 사람'이 존재한다고 환자의 존재를 알려준다.

(2) METHOD #2. 자료 해석

앞서 배웠듯이 당뇨병에는 두 종류가 있다.

1형 당뇨병 : 인슐린 생성에 문제가 생긴 환자 (β세포 파괴)
2형 당뇨병 : 세포의 인슐린 인식에 문제가 생긴 환자

두 종류 환자의 특징을 표로 정리하면 다음과 같다.

구분	1형 당뇨병 (생성 문제)	2형 당뇨병 (인식 문제)
정상인에 비한 혈당량	높음	높음
정상인에 비한 인슐린 농도	낮음	높음[12]
인슐린 주입 후 혈당량	감소함	변화 없음

1형 당뇨병에서는 인슐린을 생성하지 못하므로 정상인에 비해 인슐린 농도가 낮고 혈당량이 높다.
단, 인식에는 문제가 없기 때문에 인슐린을 주입하면 혈당량이 감소한다.

2형 당뇨병에서는 세포가 인슐린을 잘 인식하지 못하므로 정상인에 비해 혈당량이 높다.
또한 평소에 혈당량이 높은 상태로 유지되므로 인슐린 농도도 높게 유지된다.
인슐린을 주입해도 세포가 인슐린을 인식하지 못하므로 혈당량의 변화가 거의 없다.

인슐린 생성과 인식 모두에 문제가 생긴 환자도 존재할 수 있는데, 아직 출제된 적은 없다.

---

12) 인슐린을 분비해도 혈당량이 줄어들지를 않으니 정상인보다 인슐린이 높은 상태가 유지된다. 출제된 적은 없다.

그림 (가)는 당뇨병 환자 A와 B에게 탄수화물과 인슐린을 동시에 주입했을 때의 변화를 나타낸 것이고, (나)는 정상인과 당뇨병 환자 ㉠ 의 탄수화물 섭취 후 혈중 인슐린 농도를 나타낸 것이다. A와 B는 '인슐린 생성'과 '표적세포의 인슐린 인식' 중 하나에만 문제가 있는 환자이고 ㉠은 A와 B중 하나이다.

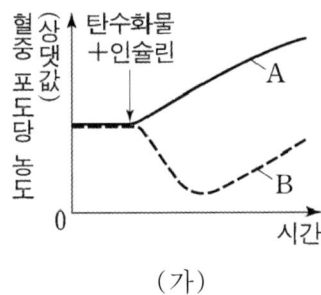

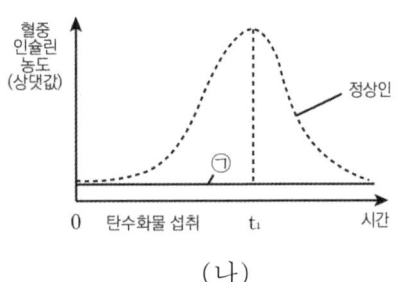

(가)   (나)

〈보 기〉

ㄱ. ㉠은 B이다.

ㄴ. A는 '인슐린 생성'에 문제가 있는 환자이다.

ㄷ. t_1에서 조직 세포로의 포도당 유입량은 ㉠에서가 정상인에서보다 높다.

METHOD #1. 유형 확인

문제에 당뇨병 환자가 존재한다고 주어졌다.
또한 A와 B는 1형 당뇨병과 2형 당뇨병 중 하나임도 주어졌다.

METHOD #2. 자료 해석

(가)에서 탄수화물과 인슐린을 주입했을 때 B의 혈당량만 줄어들었으므로
A는 '인슐린 인식'에 문제가 있는 환자이고, B는 '인슐린 생성'에 문제가 있는 환자이다.

(나)에서 탄수화물 섭취 후 ㉠의 인슐린 농도가 증가하지 않으므로 ㉠은 '인슐린 생성'에 문제가 있다.
→ ㄱ 정답, ㄴ 오답

ㄷ. 조직 세포로의 포도당 유입량은 인슐린 농도에 비례한다. (X)

THEME 03. 체온의 조절 과정

체온 조절 과정은 교육과정 개정 이전까지는 자주 출제되지 않았다.
평가원만 놓고 봤을 때는 이전 교육과정에서 딱 한 번만 출제되었다. 그러나 개정 이후에는 **거의 모든 시험지에 출제되고 있고 개념적으로 정리가 잘 되어있지 않으면 자료해석도 까다로운 편**이다.

실제 체온과 시상하부가 인식하는 체온의 차이점을 헷갈리지 않게 구분할 수 있어야 한다.
체온 조절 과정에 대해서 정리하고 제시되었던 자료를 함께 정리하면서 연습하도록 하자.

(1) 체온

체온	실제 체온
시상 하부 온도	시상하부가 인식하는 체온
시상 하부 설정 온도	목표 체온, 체온의 기준점

체온은 **간뇌의 시상하부가** 조절한다.

시상 하부의 온도는 시상하부가 인식하는 체온이다.
그러므로 실제 체온과 무관하게 **시상하부가 인식한 온도를 기준으로 체온이 조절된다.**
즉, 시상 하부는 체온을 측정하는 온도 센서 역할을 한다.

> 설정 온도 〉 인식한 체온 → 설정 온도와 일치하도록 체온 증가
> 설정 온도 〈 인식한 체온 → 설정 온도와 일치하도록 체온 감소

시상 하부는 인식한 체온을 **설정 온도**와 비교해 체온을 설정 온도와 일치하도록 조절한다.
시상하부가 설정 온도보다 낮은 체온을 인식하면(**저온 자극**) 체온을 높이고,
설정 온도보다 높은 체온을 인식하면(**고온 자극**) 체온을 낮춘다.

(2) 체온 조절 과정

열 발산과 열 발생을 통해 체온을 조절할 수 있다.

구분		저온 자극	고온 자극
열 발산	피부 근처 혈관	수축	확장
	땀 분비	감소	증가
	입모근	수축	이완
열 발생	물질대사	증가	감소
	근육 떨림	증가	감소

저온 자극을 받으면(추울 때) 열 발산을 줄이고 열 발생을 늘리고
고온 자극을 받으면(더울 때) 열 발산을 늘리고 열 발생을 줄인다.

체온 조절은 신경을 통해 조절할 수도 있고 호르몬을 이용하여 조절할 수도 있다.

❶ 신경을 통한 조절

저온 자극	• 열 발생 증가 : 근육 떨림 증가 • 열 발산 감소 : 교감 신경 활성 증가 → 피부 근처 혈관 수축(피부 근처 흐르는 혈액↓)
고온 자극	• 열 발생 감소 : 근육 떨림 감소 • 열 발산 증가 : 교감 신경 활성 감소 → 피부 근처 혈관 확장(피부 근처 흐르는 혈액↑) 　땀 분비 증가

저온 자극을 받으면 열 발생량을 늘리고 열 발산량을 줄여 체온을 상승시키고
고온 자극을 받으면 열 발생량을 줄이고 열 발산량을 늘려 체온을 감소시킨다.

이때 근육의 떨림을 통해 열 발생량을 조절하고, 피부 근처 혈관과 땀 분비를 통해 열 발산량을 조절한다.

잘 출제되지는 않지만, 입모근의 수축을 통해서도 열 발산을 조절할 수 있다.
입모근이 수축하면 피부 근처의 털을 세워져 공기층을 형성하여 열 발산이 감소한다.

피부 근처 혈관 확장은 부교감 신경이 활성 되는 것이 아니라 교감 신경 활성이 감소하는 것이다. 주의하자.

❷ 호르몬을 통한 물질대사 조절

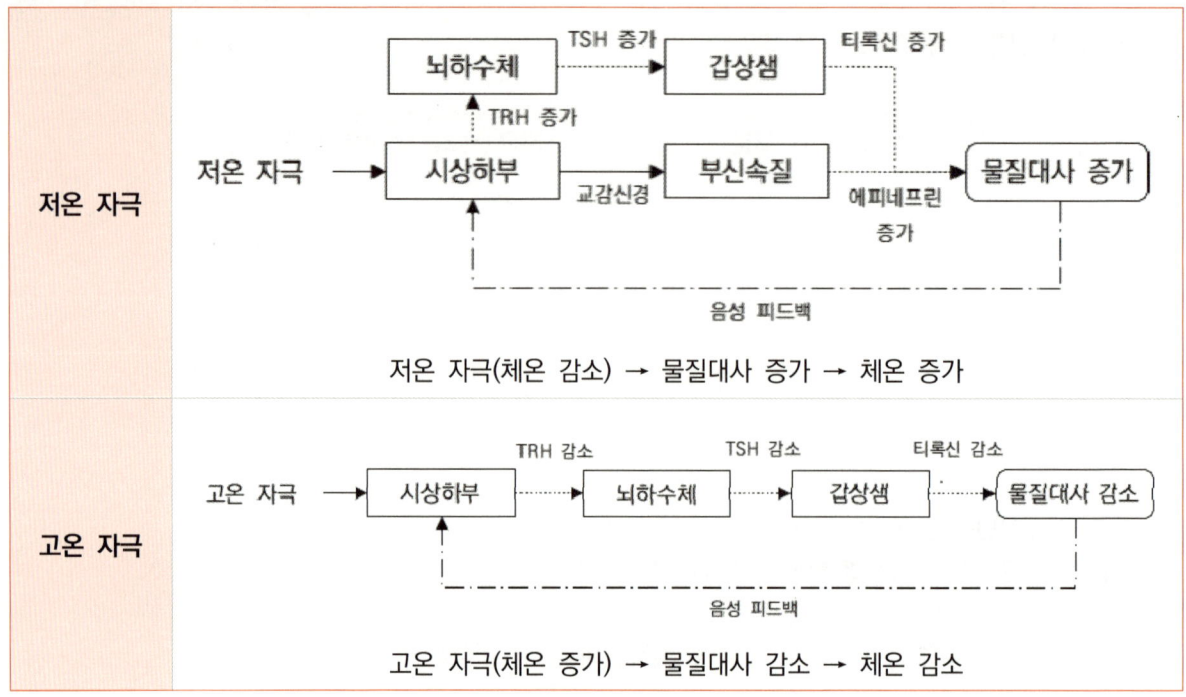

저온 자극	저온 자극 → 시상하부 → (TRH 증가) → 뇌하수체 → (TSH 증가) → 갑상샘 → (티록신 증가) → 물질대사 증가 시상하부 → (교감신경) → 부신속질 → (에피네프린 증가) → 물질대사 증가 음성 피드백 **저온 자극(체온 감소) → 물질대사 증가 → 체온 증가**
고온 자극	고온 자극 → 시상하부 → (TRH 감소) → 뇌하수체 → (TSH 감소) → 갑상샘 → (티록신 감소) → 물질대사 감소 음성 피드백 **고온 자극(체온 증가) → 물질대사 감소 → 체온 감소**

에피네프린과 티록신과 같은 **호르몬을 통해 물질대사를 조절해** 체온을 조절한다.
저온 자극을 받으면 물질대사를 증가시켜 열 발생이 증가해 체온을 증가시키고
고온 자극을 받으면 물질대사를 감소시켜 열 발생이 감소해 체온을 감소시킨다.

체온이 정상 범위가 되면 음성 피드백을 통해 호르몬의 분비를 다시 조절한다.

에피네프린 분비 과정 중에 시상하부가 부신속질을 자극하는 과정은
호르몬이 아닌 교감 신경에 의해 일어난다.

(1) METHOD #1.【시상 하부 온도의 변화】유형 확인

주로 그래프에 '시상 하부 온도'가 직접 주어지거나 '시상 하부 온도를 증가/감소시켰다'라고 주어진다.
시상 하부 온도 변화로 고온/저온 자극을 판단해야 한다.

(2) METHOD #2. 자료 해석

시상 하부 온도는 곧 시상 하부가 인식하는 체온이다.
실제 체온과 시상 하부가 인식하는 체온이 다를 수 있음을 이해해야 한다.
실제 체온이 정상인 사람의 시상 하부 온도를 인위적으로 높이면
체온이 정상임에도 시상 하부는 체온이 높다고 인식하기 때문에 체온이 감소할 것이다.

> 시상 하부 온도 증가(고온 자극) → 체온이 높다고 '인식' → 체온 감소
> 시상 하부 온도 감소(저온 자극) → 체온이 낮다고 '인식' → 체온 증가

결론적으로 시상 하부 온도 변화에 따른 체온의 변화를 따져야 한다.

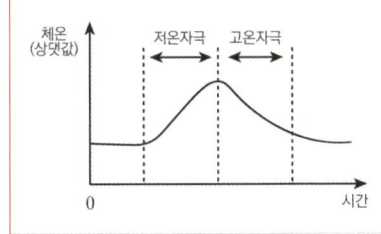

- 왼쪽 예에서는 시상하부가 저온 자극을 받으면 체온이 낮다고 인식해 열 발산량을 낮추고 열 발생량을 높여 체온이 증가한다.

- 이후에 고온 자극을 받으면 반대로 체온이 높다고 인식해 열 발산량을 높이고 열 발생량을 낮춰 체온이 감소한다.

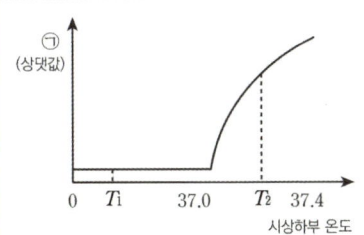

⊙ : 열 발산량

- 시상 하부 온도가 증가하면 체온이 높다고 인식하고 (고온 자극)
- 시상 하부 온도가 감소하면 체온이 낮다고 인식한다 (저온 자극)

- 왼쪽 예에서 시상 하부 온도가 증가하면 체온이 높다고 인식해 열 발산량이 증가해 체온이 감소한다.

그림은 어떤 사람에서의 시상 하부 온도를 't_1일 때의 시상 하부 온도보다 ⓐ' 시킨 후 't_1일 때의 시상 하부 온도보다 ⓑ'시켰을 때의 체온 변화를 나타낸 것이다. ⓐ와 ⓑ는 '증가'와 '감소' 중 하나이다.

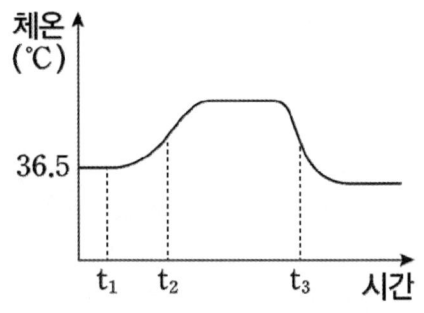

〈보 기〉

ㄱ. ⓐ는 '증가'이다.

ㄴ. 피부 근처 혈관을 흐르는 혈액의 양은 t_2에서가 t_3에서보다 적다.

ㄷ. $\dfrac{열발생량}{열발산량}$ 은 t_2에서가 t_3에서보다 작다.

METHOD #1. 유형 확인

시상 하부 온도에 변화를 준 것으로 문제에서 제시되어 【시상 하부 온도의 변화】 유형임을 확인한다.

METHOD #2. 자료 해석

t_1이후 체온이 증가했다가 감소하므로 먼저 시상 하부 온도가 감소해 체온이 증가했고
그 후 시상 하부 온도가 증가해 체온이 감소했다고 해석할 수 있다.
→ ㄱ 오답

t_2에서는 시상 하부 온도가 감소해 열 발생량이 열 발산량보다 많은 상황이고
t_3에서는 시상 하부 온도가 증가해 열 발산량이 열 발생량보다 많은 상황이다.
→ ㄴ 정답, ㄷ 오답

METHOD. 【체온의 변화】

(1) METHOD #1. 【체온의 변화】 유형 확인

주변 환경이 바뀌어 체온이 변하는 경우인지를 확인하자.
'뜨거운 물에 들어가는 경우', '차가운 물에 들어가는 경우'로 평가원에서 출제한 이력도 있다.

(2) METHOD #2. 자료 해석

앞의 【시상 하부 온도의 변화】와 헷갈리지 않도록 하자.
앞 METHOD에서는 시상 하부 온도의 변화로 인해 체온이 변하는 것이고
이번 METHOD에서는 **체온의 변화에 의한 열 발생량과 열 발산량의 변화**를 판단해야 한다.

매우 상식적이다. 당연하게도 뜨거운 곳에 가면 체온이 증가하고 차가운 곳에 가면 체온이 감소한다.
체온이 변화하면 체온 변화를 억제하기 위한 변화가 일어난다.

> 체온 **증가** → 시상 하부 온도 **증가** → 열 발산량 **증가** / 열 발생량 **감소** → 체온 증가 억제
> 체온 **감소** → 시상 하부 온도 **감소** → 열 발산량 **감소** / 열 발생량 **증가** → 체온 감소 억제

결론적으로 체온의 변화에 따른 (열 발산량 / 열 발생량)의 변화를 따져야 한다.

실제 수능에 출제된 자료를 보자.

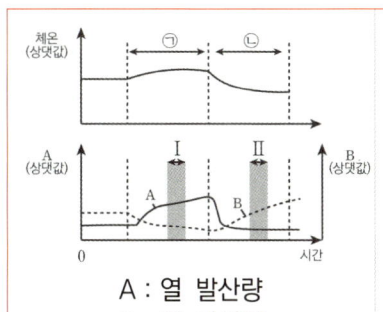

A : 열 발산량
B : 열 발생량

- ㉠은 뜨거운 물에 들어가 체온이 증가한 상황이다.
- 체온이 증가해 시상하부가 증가한 체온을 인식하면
  체온 증가의 억제를 위해 열 발산량은 증가하고 열 발생량은 감소한다.

- ㉡은 차가운 물에 들어가 체온이 감소한 상황이다.
- 체온이 감소해 시상하부가 감소한 체온을 인식하면
  체온 감소의 억제를 위해 열 발산량은 감소하고 열 발생량은 증가한다.

체온이 변하면 **열 발산량은 체온과 같은 방향**으로 움직이고 **열 발생량은 체온과 다른 방향**으로 움직인다.

그림은 어떤 사람이 서로 다른 온도의 물에 들어갔을 때의 체온 변화를 나타낸 것이다. ⊙과 ⓛ은 '체온보다 높은 온도의 물에 들어갔을 때'와 '체온보다 낮은 온도의 물에 들어갔을 때'를 순서 없이 나타낸 것이다. ⓐ는 체온과 열 발생량 중 하나이고, 피부 근처 혈관을 흐르는 혈액량은 ⓛ에서가 ⊙에서보다 많다.

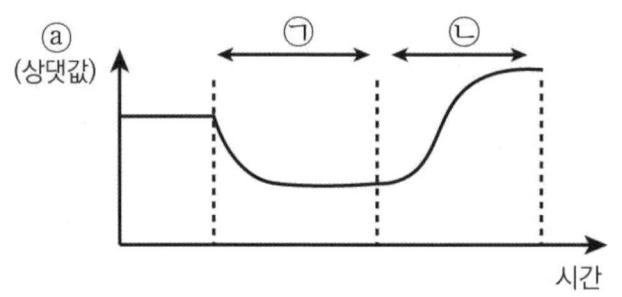

―――――――― 〈보 기〉 ――――――――

ㄱ. ⓐ는 열 발생량이다.

ㄴ. 혈중 에피네프린 농도는 ⊙에서가 ⓛ에서보다 크다.

ㄷ. $\dfrac{열\,발생량}{열\,발산량}$ 은 ⊙에서가 ⓛ에서보다 크다.

METHOD #1. 유형 확인

서로 다른 온도의 물에 들어갔으므로 체온에 변화가 생긴 상황이다.

METHOD #2. 자료 해석

피부 근처 혈관을 흐르는 혈액량은 ⓛ에서가 ⊙에서보다 많다는 것을 통해
ㄴ에서의 열 발산량이 더 크다는 것을 알 수 있으므로 ⓛ에서가 체온이 증가한 상황이다.
그러므로 ⓐ는 체온이고 ⊙은 '차가운 물에 들어간 상황', ⓛ은 '뜨거운 물에 들어간 상황'이다.
→ ㄱ 오답

ㄴ. ⊙에서는 체온이 감소한 상황이므로 물질대사를 늘려 열 발생량을 늘린다. (○)
ㄷ. ⊙에서의 열 발생량이 더 크고 열 발산량은 더 적다. (○)

넘어가기 전에 다시 한번 '시상 하부 온도의 변화'와 '체온의 변화'의 차이점을 살펴보자.
실제로 2022학년도 수능 15번을 위 두 유형을 헷갈려서 반대로 해석해 틀린 사람이 많았다.

우선 두 METHOD를 예시로 비교하면 아래 표와 같다.

단계	'시상 하부 온도의 변화'	'체온의 변화'
1	안정상태 체온 : 36℃ , 시상 하부 : 36℃	안정상태 체온 : 36℃ , 시상 하부 : 36℃
2	시상 하부 온도 증가 체온 : 36℃ , 시상 하부 : 38℃	체온과 시상 하부 온도의 증가 체온 : 38℃ , 시상 하부 : 38℃
3	〈 체온이 증가했다고 인식 〉 열 발생량 감소, 열 발산량 증가	〈 체온이 증가했다고 인식 〉 열 발생량 감소, 열 발산량 증가
결과	체온의 감소 체온 : 35℃ , 시상 하부 : 38℃	체온 증가 억제

마지막으로 이해하기 쉽게 비유를 통해 이해해보자.
체온을 '방 온도', 시상 하부를 '온도 센서', 열 발생량을 '히터의 작동'이라고 비유하면
아래 표 정도로 비유할 수 있다. 절대로 헷갈리지 않도록 주의하자.

시상 하부 온도의 변화	• 온도 센서 주위의 온도가 내려가 히터의 작동이 강해지고 방 온도가 높아지는 경우
체온의 변화	• 방 온도가 내려가고 온도 센서 주위의 온도도 내려가 히터의 작동이 강해지는 경우

METHOD. 【설정 온도의 변화】

(1) METHOD #1. 【설정 온도의 변화】 유형 확인

문제에서 시상 하부 설정 온도에 대해 직접 언급한다.
나오는 그래프도 비슷비슷하니 아래 예시를 보면서 유형을 익히자.

(2) METHOD #2. 자료 해석

체온과 설정 온도가 일치하는 상태에서 설정 온도가 변경되면 시상 하부의 체온에 대한 인식이 달라진다.
정상 상태에서 설정 온도가 증가하면 체온이 낮다고 인식해 체온이 증가하고,
설정 온도가 감소하면 체온이 높다고 인식해 체온이 감소한다.

예시를 하나 보자.

설정 온도 : 37℃ 체온 : 37℃ [설정 온도 = 시상 하부 온도] → 체온 변화 X	
↓	↓
설정 온도 : 36℃ 체온 : 37℃ [설정 온도 〈 체온] → 고온 자극	설정 온도 : 38℃ 체온 : 37℃ [설정 온도 〉 체온] → 저온 자극
체온 감소 ↓	체온 증가 ↓
설정 온도 : 36℃ 체온 : 36℃ [설정 온도 = 체온] → 체온 변화 X	설정 온도 : 38℃ 체온 : 38℃ [설정 온도 = 체온] → 체온 변화 X

체온은 설정 온도와 일치하도록 변화한다.
체온을 '방 온도', 설정 온도를 '에어컨 희망 온도' 정도로 이해하면 된다.

설정 온도가 먼저 변하고 체온은 나중에 변한다.
실제 시험에 나온 예시 자료를 보자.

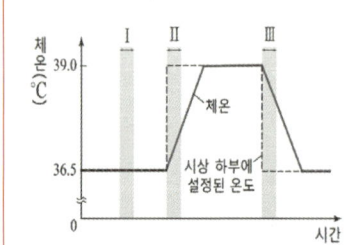

- I 구간에서는 설정 온도와 체온이 일치해 변화가 일어나지 않는다.

- II 구간에서 설정 온도가 증가하여 체온이 설정 온도보다 낮아진다.
- 시상 하부는 체온이 낮다고 인식해 체온을 증가시킨다.

- III 구간에서 설정 온도가 감소하여 체온이 설정 온도보다 높아진다.
- 시상 하부는 체온이 높다고 인식해 체온을 감소시킨다.

그림은 사람의 시상 하부에 설정된 온도가 바뀜에 따른 체온 변화를 나타낸 것이다. ㉠과 ㉡은 체온과 시상 하부에 설정된 온도를 순서 없이 나타낸 것이다.

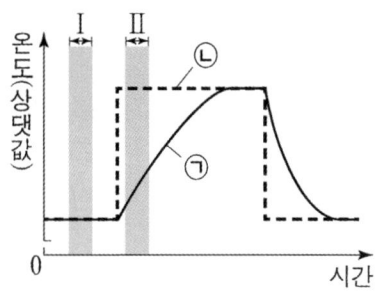

〈보 기〉

ㄱ. ㉠은 체온이다.

ㄴ. $\dfrac{열\ 발생량}{열\ 발산량}$ 은 구간 I 에서가 구간II에서보다 크다.

METHOD #1. 유형 확인

문제에서 직접 설정 온도가 변한다고 언급하는 것을 확인하자.

METHOD #2. 자료 해석

먼저 변하는 것이 설정 온도, 나중에 변하는 게 체온이므로 ㉠이 체온, ㉡이 설정 온도이다.
→ ㄱ 정답

설정 온도가 증가하면 체온이 낮다고 인식해 열 발생량이 증가하고 열 발산량이 감소한다.
→ ㄴ 오답

THEME 04. 삼투압의 조절 과정

조절 과정의 자료들은 앞서 서술했듯 항상 "변화-반응"의 관점에서 해석해야 한다. 자료가 까다롭더라도 조절 과정을 알고 있고 어떤 변화가 일어났는지 알고 있다면 조절 과정을 거친 반응도 추론해낼 수 있기 때문이다. 또한, 일어난 반응을 토대로 변화를 추론하기도 해야 하니 "변화-반응" 관계를 잘 숙지해두자.

이번 THEME인 삼투압의 조절 과정은 "변화"에 해당하는 Variation이 매우 다양하다.
주입하는 물질의 종류에 따라, 혹은 호르몬 분비 과정에 이상이 있는 사람의 경우처럼
다양한 "변화"가 가능하여 학습자가 "반응"에 대해 추론하는 것이 까다롭다.

삼투압의 조절 과정은 기본적으로 시상 하부의 혈장 삼투압 감지로 시작된다.
1. 혈장 삼투압이 정상 범위보다 높을 때
2. 혈장 삼투압이 정상 범위보다 낮을 때
주입하는 물질에 따라 혈장 삼투압이 어떻게 변화하는지를 해석해야 한다.

다만 주입하는 물질에 따라 혈장 삼투압뿐만 아니라 **혈액량의 변화, ADH 분비량의 증가/감소, ADH에 대한 반응성 변화** 등 조절 과정에 영향을 미치는 다양한 변화를 가져올 수 있다.
삼투압에 영향을 미치는 요소들에 대해 암기하고 기존에 출제되었던 자료들과 함께 자료 해석 방법을 익히자.

GUIDELINE.

(1) 삼투압의 조절

액체 속의 무기염류 농도를 **삼투압**이라 한다. 혈액 속의 무기염류 농도를 혈장 삼투압, 오줌 속의 무기염류 농도를 오줌 삼투압이라 한다. 혈장 삼투압은 **간뇌의 시상 하부**에서 조절한다.

$$혈장\ 삼투압 = \frac{무기염류\ 양}{혈액\ 속\ 수분량}(\%)$$

분모인 혈액 속 수분량을 조절해 혈장 삼투압을 조절할 수 있다.
ADH는 수분 재흡수를 촉진하는데, 수분 재흡수 양을 조절하여 혈액 속 수분량을 조절한다.

혈장 삼투압 증가 → ADH 분비↑ → 수분 재흡수 양↑ → 혈액의 수분량↑ → 혈장 삼투압 감소
혈장 삼투압 감소 → ADH 분비↓ → 수분 재흡수 양↓ → 혈액의 수분량↓ → 혈장 삼투압 증가

참고로 가끔 **체내 수분량**이라는 용어가 등장하는데, 혈액 속 수분량과 같은 개념이라고 생각하자.
오줌으로 빠져나간 수분은 체내 수분량으로 간주하지 않는다.

수분 재흡수를 통해 혈액 속 수분량을 조절해 혈액량도 조절할 수 있다.

ADH 분비↑ → 수분 재흡수 양↑ → 혈액의 수분량↑ → 혈액량 증가
ADH 분비↓ → 수분 재흡수 양↓ → 혈액의 수분량↓ → 혈액량 감소

요약하자면 ADH는 수분 재흡수를 증가시켜 혈장 삼투압을 낮추고 혈액량을 증가시키는 호르몬이다.

❶ 혈장 삼투압이 증가 (혈액 수분 부족)

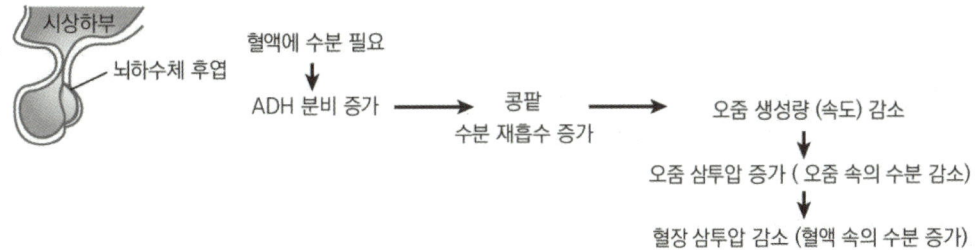

혈장 삼투압이 증가하면 시상하부가 뇌하수체 후엽의 ADH 분비를 증가시킨다.
수분 재흡수가 증가하면 오줌 생성량이 줄어들어 오줌 속의 수분량이 감소하여 오줌 삼투압이 증가한다.
그리고 혈액 속의 수분량이 증가하여 혈장 삼투압이 감소한다.

또한, 혈장 삼투압이 증가하면 사람이 갈증을 느끼게 하여 물을 섭취하도록 한다.

❷ 혈장 삼투압이 감소 (혈액 수분 과잉)

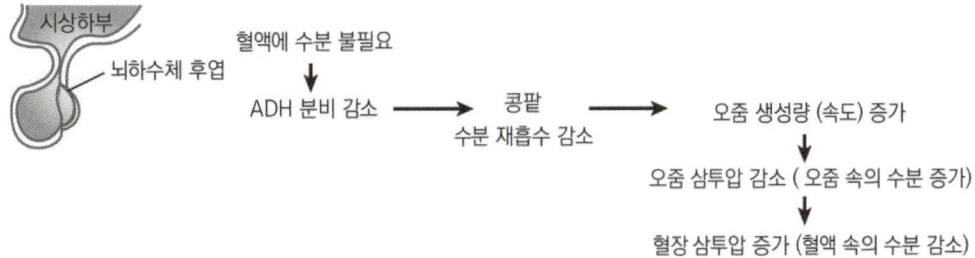

혈장 삼투압이 감소하면 시상하부가 뇌하수체 후엽의 ADH 분비를 감소시킨다.
수분 재흡수가 감소하면 오줌 생성량이 늘어나 오줌 속의 수분량이 증가하여 오줌 삼투압이 감소한다.
그리고 혈액 속의 수분량이 감소하여 혈장 삼투압이 증가한다.

METHOD. 【혈장 삼투압 또는 ADH 농도의 변화】

기출에 자주 등장하는 내용이고, 제일 간단한 유형이기도 하다.

혈장 삼투압 또는 ADH 농도가 변화함에 따라 오줌 생성량, 오줌 삼투압, 수분 재흡수량 등이
어떻게 변할지 판단해야 한다.

(1) METHOD #1. 【혈장 삼투압 또는 ADH 농도의 변화】 유형 확인

그래프의 **가로축**에 **변화하는 요인**(원인)이 나오고 **세로축**에 **변화에 영향받는 요인**(결과)이 나온다.
가로축을 통해 어떤 Case에 해당하는지 판단하자.

Case 1. 가로축이 'ADH 농도' → ADH 농도의 변화
Case 2. 가로축이 '혈장 삼투압' → 혈장 삼투압의 변화

(2) METHOD #2-1. Case 1 자료해석

가로축을 원인, 세로축을 결과로 해석하자.
그래프의 가로축인 ADH 농도가 변화했을 때 세로축의 요소들이 어떻게 변할지 판단해야 한다.

ADH 농도가 변하는 경우 영향받는 요소들을 표로 정리하면 다음과 같다.

ADH 농도	수분 재흡수량	오줌 생성량	오줌 속 수분량	오줌 삼투압	혈액 속 수분량	혈장 삼투압
증가	+	−	−	+	+	−
감소	−	+	+	−	−	+

너무 억지로 변화들을 따로따로 외우려 하지 말자.
ADH = 수분 재흡수량을 증가시키는 호르몬'인 것을 통해 전부 도출할 수 있는 변화이다.

예시를 하나 보자.

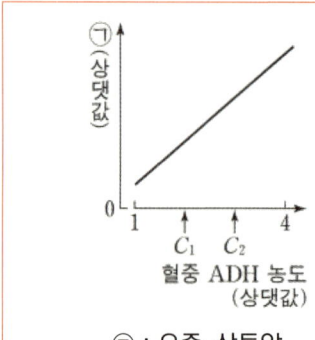

[ADH 농도 변화]

• 원인(가로축) : ADH 농도가 증가하면
• 결과(세로축) : 오줌 생성량이 줄어들어 오줌 삼투압이 증가한다.

⊙ : 오줌 삼투압

(3) METHOD #2-2. Case 2 자료해석

마찬가지로 **가로축을 원인**, **세로축을 결과**로 해석하자.

혈장 삼투압이 변하는 경우 영향받는 요소들을 표로 정리하면 다음과 같다.
혈장 삼투압의 증가에 따라 ADH 농도가 증가하여 나타나는 변화는 Case 1의 예시와 같다.

혈장 삼투압	ADH 농도	수분 재흡수량	오줌 생성량	오줌 속 수분량	오줌 삼투압
증가	+	+	−	−	+
감소	−	−	+	+	−

예시를 하나 보자.

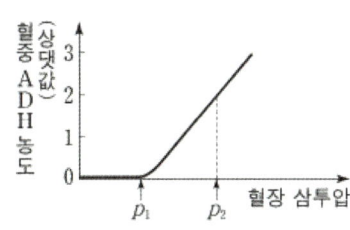

[혈장 삼투압 변화]

- 원인(가로축) : 혈장 삼투압이 증가하면
- 결과(세로축) : ADH 농도가 증가한다.

그림 (가)는 혈중 ADH 농도에 따른 ⓒ의 삼투압에 대한 ㉠의 삼투압 비를, (나)는 정상인의 혈장 삼투압에 따른 혈중 ADH 농도를 나타낸 것이다. ㉠과 ⓒ은 각각 혈장과 오줌 중 하나이다.

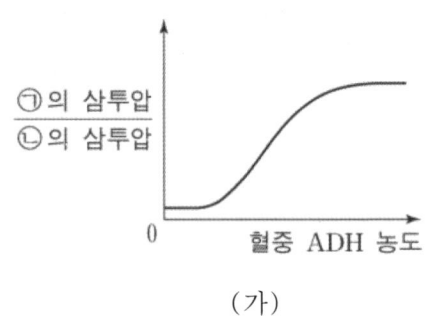

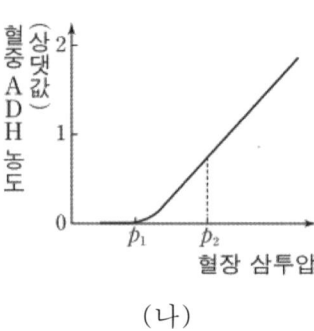

(가)   (나)

───────────────────── 〈보 기〉 ─────────────────────

ㄱ. ⓒ는 오줌이다.

ㄴ. (나)의 오줌 생성량은 p_1에서가 p_2에서보다 크다.

───

METHOD #1. 유형 확인

(가)는 ADH의 변화에 따른 세로축의 변화를 따져야 하는 Case 1이고,
(나)는 혈장 삼투압의 변화에 따른 세로축의 변화를 따져야 하는 Case 2이다.

METHOD #2. 자료 해석

(가)에서 ADH 농도가 증가하면 혈장 삼투압은 감소하고 오줌 삼투압은 증가한다.

가로축의 증가에 따라 $\dfrac{㉠의\ 삼투압}{ⓒ의\ 삼투압}$ 은 증가하고 있으므로

㉠은 오줌, ⓒ은 혈장이다.
→ ㄱ 오답

(나)의 p_2에서가 p_1에서보다 ADH 농도가 높으므로 오줌 생성량은 p_1에서가 더 높다.
→ ㄴ 정답

METHOD. 【물질의 섭취와 투여】

(1) METHOD #1. 【물질의 섭취와 투여】 유형 확인

가로축이 시간으로 주어지고 물 섭취, 소금물 섭취, ADH 투여 등의 사건이 주어진다.
사건에 의해 몸의 항상성이 깨지고, 깨진 항상성을 회복하기 위한 변화가 일어난다.

(2) METHOD #2. 섭취/투여 물질 확인

투여 물질을 확인하고 어떤 변화가 일어날지 판단해야 한다.

Case 1. 물을 섭취한 경우
Case 2. 소금물을 섭취한 경우
Case 3. ADH를 투여한 경우

"혈장 삼투압보다 낮은 농도의 물질을 섭취"한 경우는 물을 섭취한 경우와 같은 변화가 일어나고
"혈장 삼투압보다 높은 농도의 물질을 섭취"한 경우는 소금물을 섭취한 경우와 같은 변화가 일어난다.

(3) METHOD #3-1. Case 1 자료해석

물을 섭취하면 혈액 속 수분량이 증가해 혈장 삼투압이 감소한다.
혈액에 수분이 과잉인 상태이므로 수분을 재흡수하는 ADH 농도가 감소한다.[13]

시간이 지나면 항상성이 회복되고, 사건 전의 상태와 같은 상태가 된다.

> 물 섭취 → 혈장 삼투압 감소 → ADH 감소 → 오줌 삼투압 감소 → 혈장 삼투압 증가(복귀)

예시 자료를 하나 보자.

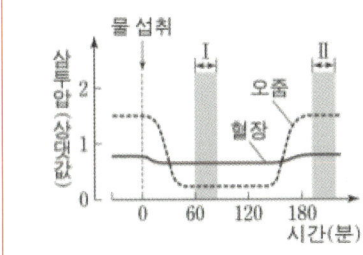

① 물을 섭취하면 혈장 삼투압이 낮아진다.
② 혈장 삼투압을 높이기 위해 ADH 분비량이 감소하여
   수분 재흡수량이 감소해 오줌 삼투압이 감소한다.
③ 시간이 지나 구간 II에서는 항상성이 회복되어 사건 전과 같은
   상태가 됐음을 확인할 수 있다.

---

13) ADH 농도에 따른 다른 요소들의 변화는 앞 METHOD를 참고하자.

(4) METHOD #3-2. Case 2 자료해석

METHOD #3-1과 정확히 반대의 경우이다.

소금물을 섭취하면 혈액 속 무기염류량이 증가해 혈장 삼투압이 증가한다.

혈액에 수분을 늘려 혈장 삼투압을 줄이기 위해 수분을 재흡수하는 ADH 농도가 증가한다.

시간이 지나면 항상성이 회복되고, 사건 전의 상태와 같은 상태가 된다.

> 소금물 섭취 → 혈장 삼투압 증가 → ADH 증가 → 오줌 삼투압 증가 → 혈장 삼투압 감소(복귀)

예시 자료를 하나 보자.

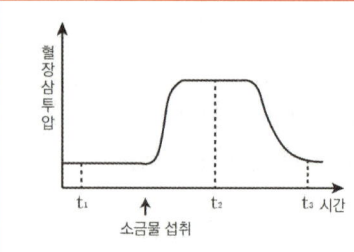

① 소금물을 섭취하면 혈장 삼투압이 증가한다.
② 혈장 삼투압을 낮추기 위해 ADH 분비량이 증가한다.
③ 시간이 지나 t_3에서는 항상성이 회복되어 사건 전과 같은 상태가 됐음을 확인할 수 있다.

Case 1, Case 2 예시 문항

그림은 어떤 정상인이 ㉠과 ㉡을 섭취하였을 때 단위 시간당 오줌 생산량을 시간에 따라 나타낸 것이다. ㉠과 ㉡은 물과 소금물을 순서 없이 나타낸 것이다.

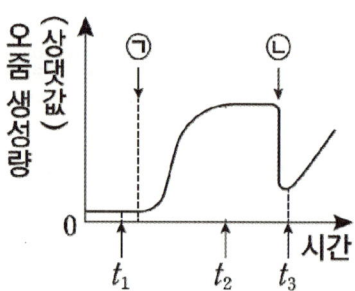

이에 대한 설명으로 옳은 것만을 <보기>에서 있는 대로 고르시오.
(단, 제시된 조건 이외에 체내 수분량에 영향을 미치는 요인은 없다.)

〈 보 기 〉

ㄱ. ㉠은 소금물이다.

ㄴ. ADH의 농도는 t_1에서가 t_2에서보다 높다.

ㄷ. 생성되는 오줌의 삼투압은 t_2에서가 t_3에서보다 크다.

METHOD #1, #2. 유형 및 투여 물질 확인

가로축이 시간이고 '물 섭취', '소금물 섭취' 사건이 주어지는 것을 확인하자.

METHOD #3. 자료 해석

㉠ 섭취 후 오줌 생성량이 증가했으므로 ㉠은 물, ㉡은 소금물이다.
→ ㄱ 오답

ADH 농도는 물을 섭취하면 전에 비해 감소하고 ($t_1 > t_2$)
소금물을 섭취하면 전에 비해 증가한다. ($t_3 > t_2$)
→ ㄴ 정답

ㄷ. t_2에서의 ADH 농도가 더 작으므로 오줌 삼투압은 t_2에서 더 낮다. (X)

위 예시에서 소금물 섭취 후 오줌 생성량이 줄었다가 왜 다시 증가하는지 궁금할 수 있는데,
물이든 소금물이든 혈액 속 수분량을 증가시키기 때문에 혈액량이 정상보다 증가하므로
혈액량을 정상 범위로 줄이기 위해 수분 재흡수량이 줄어들기 때문이다.

혈액량과 관련된 변화는 다음 METHOD에서 자세하게 살펴보겠다.

comment

Q. 생리 식염수를 주입하면 ADH의 분비량은 어떻게 변하나요?

A. 생명과학1에서 등장하는 생리 식염수는 물과는 달리 혈장 삼투압과 동일한 삼투압의 용액입니다.
주입하는 물질이 생리 식염수인 경우에는 주입 전후로 혈장 삼투압이 변하지 않습니다.

다만, 다량의 생리 식염수를 주입하면 체내 혈액량이 증가하므로 혈장 삼투압이 감소할 수 있습니다.
상식적으로도 생리 식염수를 몇 리터씩 마시면 당연히 오줌 생성량이 증가할 것임을 생각할 수 있죠.

굉장히 오래전이지만, 2008학년도 수능 11번에 관련 내용이 아래처럼 출제된 적이 있습니다.

ㄱ. 생리 식염수를 마시면 ADH의 분비가 증가한다. (X)

다만 해석 가능한 자료와 함께 제시되었고, 확실히 틀린 선지로 출제했습니다.
생리 식염수로 인한 ADH 분비량의 변화는 해석(혈액량 증가를 고려하느냐)에 따라 [일정하다 OR 감소한다]로 해석이 달라질 수 있고, 이에 대해 자세히 묻고 싶다면 명확한 자료를 함께 제시할 것으로 보입니다.

(5) METHOD #3-3. Case 3 자료해석

Case 1, 2에 비해서 출제 빈도가 확실하게 떨어지는 편이고 훨씬 쉽다.
Case 1, 2와 달리 항상성 회복을 위해 일어나는 변화를 묻지 않는다.

ADH를 투여하면 잠시 ADH 농도가 증가해 항상성이 깨지지만,
시간이 지나면 ADH 농도가 감소해 항상성이 회복된다.

그러므로 그냥 ADH 농도가 증가했을 때 일어나는 변화만 생각하면 쉽게 풀 수 있다.

그림은 어떤 정상인에게 다량의 물을 섭취시키고 호르몬 X를 투여했을 때 단위 시간당 오줌 생성량의 변화를 나타낸 것이다.

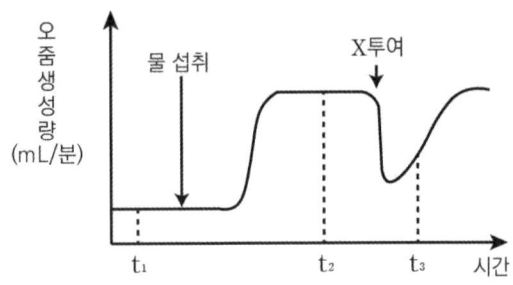

이에 대한 설명으로 옳은 것만을 <보기>에서 있는 대로 고르시오.
(단, 제시된 자료 이외에 체내 수분량에 영향을 미치는 요인은 없다.)

〈보 기〉

ㄱ. X의 표적 기관은 콩팥이다.
ㄴ. 혈장 삼투압은 t_1일 때보다 t_2일 때가 높다.
ㄷ. 생성되는 오줌의 삼투압은 t_3일 때보다 t_2일 때가 높다.

METHOD #1, #2. 유형 및 투여 물질 확인

가로축이 시간이고 '물 섭취', 'X 투여' 사건이 일어나는 것을 확인하자.

METHOD #3-3. 자료 해석

X는 뇌하수체 후엽에서 분비되는 ADH이다. ADH의 표적 기관은 콩팥이다.
→ ㄱ 정답

물을 섭취하면 혈장 삼투압이 감소해 ADH 분비량이 감소한다.
ADH 분비량이 감소해 오줌 생성량이 늘어나는 것을 확인할 수 있다.
→ ㄴ 오답

ADH를 투여하면 ADH 농도가 증가하므로 투여 후(t_3)에서의 오줌 삼투압이 더 높다.
→ ㄷ 오답

시간이 지나 ADH 농도가 정상으로 회복하면
오줌 생성량이 ADH 투여 전과 같이 회복하는 것을 확인할 수 있다.

(1) METHOD #1.【혈액량의 변화】유형 확인

문제에서 직접 "혈액량이 증가" 또는 "혈액량이 감소"한 상태가 있다는 것을 알려준다.

(2) METHOD #2. 발문 확인

혈액량의 변화에서 다음 두 가지 상황이 출제됐다.

Case 1. 한 사람에게서 혈액이 증가/감소
Case 2. 혈액량이 다른 상태끼리 비교

보통 Case 1은 가로축에 '혈액량의 변화량 (%)'가 주어지고
Case 2에서는 여러 그래프(상태)를 주고 혈장 삼투압에 따른 ADH 농도를 물어본다.

(3) METHOD #3-1. Case 1 자료해석

ADH가 증가하면 수분 재흡수가 증가해 혈액 속 수분량이 증가한다.
혈액 속 수분량이 증가하면 혈액량도 증가하므로 ADH를 통해 혈액량을 조절할 수 있다.

혈액량이 **정상보다 많으면 ADH는 감소**하고 혈액량이 **정상보다 적으면 ADH는 증가**한다.

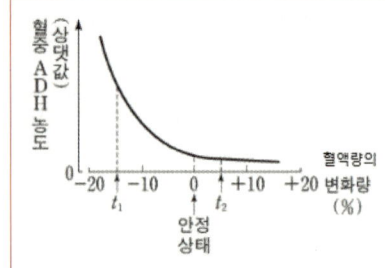

- **혈액량이 부족**하면 혈액 속 수분을 늘리기 위해 **ADH 농도가 증가**해 물의 재흡수가 증가한다.

- 반대로 **혈액량이 증가**하면 혈액 속 수분을 감소시키기 위해 **ADH 농도가 감소**해 물의 재흡수가 감소한다.

주로 ADH 농도가 세로축으로 나오지만 얼마든지 변형될 수 있다.

그림은 건강한 사람에게서 ㉠이 변할 때 혈중 ADH의 농도 변화를 나타낸 것이다. ㉠은 혈장 삼투압과 전체 혈액량 중 하나이다.

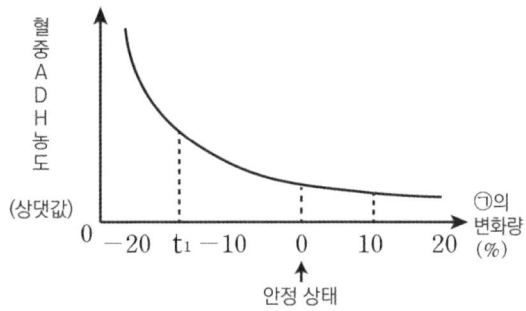

이에 대한 설명으로 옳은 것만을 <보기>에서 있는 대로 고르시오. (단, 오줌량 외에 체내 수분량에 영향을 미치는 요인은 없다.)

〈보 기〉

ㄱ. ㉠은 전체 혈액량이다.
ㄴ. 오줌의 삼투압은 t_1일 때가 안정상태일 때보다 낮다.

METHOD #1, #2. 유형 및 상황 확인

㉠이 혈장 삼투압이면 ADH 농도가 증가해야 하는데 그렇지 않으므로 ㉠은 전체 혈액량이다.
한 사람에게서 혈액량이 변하므로 Case 1임을 알 수 있다.
→ ㄱ 정답

METHOD #3-1. 자료 해석

t_1은 혈액량이 감소한 상황으로, ADH 농도가 증가한다.
ADH 농도가 증가하면 오줌 삼투압도 증가한다.
→ ㄴ 오답

(4) METHOD #3-2. Case 2 자료해석

주로 혈액량이 다른 상태에서 혈장 삼투압에 따른 ADH 농도가 출제되고 있다.

혈액량이 감소한 상태에서는 혈액 속 수분량을 늘려야 하는 상태이므로
같은 혈장 삼투압에서도 **더 많은 ADH**가 필요하다.

반대로 **혈액량이 증가한 상태**에서는 혈액 속 수분량을 줄여야 하는 상태이므로
같은 혈장 삼투압에서도 **더 적은 ADH**가 필요하다.

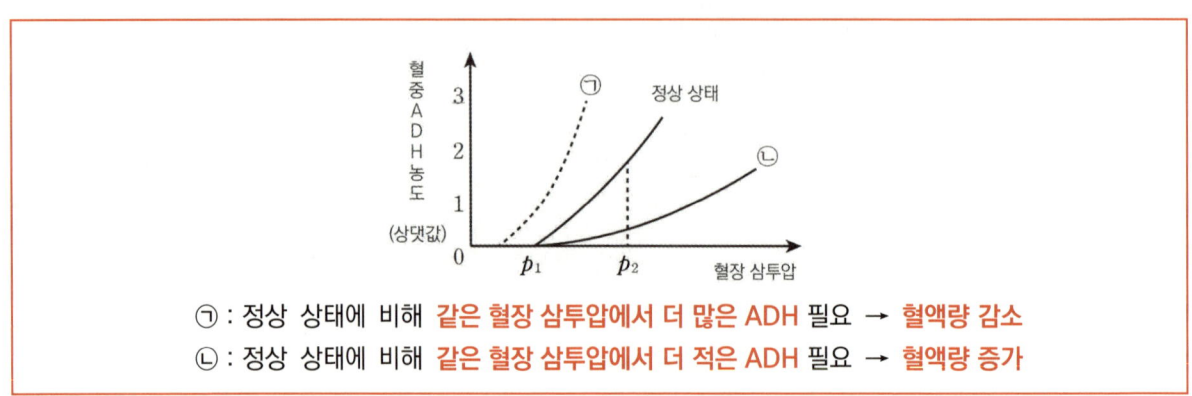

ⓐ : 정상 상태에 비해 **같은 혈장 삼투압에서 더 많은 ADH 필요 → 혈액량 감소**
ⓑ : 정상 상태에 비해 **같은 혈장 삼투압에서 더 적은 ADH 필요 → 혈액량 증가**

어느 경우에서든 혈장 삼투압이 증가하면 ADH 농도가 증가하는 것은 똑같다.

그림은 어떤 사람에게서 혈액량이 서로 다른 3가지 경우(A~C)에 혈장 삼투압에 따른 혈중 ADH(항이뇨 호르몬)의 농도를 나타낸 것이다.

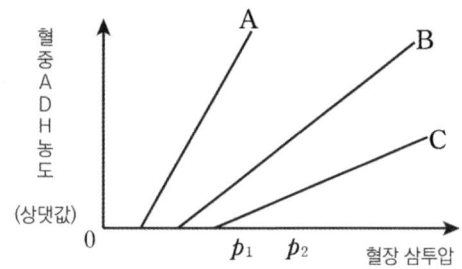

이에 대한 설명으로 옳은 것만을 <보기>에서 있는 대로 고르시오.
(단, 제시된 자료 이외에 체내 수분량에 영향을 미치는 요인은 없다.)

―――――――――――――――― 〈 보 기 〉 ――――――――――――――――

ㄱ. C는 B보다 혈액량이 많은 경우이다.

ㄴ. P_2일 때 생성되는 오줌량은 A보다 B에서 적다.

ㄷ. B에서 오줌의 삼투압은 P_1일 때보다 P_2일 때 높다.

▶

METHOD #1, #2. 유형 및 투여 물질 확인

문제에서 혈액량이 다른 경우의 혈장 삼투압에 따른 ADH 농도가 주어졌으므로 Case 2이다.

METHOD #3-2. 자료 해석

혈액량이 적을수록 같은 혈장 삼투압에서 더 많은 ADH가 필요하다.
그러므로 혈액량은 A<B<C이다.
→ ㄱ 정답

같은 삼투압(P_2)일 때 A의 ADH 농도가 더 높으므로 오줌 생성량도 A가 더 적다.
→ ㄴ 오답

B의 ADH 농도는 P_2일 때 더 높으므로 오줌 삼투압도 P_2일 때 더 높다.
→ ㄷ 정답

01 2022학년도 9월 평가원 8번

표는 사람 몸에서 분비되는 호르몬 ㉠과 ㉡의 기능을 나타낸 것이다. ㉠과 ㉡은 항이뇨 호르몬 (ADH)과 갑상샘 자극 호르몬(TSH)을 순서 없이 나타낸 것이다.

호르몬	기능
㉠	콩팥에서 물의 재흡수를 촉진한다.
㉡	갑상샘에서 티록신의 분비를 촉진한다.

이에 대한 설명으로 옳은 것만을 <보기>에서 있는 대로 고르시오.

〈 보 기 〉

ㄱ. ㉠은 혈액을 통해 콩팥으로 이동한다.

ㄴ. 뇌하수체에서는 ㉠과 ㉡이 모두 분비된다.

ㄷ. 혈중 티록신 농도가 증가하면 ㉡의 분비가 촉진된다.

02 2023학년도 6월 평가원 6번

표는 사람의 호르몬과 이 호르몬이 분비되는 내분비샘을 나타낸 것이다. A와 B는 티록신과 항 이뇨 호르몬(ADH)을 순서 없이 나타낸 것이다.

호르몬	내분비샘
A	갑상샘
B	뇌하수체 후엽
갑상샘 자극 호르몬(TSH)	㉠

이에 대한 설명으로 옳은 것만을 <보기>에서 있는 대로 고르시오.

〈 보 기 〉

ㄱ. A는 티록신이다.

ㄴ. B는 콩팥에서 물의 재흡수를 촉진한다.

ㄷ. ㉠은 뇌하수체 전엽이다.

그림은 사람에서 혈중 티록신 농도에 따른 물질대사량을, 표는 갑상샘 기능에 이상이 있는 사람 A와 B의 혈중 티록신 농도, 물질대사량, 증상을 나타낸 것이다. ㉠과 ㉡은 '정상보다 높음'과 '정상보다 낮음'을 순서 없이 나타낸 것이다.

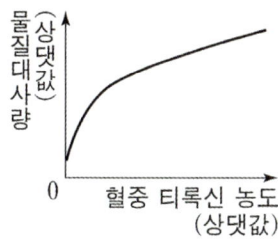

사람	티록신 농도	물질대사량	증상
A	㉠	정상보다 증가함	심장 박동 수가 증가하고 더위에 약함
B	㉡	정상보다 감소함	체중이 증가하고 추위를 많이 탐

이에 대한 설명으로 옳은 것만을 <보기>에서 있는 대로 고르시오. (단, 제시된 조건 이외는 고려하지 않는다.)

─── <보 기> ───

ㄱ. 갑상샘에서 티록신이 분비된다.

ㄴ. ㉠은 '정상보다 높음'이다.

ㄷ. B에게 티록신을 투여하면 투여 전보다 물질대사량이 감소한다.

사람 A와 B는 모두 혈중 티록신 농도가 정상보다 낮다. 표 (가)는 A와 B의 혈중 티록신 농도가 정상보다 낮은 원인을, (나)는 사람 ㉠과 ㉡의 TSH 투여 전과 후의 혈중 티록신 농도를 나타낸 것이다. ㉠과 ㉡은 A와 B를 순서 없이 나타낸 것이다.

사람	원인
A	TSH가 분비되지 않음
B	TSH의 표적 세포가 TSH에 반응하지 못함

(가)

사람	티록신 농도	
	TSH 투여 전	TSH 투여 후
㉠	정상보다 낮음	정상
㉡	정상보다 낮음	정상보다 낮음

(나)

이에 대한 설명으로 옳은 것만을 <보기>에서 있는 대로 고르시오. (단, 제시된 조건 이외는 고려하지 않는다.)

─────────── <보 기> ───────────

ㄱ. ㉠은 B이다.

ㄴ. TSH 투여 후, A의 갑상샘에서 티록신이 분비된다.

ㄷ. 정상인에서 혈중 티록신 농도가 증가하면 TSH의 분비가 촉진된다.

사람 A ~ C는 모두 혈중 티록신 농도가 정상적이지 않다. 표 (가)는 A ~ C의 혈중 티록신 농도가 정상적이지 않은 원인을, (나)는 사람 ㉠~㉢의 혈중 티록신과 TSH의 농도를 나타낸 것이다. ㉠~㉢은 A ~ C를 순서 없이 나타낸 것이고, @는 '+'와 '−' 중 하나이다.

사람	원인
A	뇌하수체 전엽에 이상이 생겨 TSH 분비량이 정상보다 적음
B	갑상샘에 이상이 생겨 티록신 분비량이 정상보다 많음
C	갑상샘에 이상이 생겨 티록신 분비량이 정상보다 적음

(가)

사람	혈중 농도	
	티록신	TSH
㉠	−	+
㉡	+	@
㉢	−	−

(+: 정상보다 높음, −: 정상보다 낮음)

(나)

이에 대한 설명으로 옳은 것만을 <보기>에서 있는 대로 고르시오. (단, 제시된 조건 이외는 고려하지 않는다.)

─────── <보 기> ───────

ㄱ. @는 '−'이다.

ㄴ. ㉠에게 티록신을 투여하면 투여 전보다 TSH의 분비가 촉진된다.

ㄷ. 정상인에서 뇌하수체 전엽에 TRH의 표적 세포가 있다.

그림은 정상인의 혈중 포도당 농도에 따른 ㉠과 ㉡의 혈중 농도를 나타낸 것이다. ㉠과 ㉡은 각각 인슐린과 글루카곤 중 하나이다.

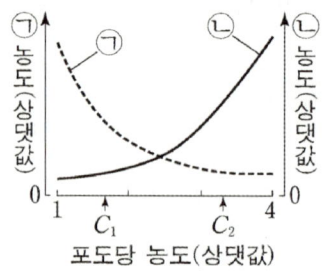

이에 대한 설명으로 옳은 것만을 <보기>에서 있는 대로 고르시오.

─────── 〈 보   기 〉 ───────

ㄱ. ㉠은 이자의 α세포에서 분비된다.

ㄴ. ㉡의 분비를 조절하는 중추는 연수이다.

ㄷ. 혈중 인슐린 농도는 C_2일 때가 C_1일 때보다 높다.

그림 (가)와 (나)는 탄수화물을 섭취한 후 시간에 따른 A와 B의 혈중 포도당 농도와 혈중 X 농도를 각각 나타낸 것이다. A와 B는 정상인과 당뇨병 환자를 순서 없이 나타낸 것이고, X는 인슐린과 글루카곤 중 하나이다.

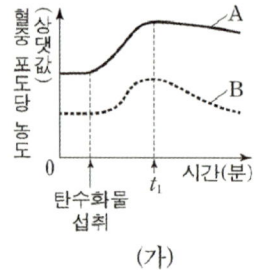 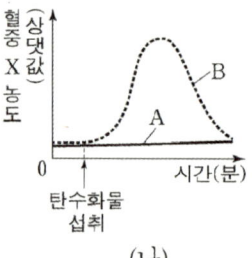

(가)   (나)

이에 대한 설명으로 옳은 것만을 <보기>에서 있는 대로 고르시오. (단, 제시된 조건 이외는 고려하지 않는다.)

─────── <보   기> ───────

ㄱ. B는 당뇨병 환자이다.

ㄴ. X는 이자의 β세포에서 분비된다.

ㄷ. 정상인에서 혈중 글루카곤의 농도는 탄수화물 섭취 시점에서가 t_1에서보다 낮다.

그림은 정상인과 당뇨병 환자 A가 탄수화물을 섭취한 후 시간에 따른 혈중 인슐린 농도를, 표는 당뇨병 (가)와 (나)의 원인을 나타낸 것이다. A의 당뇨병은 (가)와 (나) 중 하나에 해당한다.

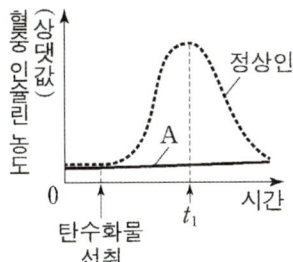

당뇨병	원인
(가)	이자의 β세포가 파괴되어 인슐린이 정상적으로 생성되지 못함
(나)	인슐린은 정상적으로 분비되나 표적세포가 인슐린에 반응하지 못함

이에 대한 설명으로 옳은 것만을 <보기>에서 있는 대로 고르시오. (단, 제시된 조건 이외는 고려하지 않는다.)

───── <보 기> ─────

ㄱ. A의 당뇨병은 (가)에 해당한다.

ㄴ. 인슐린은 세포로의 포도당 흡수를 촉진한다.

ㄷ. t_1일 때 혈중 포도당 농도는 A가 정상인보다 낮다.

09 2021년 7월 교육청 3번

그림 (가)는 호르몬 A와 B에 의해 촉진되는 글리코젠과 포도당 사이의 전환 과정을, (나)는 어떤 세포에 ⊙을 처리했을 때와 처리하지 않았을 때 세포 밖 포도당 농도에 따른 세포 안 포도당 농도를 나타낸 것이다. A와 B는 각각 인슐린과 글루카곤 중 하나이며, ⊙은 A와 B 중 하나이다.

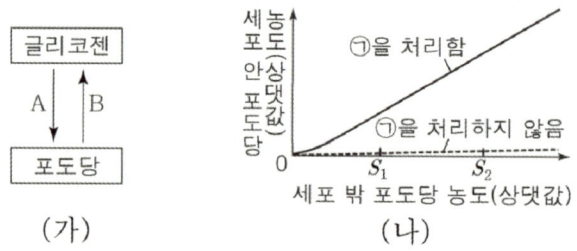

(가)　　　　　(나)

이에 대한 설명으로 옳은 것만을 <보기>에서 있는 대로 고르시오. (단, 제시된 조건 이외는 고려하지 않는다.)

─────────── <보 기> ───────────

ㄱ. ⊙은 B이다.

ㄴ. A는 이자의 α세포에서 분비된다.

ㄷ. ⊙을 처리했을 때 세포 밖에서 세포 안으로 이동하는 포도당의 양은 S_1일 때가 S_2일 때보다 많다.

10 2022학년도 수능 8번

그림은 정상인이 운동을 하는 동안 혈중 포도당 농도와 혈중 ⊙ 농도의 변화를 나타낸 것이다. ⊙은 글루카곤과 인슐린 중 하나이다.

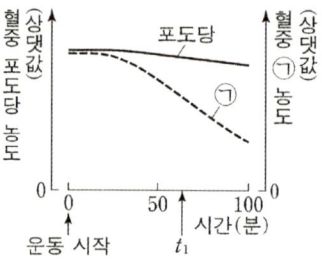

이에 대한 설명으로 옳은 것만을 <보기>에서 있는 대로 고르시오. (단, 제시된 조건 이외는 고려하지 않는다.)

─────────── <보 기> ───────────

ㄱ. 이자의 α세포에서 글루카곤이 분비된다.

ㄴ. ⊙은 세포로의 포도당 흡수를 촉진한다.

ㄷ. 간에서 단위 시간당 생성되는 포도당의 양은 운동 시작 시점일 때가 t_1일 때보다 많다.

11 2023학년도 6월 평가원 16번

그림 (가)는 정상인이 탄수화물을 섭취한 후 시간에 따른 혈중 호르몬 ㉠과 ㉡의 농도를, (나)는 이자의 세포 X와 Y에서 분비되는 ㉠과 ㉡을 나타낸 것이다. ㉠과 ㉡은 글루카곤과 인슐린을 순서 없이 나타낸 것이고, X와 Y는 α세포와 β세포를 순서 없이 나타낸 것이다.

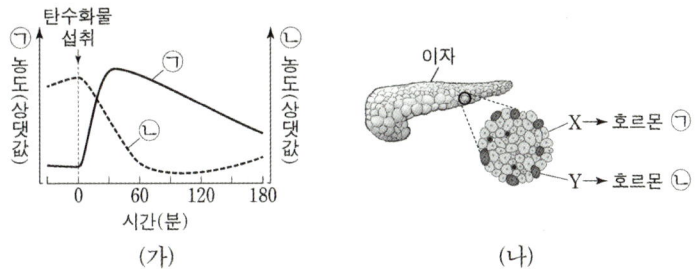

(가)   (나)

이에 대한 설명으로 옳은 것만을 <보기>에서 있는 대로 고르시오.

───────── <보 기> ─────────

ㄱ. ㉠과 ㉡은 혈중 포도당 농도 조절에 길항적으로 작용한다.

ㄴ. ㉡은 간에서 포도당이 글리코젠으로 전환되는 과정을 촉진한다.

ㄷ. X는 α세포이다.

12 2023학년도 수능 10번

그림 (가)와 (나)는 정상인 I과 II에서 ㉠과 ㉡의 변화를 각각 나타낸 것이다. t_1일 때 I과 II 중 한 사람에게만 인슐린을 투여하였다. ㉠과 ㉡은 각각 혈중 글루카곤 농도와 혈중 포도당 농도 중 하나이다.

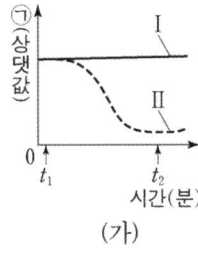   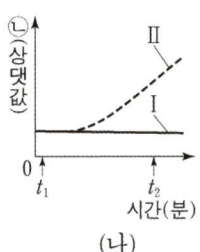

(가)   (나)

이에 대한 설명으로 옳은 것만을 <보기>에서 있는 대로 고르시오. (단, 제시된 조건 이외는 고려하지 않는다.)

───────── <보 기> ─────────

ㄱ. 인슐린은 세포로의 포도당 흡수를 촉진한다.

ㄴ. ㉡은 혈중 포도당 농도이다.

ㄷ. $\dfrac{\text{I 의 혈중 글루카곤 농도}}{\text{II 의 혈중 글루카곤 농도}}$ 는 t_2일 때가 t_1일 때보다 크다.

13 2014학년도 7월 교육청 12번

그림 (가)는 체온 조절 과정의 일부를, (나)는 어떤 사람의 시상 하부에 설정된 온도 변화에 따른 체온 변화를 나타낸 것이다.

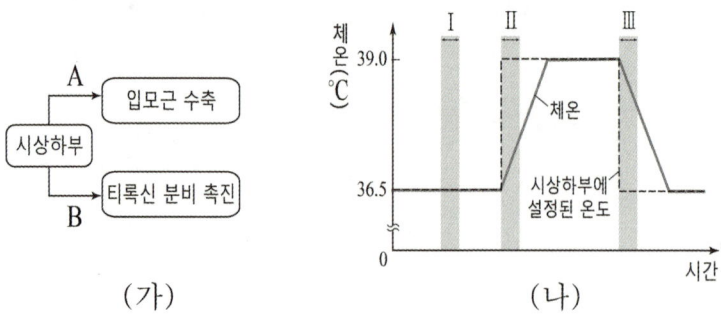

(가)　　　　　　　(나)

이에 대한 설명으로 옳은 것만을 <보기>에서 있는 대로 고르시오.

― <보　기> ―

ㄱ. A 과정은 호르몬에 의한 조절이다.

ㄴ. B 과정은 구간 I에서보다 구간 II에서 활발하다.

ㄷ. 피부 모세 혈관을 흐르는 혈액량은 구간 II에서보다 III에서 많다.

14 2020학년도 9월 평가원 9번

그림 (가)는 사람에게서 시상 하부 온도에 따른 ㉠을, (나)는 저온 자극이 주어졌을 때, 시상 하부로부터 교감 신경 A를 통해 피부 근처 혈관의 수축이 일어나는 과정을 나타낸 것이다. ㉠은 근육에서의 열 발생량(열 생산량)과 피부에서의 열 발산량(열 방출량) 중 하나이다.

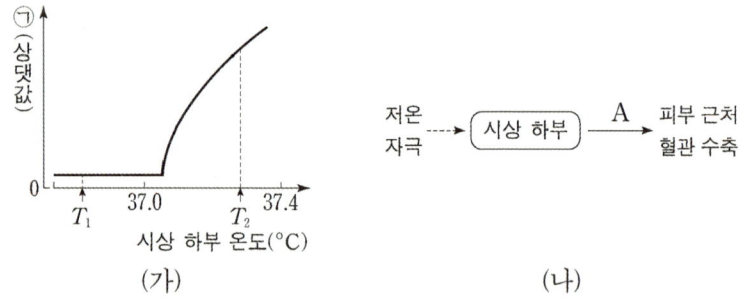

(가)　　　　　　　(나)

이에 대한 설명으로 옳은 것만을 <보기>에서 있는 대로 고르시오.

― <보　기> ―

ㄱ. ㉠은 피부에서의 열 발산량이다.

ㄴ. A의 신경절 이후 뉴런의 축삭 돌기 말단에서 분비되는 신경 전달 물질은 아세틸콜린이다.

ㄷ. 피부 근처 모세 혈관으로 흐르는 단위 시간당 혈액량은 T_2일 때가 T_1일 때보다 많다.

15 2020년 3월 교육청 4번

그림은 어떤 사람에게 저온 자극이 주어졌을 때 일어나는 체온 조절 과정의 일부를 나타낸 것이다.

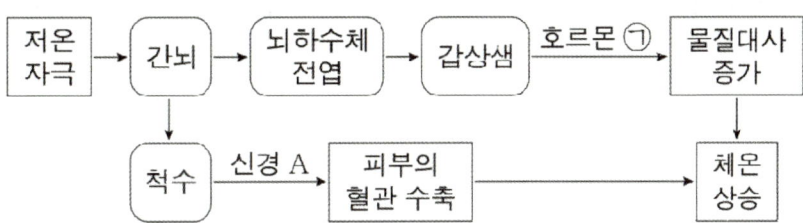

이에 대한 옳은 설명만을 <보기>에서 있는 대로 고르시오.

<보 기>

ㄱ. ⓐ은 티록신이다.

ㄴ. A는 원심성 신경이다.

ㄷ. 피부의 혈관 수축으로 열 발산량이 증가한다.

16 2021학년도 6월 평가원 5번

그림은 정상인에게서 저온 자극과 고온 자극을 주었을 때 ⓐ의 변화를 나타낸 것이다. ⓐ은 근육에서의 열 발생량(열 생산량)과 피부 근처 모세 혈관을 흐르는 단위 시간당 혈액량 중 하나이다.

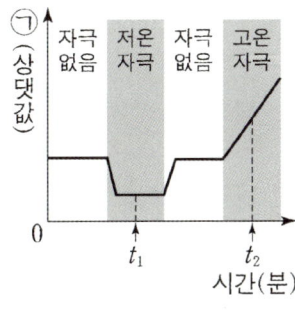

이에 대한 설명으로 옳은 것만을 <보기>에서 있는 대로 고르시오.

<보 기>

ㄱ. ⓐ은 근육에서의 열 발생량이다.

ㄴ. 피부 근처 모세 혈관을 흐르는 단위 시간당 혈액량은 t_2일 때가 t_1일 때보다 많다.

ㄷ. 체온 조절 중추는 시상 하부이다.

17 2021학년도 9월 평가원 7번

그림 (가)는 자율 신경 X에 의한 체온 조절 과정을, (나)는 항이뇨 호르몬(ADH)에 의한 체내 삼투압 조절 과정을 나타낸 것이다. ⊙은 '피부 근처 혈관 수축'과 '피부 근처 혈관 확장' 중 하나이다.

(가)   저온 자극 ----→ [조절 중추] --X→ ⊙

(나)   정상 범위
       보다 높은 ----→ [조절 중추] ----→ [내분비샘] --ADH→ 콩팥에서의
       혈장 삼투압   수분 재흡수량
                                                          증가

이에 대한 설명으로 옳은 것만을 <보기>에서 있는 대로 고르시오.

──────── <보 기> ────────

ㄱ. ⊙은 '피부 근처 혈관 수축'이다.

ㄴ. 혈중 ADH의 농도가 증가하면, 생성되는 오줌의 삼투압이 감소한다.

ㄷ. (가)와 (나)에서 조절 중추는 모두 연수이다.

18 2022학년도 6월 평가원 12번

그림은 어떤 동물의 체온 조절 중추에 ⊙ 자극과 ⓛ 자극을 주었을 때 시간에 따른 체온을 나타낸 것이다. ⊙과 ⓛ은 고온과 저온을 순서 없이 나타낸 것이다.

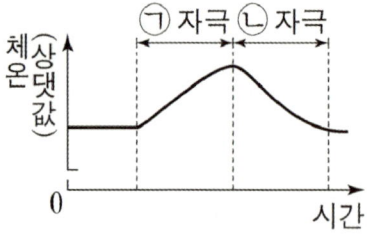

이에 대한 설명으로 옳은 것만을 <보기>에서 있는 대로 고르시오.

──────── <보 기> ────────

ㄱ. ⊙은 고온이다.

ㄴ. 사람의 체온 조절 중추에 ⓛ 자극을 주면 피부 근처 혈관이 수축된다.

ㄷ. 사람의 체온 조절 중추는 시상 하부이다.

19 2018학년도 9월 평가원 16번

그림 (가)는 어떤 동물에서 전체 혈액량이 정상 상태일 때와 ㉠일 때 혈장 삼투압에 따른 호르몬 X의 혈중 농도를, (나)는 정상 상태인 이 동물에게 물과 소금물을 순서대로 투여하였을 때 단위 시간당 오줌 생성량을 시간에 따라 나타낸 것이다. X는 뇌하수체 후엽에서 분비되고, ㉠은 정상 상태일 때보다 전체 혈액량이 증가한 상태와 감소한 상태 중 하나이다.

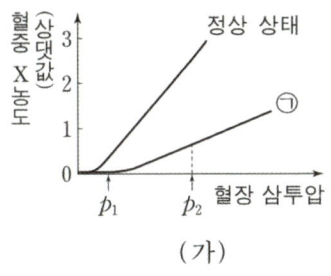 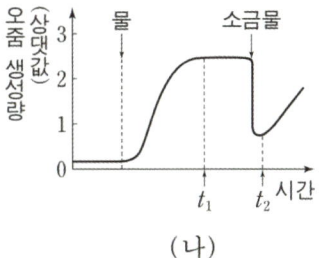

(가)　　　　　　　　　　(나)

이에 대한 설명으로 옳은 것만을 <보기>에서 있는 대로 고르시오. (단, 제시된 자료 이외에 체내 수분량에 영향을 미치는 요인은 없다.)

─── <보 기> ───

ㄱ. ㉠은 정상 상태일 때보다 전체 혈액량이 증가한 상태이다.

ㄴ. ㉠일 때 단위 시간당 오줌 생성량은 p_1일 때가 p_2일 때보다 많다.

ㄷ. 호르몬 X의 혈중 농도는 t_2일 때가 t_1일 때보다 높다.

20 2019학년도 6월 평가원 14번

그림은 정상인이 1L의 물을 섭취한 후 단위 시간당 오줌 생성량을 시간에 따라 나타낸 것이다.

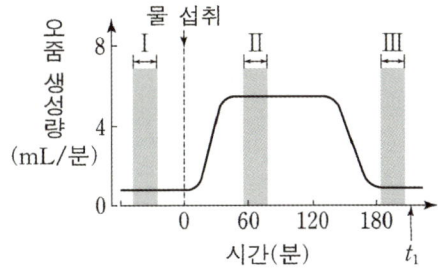

이에 대한 설명으로 옳은 것만을 <보기>에서 있는 대로 고르시오. (단, 제시된 자료 이외에 체내 수분량에 영향을 미치는 요인은 없다.)

─── <보 기> ───

ㄱ. 혈중 항이뇨 호르몬 농도는 구간 I에서가 구간 II에서보다 높다.

ㄴ. 혈장 삼투압은 구간 II에서가 구간 III에서보다 높다.

ㄷ. t_1일 때 땀을 많이 흘리면, 생성되는 오줌의 삼투압이 감소한다.

21 2020학년도 수능 8번

그림은 정상인의 혈중 항이뇨 호르몬(ADH) 농도에 따른 ㉠을 나타낸 것이다. ㉠은 오줌 삼투압과 단위 시간당 오줌 생성량 중 하나이다.

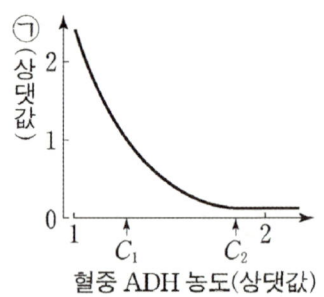

혈중 ADH 농도(상댓값)

이에 대한 설명으로 옳은 것만을 <보기>에서 있는 대로 고르시오. (단, 제시된 자료 이외에 체내 수분량에 영향을 미치는 요인은 없다.)

─────── <보 기> ───────

ㄱ. 시상 하부는 ADH의 분비를 조절한다.

ㄴ. ㉠은 오줌 삼투압이다.

ㄷ. 콩팥에서 단위 시간당 수분 재흡수량은 C_2일 때가 C_1일 때보다 많다.

22 2021학년도 6월 평가원 12번

그림 (가)와 (나)는 정상인에서 각각 ㉠과 ㉡의 변화량에 따른 혈중 항이뇨 호르몬(ADH)의 농도를 나타낸 것이다. ㉠과 ㉡은 각각 혈장 삼투압과 전체 혈액량 중 하나이다.

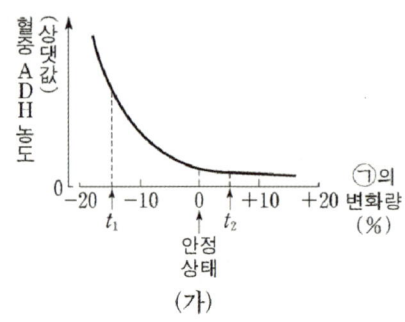
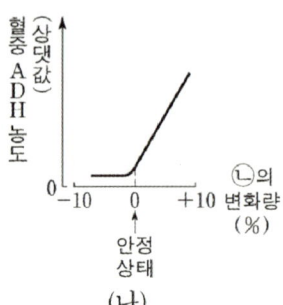

이에 대한 설명으로 옳은 것만을 <보기>에서 있는 대로 고르시오. (단, 제시된 자료 이외에 체내 수분량에 영향을 미치는 요인은 없다.)

─────── <보 기> ───────

ㄱ. ㉡은 혈장 삼투압이다.

ㄴ. 콩팥은 ADH의 표적 기관이다.

ㄷ. (가)에서 단위 시간당 오줌 생성량은 t_1에서가 t_2에서보다 많다.

그림은 어떤 정상인이 1L의 물을 섭취했을 때 단위 시간당 오줌 생성량의 변화를 나타낸 것이다.

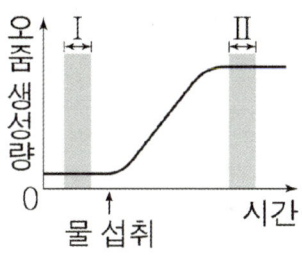

구간 I에서가 구간 II에서보다 높은 것만을 <보기>에서 있는 대로 고르시오. (단, 제시된 조건 이외는 고려하지 않는다.)

<보 기>

ㄱ. 혈장 삼투압

ㄴ. 오줌 삼투압

ㄷ. 혈중 항이뇨 호르몬 농도

그림은 어떤 동물 종에서 ㉠이 제거된 개체 I과 정상 개체 II에 각각 자극 ⓐ를 주고 특정한 단위 시간당 오줌 생성량을 시간에 따라 나타낸 것이다. ㉠은 뇌하수체 전엽과 뇌하수체 후엽 중하나이고, ⓐ는 ㉠에서 호르몬 X의 분비를 촉진한다.

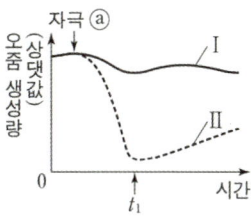

이에 대한 설명으로 옳은 것만을 <보기>에서 있는 대로 고르시오. (단, 제시된 조건 이외는 고려하지 않는다.)

<보 기>

ㄱ. ㉠은 뇌하수체 후엽이다.

ㄴ. t_1일 때 콩팥에서의 단위 시간당 수분 재흡수량은 I에서가 II에서보다 많다.

ㄷ. t_1일 때 I에게 항이뇨 호르몬(ADH)을 주사하면 생성되는 오줌의 삼투압이 감소한다.

그림은 사람 I과 II에서 전체 혈액량의 변화량에 따른 혈중 항이뇨 호르몬(ADH) 농도를 나타낸 것이다. I과 II는 'ADH가 정상적으로 분비되는 사람'과 'ADH가 과다하게 분비되는 사람'을 순서 없이 나타낸 것이다.

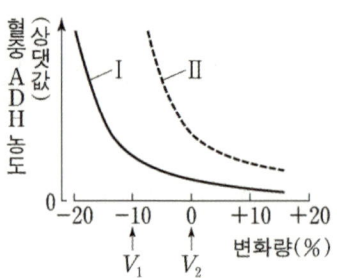

이에 대한 설명으로 옳은 것만을 <보기>에서 있는 대로 고르시오. (단, 제시된 조건 이외는 고려하지 않는다.)

<보 기>

ㄱ. ADH는 혈액을 통해 표적 세포로 이동한다.

ㄴ. II는 ADH가 정상적으로 분비되는 사람'이다.

ㄷ. I에서 단위 시간당 오줌 생성량은 V_1일 때가 V_2일 때보다 많다.

그림 (가)는 정상인의 혈중 항이뇨 호르몬(ADH) 농도에 따른 ㉠을, (나)는 정상인 A와 B 중 한 사람에게만 수분 공급을 중단하고 측정한 시간에 따른 ㉠을 나타낸 것이다. ㉠은 오줌 삼투압과 단위 시간당 오줌 생성량 중 하나이다.

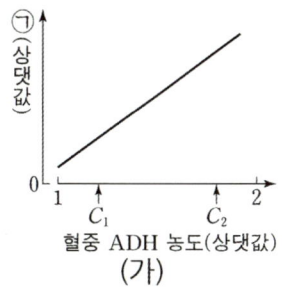

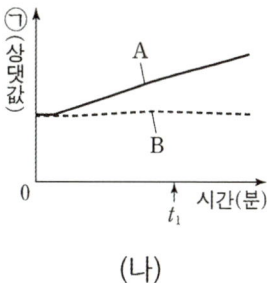

(가)   (나)

이에 대한 설명으로 옳은 것만을 <보기>에서 있는 대로 고르시오. (단, 제시된 조건 이외는 고려하지 않는다.)

<보 기>

ㄱ. 단위 시간당 오줌 생성량은 C_2일 때가 C_1일 때보다 많다.

ㄴ. t_1일 때 $\dfrac{\text{B의 혈중 ADH 농도}}{\text{A의 혈중 ADH 농도}}$ 는 1보다 크다.

ㄷ. 콩팥은 ADH의 표적 기관이다.

그림은 어떤 동물 종의 개체 A와 B를 고온 환경에 노출시켜 같은 양의 땀을 흘리게 하면서 측정한 혈장 삼투압을 시간에 따라 나타낸 것이다. A와 B는 '항이뇨 호르몬(ADH)이 정상적으로 분비되는 개체'와 '항이뇨 호르몬(ADH)이 정상보다 적게 분비되는 개체'를 순서 없이 나타낸 것이다.

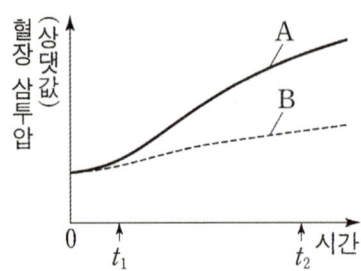

이에 대한 설명으로 옳은 것만을 <보기>에서 있는 대로 고르시오. (단, 제시된 조건 이외는 고려하지 않는다.)

<보 기>

ㄱ. ADH는 콩팥에서 물의 재흡수를 촉진한다.

ㄴ. A는 'ADH가 정상적으로 분비되는 개체'이다.

ㄷ. B에서 생성되는 오줌의 삼투압은 t_1일 때가 t_2일 때보다 높다.

그림 (가)는 정상인에서 갈증을 느끼는 정도를 ⓐ의 변화량에 따라 나타낸 것이다. 그림 (나)는 정상인 A에게는 소금과 수분을, 정상인 B에게는 소금만 공급하면서 측정한 ⓐ를 시간에 따라 나타낸 것이다. ⓐ는 전체 혈액량과 혈장 삼투압 중 하나이다.

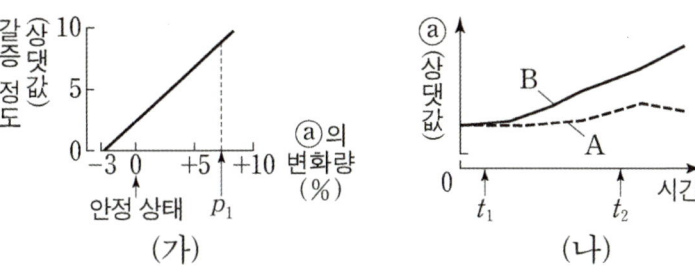

(가)　　　(나)

이에 대한 설명으로 옳은 것만을 <보기>에서 있는 대로 고르시오. (단, 제시된 조건 이외는 고려하지 않는다.)

―――――― <보 기> ――――――

ㄱ. 생성되는 오줌의 삼투압은 안정 상태일 때가 p_1일 때보다 높다.

ㄴ. t_2일 때 갈증을 느끼는 정도는 B에서가 A에서보다 크다.

ㄷ. B의 혈중 항이뇨 호르몬(ADH) 농도는 t_1일 때가 t_2일 때보다 높다.

표는 사람의 내분비샘 ㉠과 ㉡에서 분비되는 호르몬과 표적 기관을 나타낸 것이다. ㉠과 ㉡은 뇌하수체 전엽과 뇌하수체 후엽을 순서 없이 나타낸 것이다.

내분비샘	호르몬	표적 기관
㉠	갑상샘 자극 호르몬 (TSH)	갑상샘
㉡	항이뇨 호르몬 (ADH)	?

이에 대한 설명으로 옳은 것만을 <보기>에서 있는 대로 고르시오.

―――――― <보　기> ――――――

ㄱ. ㉠은 뇌하수체 후엽이다.

ㄴ. ADH는 콩팥에서 물의 재흡수를 촉진한다.

ㄷ. TSH와 ADH는 모두 혈액을 통해 표적 기관으로 운반된다.

그림은 어떤 동물에게 호르몬 X를 투여한 후 시간에 따른 ⓐ와 ⓑ를 나타낸 것이다. X는 글루카곤과 인슐린 중 하나이고, ⓐ와 ⓑ는 '간에서 단위 시간당 글리코젠으로부터 생성되는 포도당의 양'과 '혈중 포도당 농도'를 순서 없이 나타낸 것이다.

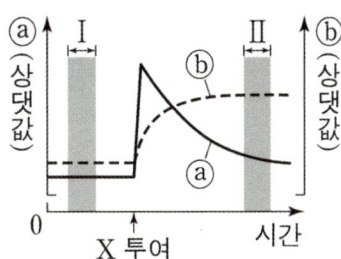

이에 대한 설명으로 옳은 것만을 <보기>에서 있는 대로 고르시오. (단, 제시된 조건 이외는 고려하지 않는다.)

―――――――― <보 기> ――――――――

ㄱ. ⓑ는 '혈중 포도당 농도'이다.

ㄴ. 혈중 인슐린 농도는 구간 I에서가 구간 II에서보다 높다.

ㄷ. 혈중 포도당 농도가 증가하면 X의 분비가 촉진된다.

그림 (가)는 사람에서 시간에 따른 혈중 호르몬 ㉠과 ㉡의 농도를, (나)는 혈중 ㉡의 농도에 따른 물질대사량을 나타낸 것이다. ㉠과 ㉡은 티록신과 TSH를 순서 없이 나타낸 것이다.

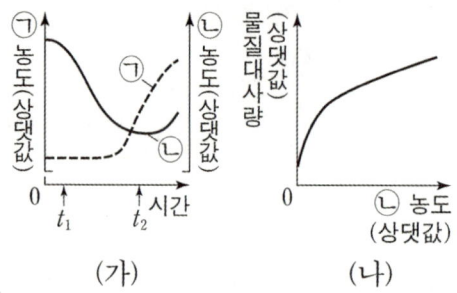

(가)   (나)

이에 대한 설명으로 옳은 것만을 <보기>에서 있는 대로 고르시오. (단, 제시된 조건 이외는 고려하지 않는다.)

─────── <보 기> ───────

ㄱ. ㉠은 티록신이다.

ㄴ. ㉡의 분비는 음성 피드백에 의해 조절된다.

ㄷ. $\dfrac{\text{물질대사량}}{\text{혈중 TSH 농도}}$ 은 t_1일 때가 t_2일 때보다 크다.

그림은 동물 종 X에서 ㉠ 섭취량에 따른 혈장 삼투압을 나타낸 것이다. ㉠은 물과 소금 중 하나이고, I과 II는 '항이뇨 호르몬(ADH)이 정상적으로 분비되는 개체'와 '항이뇨 호르몬(ADH)이 정상보다 적게 분비되는 개체'를 순서 없이 나타낸 것이다.

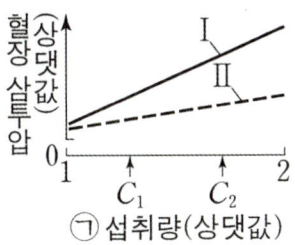

이에 대한 설명으로 옳은 것만을 <보기>에서 있는 대로 고르시오. (단, 제시된 조건 이외는 고려하지 않는다.)

<보 기>

ㄱ. 콩팥은 ADH의 표적 기관이다.

ㄴ. I은 'ADH가 정상적으로 분비되는 개체'이다.

ㄷ. II에서 단위 시간당 오줌 생성량은 C_1일 때가 C_2일 때보다 적다.

그림은 어떤 동물에게 호르몬 X를 투여한 후 시간에 따른 ⓐ와 ⓑ를 나타낸 것이다. X는 글루카곤과 인슐린 중 하나이고, ⓐ와 ⓑ는 '간에서 단위 시간당 글리코젠으로부터 생성되는 포도당의 양'과 '혈중 포도당 농도'를 순서 없이 나타낸 것이다.

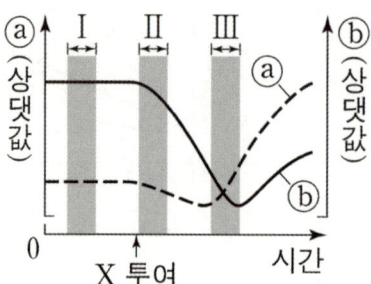

이 자료에 대한 설명으로 옳은 것만을 <보기>에서 있는 대로 고르시오. (단, 제시된 조건 이외는 고려하지 않는다.)

————————— <보 기> —————————

ㄱ. 혈중 포도당 농도는 구간 I에서가 구간 III에서보다 낮다.

ㄴ. 혈중 인슐린 농도는 구간 I에서가 구간 II에서보다 낮다.

ㄷ. 혈중 글루카곤 농도는 구간 II에서가 구간 III에서보다 높다.

memo

05 방어 작용

UNIT 3의 마지막 PART, **방어 작용**이다.

UNIT 3가 개념의 양도 많고 문제도 많이 출제되다 보니 유전을 제외하면 학습자에게 가장 신경 쓰이는 UNIT이었을 것이다. 방어 작용도 내용이 적지 않으니 정리한 내용을 잘 학습하고 어떤 문제가 출제되는지 알아두기를 바란다.

본 단원에서 배우는 내용과 출제하는 방향에 차이가 있으니 어떻게 출제되는가를 먼저 소개하겠다.

이번 PART는 크게 세 가지 THEME로 구성되고, 시험지에서 두 문제를 출제하고 있다.

❶ THEME 01 : 질병과 병원체
❷ THEME 02 : 면역 작용
❸ **THEME 03 : 혈액형**

각 THEME 별로 출제되는 유형이 비교적 뚜렷한 단원이고 THEME 01, THEME 02의 경우 요구하는 이해의 깊이와 문제의 난도가 높지 않기에 크게 무리가 없는 단원이다. THEME 01 질병과 병원체에서 출제되는 문제의 경우 100% 암기를 기반으로 한 개념형 문제가 출제되었다. 어떤 문제가 나와도 무리 없이 풀 수 있도록 '여기까지 알아야 한다'라는 GUIDELINE을 제시하겠다.

THEME 02 면역 작용에서 출제되는 문제는 간단한 개념형 문제 혹은 면역 실험 자료해석 문제로 출제되었다. 면역 실험 문제, 쉽게 말해 생쥐 실험의 경우 어려운 추론이 필요하지는 않으나 해석 과정에서 자료가 잘 정리되지 않으면 다소 복잡하게 느껴질 수 있기에, 2중 실험 문제의 해석에 중점을 두고 METHOD를 정리하겠다.

더하여, 난도가 높고 주로 추론형 문항으로 출제되는 THEME 03 혈액형의 경우 이전 교육과정에서는 종종 출제되었으나 2015 교육과정(2021학년도부터)에서 평가원 시험에 단독 출제된 적이 단 한 번도 없다.

THEME 03에서 자세히 다루겠지만, 2015 교육과정(현 교육과정)의 8종 교과서 중 Rh식 혈액형의 경우는 대부분 삭제되었고, 이전 교육과정에서도 혈액형 유형의 평가원 출제 빈도는 매우 적었기에 까다로운 난도에 비해서 중요성은 떨어진다. 기출을 바탕으로 THEME 03에 대해 학습하되, 그 중요성은 다른 THEME보다 떨어짐을 알아두자.

이번 PART를 통해서 방대한 양의 UNIT 3를 잘 정리하고 문제를 풀 때 한 번쯤은 느꼈을 신경 쓰임과 찝찝함을 해소하기를 바란다.

THEME 01. 질병과 병원체

시험지마다 **하나씩 반드시 출제되었던 유형**이다. 거의 100% 개념형으로 출제하다 보니
이 유형이 까다롭다고 보기는 어려우나 문제를 풀다 보면
"어디까지 알고 있어야 하는가?"에 대한 의문이 생겨 찝찝함을 느끼는 학습자들이 있었을 것이다.

그 찝찝함을 해결해주고자 어디까지 외워야 하는가를 제시하겠다.
기출로 제시되었던 문제들을 바탕으로 교육과정에서 요구하는 암기의 내용과
물을 수 있는 선지의 경계를 점검하자.

결국 이번 THEME에서 가장 중요한 것은 빈출 개념이 바로바로 떠오르느냐다.
아래 표는 자주 출제되는 선지를 같은 말끼리 묶어놓은 것이다.
해당 선지들이 자연스럽게 판단되는지 체크해보고, 애매한 부분이 있다면 확실하게 암기하자.

1. 감염성 질병이다 / 전염이 된다 / 병원체가 존재한다.
2. 병원체가 단백질을 가진다.
3. 병원체가 핵산을 가진다 / 병원체가 유전 물질을 가진다.
4. 병원체가 스스로 물질대사를 한다.
5. 병원체가 세포 구조로 되어있다 / 병원체가 세포막을 가진다.
6. 병원체에 핵이 존재한다 / 병원체가 핵막을 가진다.
7. 치료시에 OO가 사용된다.

구분	1	2	3	4	5	6	7	질병
비감염성	X	X	X	X	X	X	X	• 고혈압 • 당뇨병 • 고지질혈증
프라이온	O	O	X	X	X	X	X	• 광우병(소) • 크로이츠펠트 야콥병(사람)
바이러스	O	O	O	X	X	X	항바이러스제	• 홍역 • AIDS • 독감
세균	O	O	O	O	O	X	항생제	• 결핵 • 파상풍 • 콜레라 • 탄저병 • 세균성 폐렴
원생생물	O	O	O	O	O	O	X	• 말라리아 • 수면병
균류	O	O	O	O	O	O	항진균제	• 무좀

예시 이외의 다양한 선지들은 예제와 유제를 해결하면서 익숙해지도록 연습하자.

Tip)

프라이온의 경우 8종 교과서 중 일부에서만 소개하고 있습니다. 지식적인 부분이므로 출제하더라도 간단한 내용만 출제할 수 있습니다. 더 많이 알 필요도 없습니다.

사설에서는 물론 생소한 질병이나 교과 외의 특성을 어렵게 꼬아 묻는 선지가 나올 수 있습니다. 이 때문에 학습에 찝찝함이 남을 수 있는데, 개념형 문항은 추론이 불가능합니다. 교육과정 내의 내용들을 표에 정리해두었으니 안심하고 표만 외우셔도 좋습니다.

비감염성 질병에는 앞의 표에서 제시한 대사성 질환(고혈압, 당뇨병, 고지질혈증) 이외에도 UNIT 3에서 정리한 신경계 질환(알츠하이머병, 파킨슨병 등)과 UNIT 4에서 정리한 유전성 질환(혈우병, 낫 모양 적혈구 빈혈증)도 해당합니다. 하지만, 이것과 관련해서도 GUIDELINE 에서 정리한 수준 이상으로 묻지 않으니 어렵게 생각하실 필요 없습니다.

그림은 사람의 6가지 질병을 (가), (나), (다)로 구분하여 나타낸 것이다.

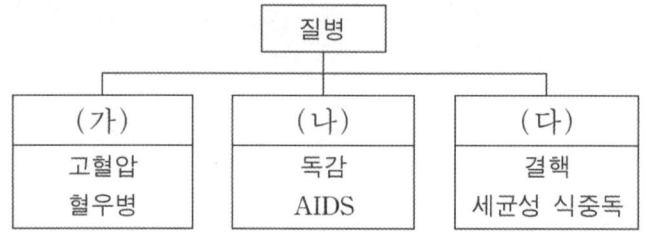

이에 대한 설명으로 옳은 것만을 <보기>에서 있는 대로 고르시오.

〈 보 기〉

ㄱ. 결핵은 타인에게 전염되지 않는다.

ㄴ. (나)의 질병을 일으키는 병원체는 핵막이 없는 세포로 되어있다.

ㄷ. (다)의 질병을 일으키는 병원체는 곰팡이이다.

ㄹ. (나), (다)의 질병을 일으키는 병원체는 모두 세포 구조로 되어있다.

ㅁ. (나)의 질병을 일으키는 병원체는 숙주 세포의 효소를 이용하여 물질대사를 한다.

ㅂ. (나)의 질병을 일으키는 병원체는 핵산을 가진다.

ㅅ. (다)의 질병을 일으키는 병원체의 치료 시에 항생제가 사용된다.

ㅇ. (가), (나), (다)의 질병을 일으키는 병원체는 모두 단백질을 가진다.

0. 유형 소개

질병과 병원체 문제는 이렇게 개념형으로 출제된다. 제시했던 표를 정확하게 암기했다면 교육과정 내에서 무엇을 어떻게 묻더라도 쉽게 해결할 수 있다. 지식적인 측면이 깊으므로, 교육과정에서 제시하지 않은 선지를 물을 수는 없다.

1. 표 해석하기

질병의 병원체의 종류에 따른 분류로 (가) : 비감염성 질병, (나) : 바이러스성 질병, (다) : 세균성 질병이다. 병원체의 종류에 따른 특징을 암기해서 선지를 해결하자. 헷갈리는 선지가 있었다면 제시된 표를 참고하자.

2. 선지 판단하기

ㄱ. 결핵은 감염성 질병이다. 감염성 질병은 타인에게 전염된다.
+) 순간적으로 헷갈리는 선지가 구성될 수도 있다.
  ㄱ. 소아마비는 타인에게 전염된다.

와 같이 다소 직관적이지 않은 질병에 주의하자. 소아마비는 바이러스성 질병으로 타인에게 전염된다.

ㄴ. (나)의 질병을 일으키는 병원체는 바이러스로, 세포 구조로 되어있지 않다. (X)
ㄷ. (다)의 질병을 일으키는 병원체는 세균이다. (X)
ㄹ. 바이러스와 세균 중 세균만 세포 구조를 가진다. (X)
ㅁ. 해당 선지와 같이 병원체의 특성을 물을 수 있다. 특히 바이러스의 경우 UNIT 1에서 다루고 있는 내용이니 바이러스의 특징에 대해서 알아두자.
ㅅ. 항생제의 경우 사실 여러 가지 이유로 대부분의 질병에 함께 처방된다. 결국 "어떤 질병의 치료 시에 항생제가 사용된다"는 선지는 엄밀히 틀렸다고 보기 어렵다. 출제한다면 맞는 선지로 출제할 것이다.

이외에 헷갈리는 선지가 있었다면 제시된 표를 참고하자.

정답 : ㅁ, ㅂ, ㅅ

▍THEME 02. 면역 작용

면역 이론에 대한 단원으로, 간단한 개념형 문항 혹은 큼직한 자료해석형 문항이 등장한다.
간단한 개념형 문항의 경우 면역 이론에 대한 개념만 알아도 문제가 없겠으나, 주로 출제되었던 면역 실험의
경우 개념뿐만 아니라 자료의 빠르고 정확한 해석도 필요하다.

특히 생쥐에게 물질을 주입한 후 생쥐로부터 얻어낸 물질을 재주입하여 결과를 관찰하는, 쉽게 말해 생쥐가
되게 많이 나오는 2중 실험 구조가 아직 익숙하지 않은 학습자들이 있을 것이다.
찝찝함이 남을 학습자들을 위해 주요 문제들을 분석하여 자료해석의 METHOD를 제시하겠다.

본격적인 개념을 정리하기에 앞서, '항원'이라는 단어에 대해 알고 가자.
'항원'은 THEME 01. 질병과 병원체에서 다루었던 '병원체'의 개념과 외부의 '이물질'을 포함하는 것으로
체내에서 면역 반응을 일으키는 원인 물질이다.

(1) 비특이적 방어 작용

병원체의 종류나 감염 경험의 여부와 관계없이 감염 발생 시 항상 신속하게 일어나는 방어 작용이다.
피부, 점막, 분비액의 외부 방어와 식세포(식균) 작용, 염증 반응 등의 내부 방어로 구분할 수 있다.

2020학년도 6월 평가원 9번 문항에서 자료에는 나왔으나 선지에서는 자세히 묻지 않았던
내부 방어에 대해 조금 더 구체적으로 정리하고 넘어가겠다.

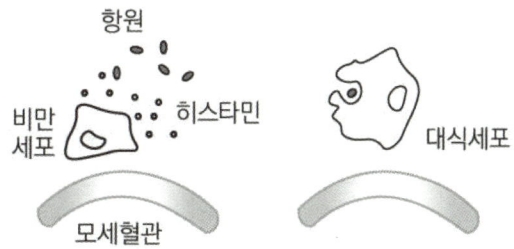

위 그림처럼 항원이 체내에 들어오게 되면 비만세포가 히스타민을 분비하여
피부가 부어오르는 염증 반응을 일으키고, 히스타민은 주변의 모세 혈관을 확장시킨다.
이후 대식세포와 같은 백혈구가 모이면 이들은 식세포(식균) 작용을 통해 항원을 제거한다.

(2) 특이적 방어 작용

특정 항원을 인식한 뒤 제거하는 방어 작용이다.
특이적 방어 작용은 백혈구의 일종인 B림프구와 T림프구에 의해 이루어진다.

림프구에 대해서는 아래의 표와 같이 정리할 수 있다.

종류	생성 위치	성숙 위치
B림프구	골수	골수
T림프구	골수	가슴샘

특이적 방어 작용은 반응 방식에 따라 세포성 면역과 체액성 면역으로 구분할 수 있다.
세포성 면역은 활성화된 **세포독성 T림프구**가 병원체에 감염된 세포를 제거하는 면역 반응이다.
체액성 면역은 **형질 세포**가 생성하는 항체가 항원에 결합하면서 항원을 제거하는 면역 반응이다.

여기서 '항체'란, 형질 세포가 생성 및 분비하는 면역 단백질로 아래와 같이 Y자 구조를 가진다.
대부분 비슷한 구조를 가지지만, 항원 결합 부위는 제각각이어서 하나의 항체는 한 종류의 항원에만
특이적으로 결합하여 항원을 무력화시킨다.

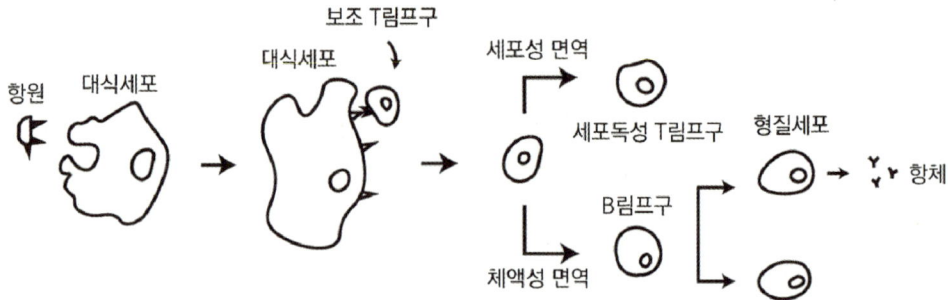

세포성 면역과 체액성 면역은 비특이적 면역 반응에서 식세포 작용으로 항원을 제거한 대식세포가
항원의 조각을 제시하며 보조 T림프구를 활성화시키는 것으로 시작된다.
활성화된 보조 T림프구는 세포독성 T림프구를 활성화시키고,
세포독성 T림프구가 직접 항원에 감염된 세포를 제거하는 방식이 세포성 면역이다.

체액성 면역은 대식세포의 항원 제시로 활성화된 보조 T림프구가 B림프구를 증식시키고,
증식된 B림프구가 형질세포와 기억세포로 분화한다.
형질세포는 항체를 생성하고 분비하여 항원을 제거하고, 기억세포는 항원에 대한 정보를 기억해둔다.

이를 통해 알 수 있듯이, 대식세포는 특이적 면역 반응에도 관여함을 주의하자.

특이적 방어 작용은 기억세포의 작용 여부에 따라 **1차 면역과 2차 면역**으로 구분할 수 있다.

특정 항원에 대한 기억세포가 존재하지 않는 상태에서 항원의 1차 침입에 대항하여
비특이적 방어 작용으로 시작하여 세포성 면역과 체액성 면역이 작용하는 것이 1차 면역이다.
1차 면역을 통해 기억세포는 특정 항원에 대한 정보를 기억하게 된다.

특정 항원에 대한 기억세포가 존재하는 상태에서 항원의 재침입에 대항하여
비특이적 방어 작용으로 시작하여 기억세포가 빠르게 증식하여 대부분이 형질세포로 분화하면서
항체를 대량 생성 및 분비하고, 일부는 기억세포로 남아 있는 것이 2차 면역이다.

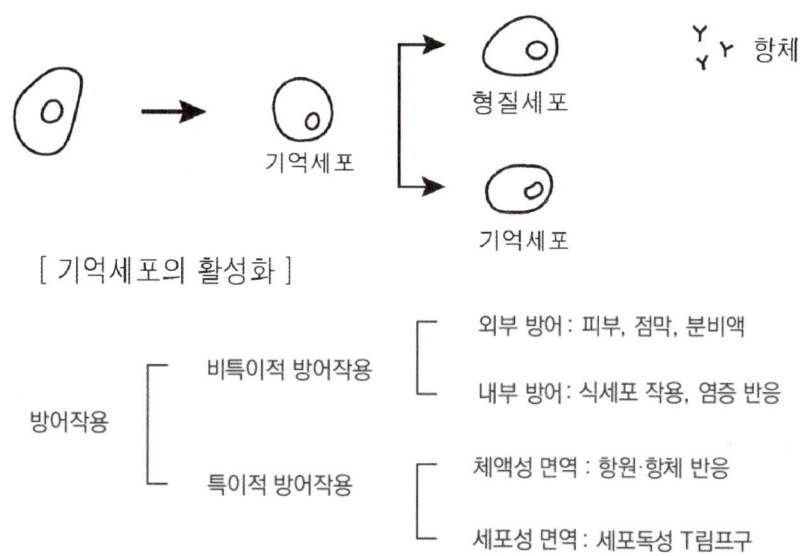

[기억세포의 활성화]

방어작용
- 비특이적 방어작용
  - 외부 방어 : 피부, 점막, 분비액
  - 내부 방어 : 식세포 작용, 염증 반응
- 특이적 방어작용
  - 체액성 면역 : 항원·항체 반응
  - 세포성 면역 : 세포독성 T림프구

1차 면역과 2차 면역은 문제에서 주로 혈중 항체 농도 변화 그래프를 해석하며 구분하게 된다.
아래의 대표적인 그래프를 잘 기억해두자.

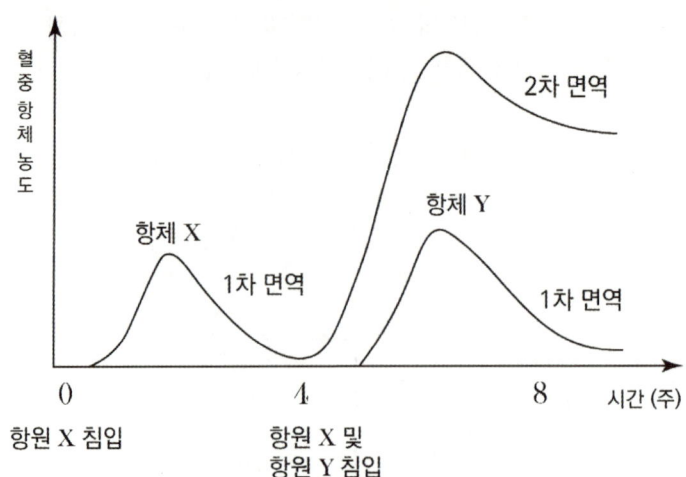

항원을 인식하고 항체를 생성하기까지의 시간이 2차 면역에서가 1차 면역에서보다 상대적으로 짧다.
또한, 항체의 농도가 2차 면역에서가 1차 면역에서보다 상대적으로 높다.

주의해야 할 것은 1차 면역과 2차 면역을 구분 짓는 기준은 항원의 재침입 여부가 아니라
특정 항원에 대한 기억세포의 존재 여부라는 것이다.

METHOD.【면역 실험】

(1) METHOD #0. 면역 실험의 기본 틀

[면역 실험의 기본 틀]

• 1중 실험 : 물질 주입 → 결과 해석

• 2중 실험 : 물질 주입 → 물질 추출 → 물질 재주입 → 결과 해석

【면역 실험】 유형은 기본적으로 어떤 물질의 주입 – 생쥐의 반응(방어 작용)으로 이루어진다.

본격적인 METHOD에 들어가기 앞서서
❶ 어떤 물질을 주입하고. ❷ 어떤 결과가 제시되며. ❸ 어떤 해석을 요구하는지

출제되었던 내용들을 정리하자.

먼저, 주입하는 물질이다.

> 1) 어떤 물질 X를 생쥐에게 주입하거나,
> 2) 생쥐에서 추출한 물질 Y를 다른 생쥐에게 재주입하는

형식으로 물질이 제시된다.
기출로 제시되었던 다음 7가지 물질의 특성에 대해서 알자.

❶ 주입하는 물질

1) 생리 식염수 : 아무것도 주입하지 않는 것과 같다.

2) 혈청/혈장 : 혈청과 혈장에는 기억세포와 같은 세포들이 포함되어 있지 않다. 효소, 호르몬, 항체 등이 포함되어 있어 방어 작용에서 항체를 주입하는 기능을 한다.

3) 병원체로부터 얻은 물질 : 병원체와 관련이 있지만, 주입 시에 생쥐가 생존하는 물질을 말한다. 이때 항체 생성 여부에 따라서 백신으로 기능할 수 있는가 없는가가 결정된다.

4) 병원체 : 항원을 주입하는 것이다. 보통 죽거나 항체가 생성된다.

5) 열처리한 혈청 : 항체는 단백질이므로 열처리를 하면 면역 혈청으로서의 기능을 잃는다.

6) 기억세포 : 한 생쥐로부터 추출한 기억세포를 다른 생쥐의 세포에 주입할 수 있다. 이때 항원이 침입하면 2차 면역이 일어난다.

7) 보조 T 림프구 / 림프구 : 출제된 적이 있기에 언급한다. 보조 T 림프구는 면역 작용 활성화에 기여하므로, 주입한 생쥐에서 면역 작용의 증가를 이끌어낸다. 다만 교육과정 내에서 어떤 과정으로 얼마나 기여하는지 구체적으로 묻는 것은 어려우므로, 도움이 된다는 정도만 알아도 충분하다.

제시되는 결과는 다음과 같다.

❷ 결과 자료

1) 그래프 : 항체 농도 그래프가 제시된다.

2) 표 : 질병의 발병 여부, 생존 여부 등이 제시된다.

+) 추가 정보 : 기억세포의 생성 여부 등을 문장으로 제시할 수 있다.

문제에서 요구하는 해석은 다음과 같다. 자료를 통한 해석 외에도 기본적인 면역과정에 대한 개념을 묻는 선지도 출제될 수 있으므로 특이적 면역과정에 대해 잘 알아두자.

❸ 요구하는 해석

1) Matching : 모든 면역 실험 문항은 기본적으로 Matching을 요한다.

2) 물질에 존재하는 것 : 물질 안에 항체, 기억세포, 형질 세포 등이 존재하는지 묻는다.

3) 반응이 일어났는지 : 체액성 면역, 특이적 방어 작용, 2차 면역 등이 일어났는지 묻는다.

4) 면역과정에 대한 이해 : 대식세포, 보조 T 림프구 등 면역과정에 대해 묻는다.

(2) METHOD #1. 【면역 실험】 유형 확인

다음 문항 구성을 확인하여 유형을 확인하자.

[병원체 / 생쥐 / 주입한 물질 / 결과 자료]

(3) METHOD #2. "결과 자료" CHECK

【면역 실험】 유형이라고 확인했다면, 반드시 가장 마지막에 제시된 자료인 "결과 자료"를 먼저 확인하자.

METHOD #0.에서 정리했듯 제시되는 결과 자료는 그래프나 표로 제시된다.
결과 자료를 먼저 확인하는 이유는 다음과 같다.

❶ 【면역 실험】 유형은 기본적으로 **결과 자료와 주입한 물질의 Matching**을 요한다.
　 표나 그래프로 깔끔하게 정리되는 결과 자료와 달리
　 주입한 물질은 문장으로 제시되어 가시성이 상대적으로 매우 떨어진다.

❷ 결과 자료를 먼저 확인하고, **이를 바탕으로 주입한 물질을 Targeting하며 정리**하면
　 시간을 10초라도 줄일 수 있고, 조건을 읽다가 꼬여서 다시 정리를 시작하는 불상사를 막을 수 있다.

결과 자료를 먼저 확인하는 것은 사소하지만 굉장히 중요한 습관이다.
실전에서의 시간의 중요성을 아는 학습자라면 꼭 METHOD의 순서를 습관화하길 바란다.
구체적인 확인 방법과 순서는 후에 예시 문항을 통해 설명하겠다.

(4) METHOD #3. 주입한 물질 연결 짓기

결과 자료를 해석했다면 결과 자료를 바탕으로 주입한 물질을 Targeting하러 가자.

Targeting한다는 뜻은 결과 자료에서 Matching하는 데 필요한 정보들을
나열된 문장들로부터 얻어내겠다는 정도의 생각을 가지고 읽자는 뜻이다.

시험지에서 【면역 실험】 유형을 풀어본 학생이라면
Targeting한 정보를 정리할 공간이 협소하다는 것을 알고 있을 것이다.
추천하는 정보 정리 위치는 결과 자료 근처다.
METHOD 4에서 매칭을 할 때 **정리한 정보들끼리 가까이 있을수록 가시성이 높아지고 사고가 빨라진다.**

구체적인 Targeting 방법과 순서는 후에 예시 문항을 통해 설명하겠다.

(5) METHOD #4. Matching

결국 문제의 요구사항은 "METHOD 2에서 정리한 결과 자료"와
"METHOD 3에서 Targeting한 주입한 물질" 간의 비교를 통한 물질과 병원체의 Matching이다.

METHOD의 사고 순서를 잘 따라왔다면,
문제 조건 구성의 난도와는 상관없이 일관적으로 깔끔하게 정보를 정리하고 Matching할 수 있을 것이다.

예시 문항 1은 기존에 나왔던 기출 정도의 난도로 METHOD를 연습할 수 있도록 제작하였다.

METHOD. 【면역 실험】의 사고 순서와 방법을 쭉 따라가 보자.

예시 문항 1 (순한 맛)

다음은 항원 A~C에 대한 생쥐의 방어 작용 실험이다.

[실험 과정]
(가) 유전적으로 동일하고 A, B, C에 노출된 적이 없는 생쥐 I~III을 준비한다.
(나) I에 ㉠을, II에 ㉡을, III에 ㉢을 1회 주사한다. ㉠~㉢은 A, B, C 중 하나이다.
(다) 2주 후, (나)의 I에서 ⓐ를 분리하여 II에, III에서 ⓑ를 분리하여 II에 주사한다. ⓐ~ⓑ는 각각 혈청과 기억 세포를 순서 없이 나타낸 것이다.
(라) 1주 후, (다)의 I과 II에 정 시간 간격으로 A~C를 주사한다.

[실험 결과]
(다)~(라)의 생쥐 I과 II에서 A~C에 대한 혈중 항체 농도의 변화는 그림과 같다.

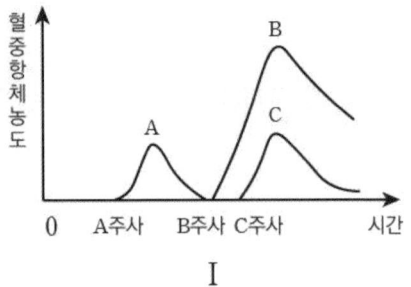
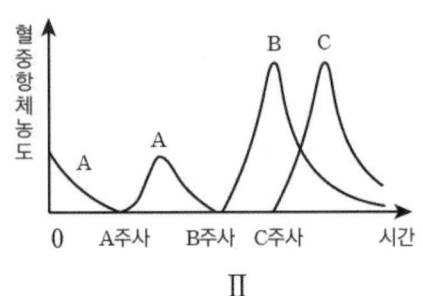

〈보 기〉

ㄱ. ㉢은 A이다.
ㄴ. ⓑ는 기억 세포이다.
ㄷ. II에서 A에 대해 체액성 면역이 일어났다.

METHOD #1. 유형 확인

문제에 병원체와 생쥐, 주입한 물질과 결과 자료가 제시되었음을 확인했다. 【면역 실험】 유형이다.

METHOD #2. 결과 자료 Check

결과 자료로 먼저 눈이 가야 한다. 우리가 Matching해야 하는 결과 자료는 생쥐 I과 II의 혈중 항체 농도다.

→ METHOD #3에서 '생쥐 I과 II에 주입한 물질을 Targeting하여 정리하자.' 정도의 생각을 해야 한다.

결과 자료를 먼저 정리하자.

I : B에 대한 기억 세포, A, C 관련 물질은 없음.
II : A에 대한 항체, B에 대한 기억 세포, C에 대한 기억 세포

METHOD #3. 주입한 물질 연결 짓기

결과 자료를 바탕으로 '생쥐 I과 II에 주입한 물질을 Targeting하여 정리하자.'

I : ㉠
II : ㉡, ㉠에 대한 ⓐ, ㉢에 대한 ⓑ

METHOD #4. Matching

METHOD #2와 METHOD #3에서 정리한 정보를 비교하여 물질과 병원체를 Matching하자.

I : B에 대한 기억 세포 → ㉠ = B
II. B에 대한 기억 세포 → ㉠ = B이므로 ⓐ는 기억 세포, 자동적으로 ⓑ는 혈청
C에 대한 기억 세포 → ⓑ는 혈청이므로 기억 세포가 존재할 수 없음. 동적으로 남은 ㉡ = C
A에 대한 항체 → ㉢ = A

선지 판단

ㄱ. ㉢은 A이다. (○)
ㄴ. ⓑ는 혈청이다. (X)
ㄷ. II에서 A에 대해 체액성 면역 반응이 일어났다. (○)

예시 문항 2는 기출 수준보다 살짝 text가 많고 길지만,
사설에서 종종 만날 수 있는 난도의 문제로 METHOD를 연습할 수 있도록 제작하였다.

이 정도로만 정보가 많아지고 나열되더라도 학습자는 어지럽다는 느낌이 들 수 있다.
조건이 나열되고 복잡해질수록 METHOD의 사고 순서가 중요하게 작용하고 차이를 만들 것이다.

차분하게 METHOD를 따라서 사고하고 정리해보자.

예시 문항 2 (매운맛)

[실험 과정]

(가) 유전적으로 동일하고 A, B, C에 노출된 적이 없는 생쥐 I~V를 준비한다.

(나) I에 ㉠을, II에 ㉡을, III에 ㉢을 1회 주사한다. ㉠~㉢은 A, B, 생리 식염수 중 하나이다.

(다) IV에 X를, V에 Y를 1회 주사한다. X, Y는 B, C 중 하나이다.

(라) 2주 후, (나)의 I에서 ⓐ를 분리하여 II에, III에서 ⓑ를 분리하여 II에, (다)의 V에서 ⓒ를
분리하여 IV에 주사한다. ⓐ~ⓒ는 각각 열처리 과정을 거친 혈청과 열처리 과정을 거치지
않은 혈청 중 하나이다.

(마) 1주후, (라)의 II와 IV에 일정 시간 간격으로 A~C를 주사한다.

[실험 결과]

(라)에서 혈청 ⓐ~ⓒ의 열처리 여부와 (마)에서 II와 IV의 혈중 항체 농도 변화는 다음과 같다.

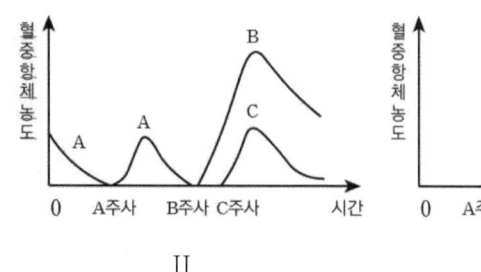

II

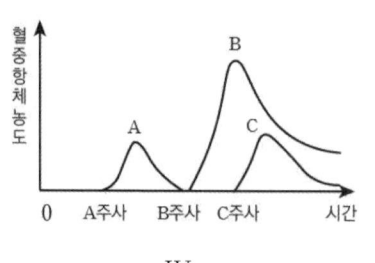

IV

혈청	열처리
ⓐ	O
ⓑ	?
ⓒ	?

(단, 열처리 과정을 거친 혈청에서는 항체가 파괴된다.)

이에 대한 설명으로 옳은 것만을 <보기>에서 있는 대로 고르시오.

〈보 기〉

ㄱ. ⓐ~ⓒ중 열처리를 거친 혈청은 2개다.

ㄴ. X는 C이다.

ㄷ. ㉠은 B이다.

METHOD #1. 유형 확인

문제에 병원체와 생쥐, 주입한 물질과 결과 자료가 제시되었음을 확인했다. 【면역 실험】 유형이다.

METHOD #2. 결과 자료 Check

결과 자료로 먼저 눈이 가야 한다. 우리가 Matching해야 하는 결과 자료는 생쥐 II와 IV의 혈중 항체 농도다.

→ METHOD #3에서 '생쥐 II와 IV에 주입한 물질을 Targeting하여 정리하자.' 정도의 생각을 해야 한다.

결과 자료를 먼저 정리하자.

II : A에 대한 항체, B에 대한 기억 세포, C 관련 물질은 없음.
IV : B에 대한 기억 세포, A, C 관련 물질은 없음.

METHOD #3. 주입한 물질 연결 짓기

결과 자료를 바탕으로 '생쥐 II와 IV에 주입한 물질을 Targeting하여 정리하자.'

II : ⓛ에 대한 기억 세포, ㉠에 대한 ⓐ(열처리-항체 존재하지 않음), ㉢에 대한 ⓑ
IV : X에 대한 기억 세포, Y의 ⓒ

METHOD #4. Matching

METHOD #2와 METHOD #3에서 정리한 정보를 비교하여 물질과 병원체를 Matching하자.

II : 기억 세포 → ⓛ = B, A에 대한 항체 → ㉢에 대한 ⓑ는 A에 대해 열처리하지 않은 혈청, 남은 ㉠은 자동적으로 생리 식염수.

IV : 기억 세포 → X = B, 자동적으로 Y = C. C에 대한 항체가 존재하지 않았으므로 ⓒ는 열처리 과정을 거친 혈청.

선지 판단

ㄱ. ⓐ와 ⓒ는 열처리를 거친 혈청이다. (○)
ㄴ. X는 B이다. (X)
ㄷ. ㉠은 생리 식염수이다. (X)

정답 : ㄱ

다음은 병원성 세균 A에 대한 백신을 개발하기 위한 실험이다.

[실험 과정 및 결과]

(가) A로부터 두 종류의 물질 ㉠과 ㉡을 얻는다.

(나) 유전적으로 동일하고 A, ㉠, ㉡에 노출된 적이 없는 생쥐 I~V를 준비한다.

(다) 표와 같이 주사액을 I~III에게 주사하고 일정 시간이 지난 후, 생쥐의 생존 여부와 A에 대한 항체 생성 여부를 확인한다.

생쥐	주사액의 조성	생존 여부	항체 생성 여부
I	물질 ㉠	산다	?
II	물질 ㉡	산다	생성됨
III	세균 A	죽는다	?

(라) 2주 후 (다)의 I에서 혈청 ⓐ를, II에서 혈청 ⓑ를 얻는다.

(마) 표와 같이 주사액을 IV와 V에게 주사하고 1일 후 생쥐의 생존 여부를 확인한다.

생쥐	주사액의 조성	생존 여부
IV	혈청 ⓐ+세균 A	죽는다
V	혈청 ⓑ+세균 A	산다

이에 대한 설명으로 옳은 것만을 <보기>에서 있는 대로 고르시오. (단, 제시된 조건 이외는 고려하지 않는다.) [3점]

〈보 기〉

ㄱ. ⓑ에는 형질 세포가 들어 있다.

ㄴ. (다)의 II에서 체액성 면역 반응이 일어났다.

ㄷ. (마)의 V에서 A에 대한 2차 면역 반응이 일어났다.

METHOD #1. 유형 확인

문제에 병원체와 생쥐, 주입한 물질과 결과 자료가 제시되었음을 확인했다. 【면역 실험】유형이다.

METHOD #2. 결과 자료 Check

표로 제시된 결과 자료를 통해 생쥐 IV와 V에 대해 Matching해야 함을 확인한다.

결과 자료를 정리하면
IV : A 관련 물질 없음
V : A에 대한 항체

METHOD #3. 주입한 물질 연결 짓기

생쥐 IV와 V에 주입한 물질에 대해 정리하면 아래와 같다.
IV : ㉠에 대한 혈청 ⓐ + 세균 A
V : ㉡에 대한 혈청 ⓑ + 세균 A

METHOD #4. Matching

METHOD #2~3에서 정리한 자료를 바탕으로 아래와 같이 추론할 수 있다.

IV : 생쥐 IV에는 ㉠에 대한 혈청 ⓐ이 주입되었음에도 세균 A에 의해 죽었으므로 생쥐 I에서 물질
　　㉠은 항체를 생성하게 하지 못하여 면역 혈청으로서의 기능을 하지 못한다.
V : 생쥐 II에서 물질 ㉡에 대한 항체가 생성되었고, 이 항체가 담긴 혈청 ⓑ가 세균 A와 함께 생쥐
　　V에 주입되어 생존할 수 있었다.

선지 판단

ㄱ. 혈청에는 세포가 들어 있지 않다. 기억 세포, 형질 세포, 림프구 모두 들어 있을 수 없다. (X)
ㄴ. 항원이 주입되었고 항체가 생성되었으므로 항원-항체 반응이 일어났다.
　　고로 체액성 면역 반응이 일어났다. (O)
ㄷ. 기억세포의 분화가 일어나지 않았으므로 2차 면역 반응은 일어나지 않았다.
　　혈청 대신 기억세포를 주입했다면 맞는 선지였을 것이다. (X)

정답 : ㄴ

다음은 항원 A~C에 대한 생쥐의 방어 작용 실험이다.

[실험 과정]

(가) 유전적으로 동일하고 A, B, C에 노출된 적이 없는 생쥐 I~IV를 준비한다.

(나) I에 A를, II에 ㉠을, III에 ㉡을, IV에 생리 식염수를 1회 주사한다. ㉠과 ㉡은 B와 C를 순서 없이 나타낸 것이다.

(다) 2주 후, (나)의 I에서 기억 세포를 분리하여 II에, (나)의 III에서 기억 세포를 분리하여 IV에 주사한다.

(라) 1주 후, (다)의 II와 IV에 일정 시간 간격으로 A, B, C를 주사한다.

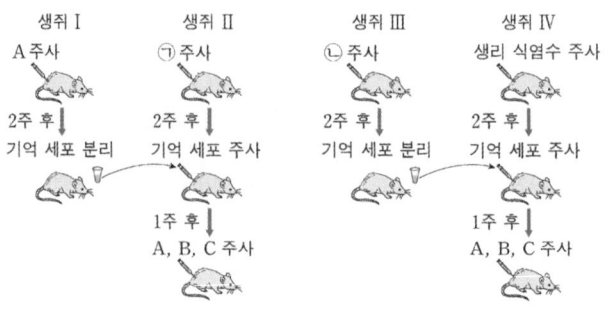

[실험 결과]

II와 IV에서 A, B, C에 대한 혈중 항체 농도 변화는 그림과 같다.

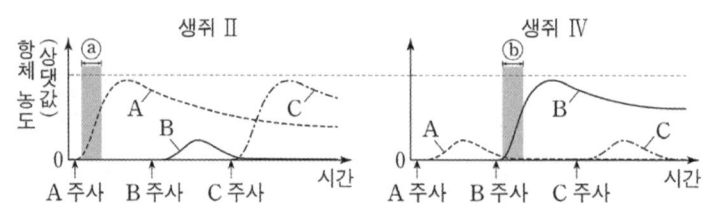

이에 대한 설명으로 옳은 것만을 <보기>에서 있는 대로 고르시오.

〈 보 기 〉

ㄱ. ㉠은 C이다.

ㄴ. 구간 ⓐ에서 A에 대한 체액성 면역 반응이 일어났다.

ㄷ. 구간 ⓑ에서 B에 대한 형질 세포가 기억 세포로 분화되었다.

METHOD #1. 유형 확인

문제에 병원체와 생쥐, 주입한 물질과 결과 자료가 제시되었음을 확인했다. 【면역 실험】 유형이다.
실험 결과가 그래프로 제시되어 있는데, 1차 면역과 2차 면역을 그래프 개형으로 판단할 수 있다.

METHOD #2. 결과 자료 Check

[실험 결과]에서 제시된 생쥐 II와 생쥐 IV에 대해서는 아래와 같이 정리할 수 있다.

II : A에 대한 기억 세포, B 관련 물질 없음, C에 대한 기억 세포
IV : A 관련 물질 없음, B에 대한 기억 세포, C 관련 물질 없음

METHOD #3. 주입한 물질 연결 짓기

(나)와 (다) 과정에서 생쥐 II와 생쥐 IV에 주입된 물질을 정리하면 아래와 같다.

II : ㉠, A에 대한 기억 세포
IV : 생리 식염수, ㉡에 대한 기억 세포

METHOD #4. Matching

METHOD #2~3에서 정리한 자료를 바탕으로 아래와 같이 추론할 수 있다.

II : 생쥐 II에서는 A와 C에 대한 기억 세포가 생성되어야 하므로 ㉠ = C
IV : 생쥐 IV에서는 B에 대한 기억 세포가 생성되어야 하므로 ㉡ = B

ㄱ. ㉠은 C이다. (○)
ㄴ. 구간 ⓐ에서 A에 대한 항체가 존재한다. 항원-항체 반응이 일어났으므로 체액성 면역 반응이 일어
 났다. (○)
ㄷ. 형질 세포는 기억 세포로 분화되지 않는다. 2차 면역에서 기억 세포가 형질 세포로 분화된다. (X)

정답 : ㄱ, ㄴ

THEME 03. 혈액형

혈액형 유형은 추론형 유형으로도 출제한 적이 있는, 나름 어려운 유형 중 하나다.
다만 이전 교육과정을 보더라도 수능에는 한 번도 단독 추론형 문항으로 출제된 적이 없고,
마지막 평가원 출제는 2018학년도 6월 모의고사로 다소 오랫동안 출제되지 않았다.
게다가 이번 교육과정에서 Rh식 혈액형 개념이 사실상 삭제되면서 개념의 범위도 많이 줄어들었다.

이에 따라서 단독 추론형 문항으로 출제되기에는 다소 무리가 있어보이고,
출제가 되더라도 유전 파트에서 복대립 유전으로 출제될 확률이 높아보인다.
그래도 혹시 모르니 최소한의 양으로 꼭 필요한 부분을 정리하겠다.
GUIDELINE을 통해 개념을 점검하고 추론형으로 나왔던 유형도 가볍게 풀어보도록 하자.

(1) ABO식 혈액형

혈액은 혈장과 혈구로 그 성분을 구분해볼 수 있다.
혈구에는 적혈구가 존재하고, 이 적혈구의 표면에 응집원(항원)이 있다.
혈장에는 응집소(항체)가 존재한다.

응집원에는 A와 B가 있고, 응집소에는 α와 β가 있다.
적혈구가 가진 응집원의 종류에 따라 혈액형을 아래와 같이 구분할 수 있다.
각 혈액형은 응집원의 차이와 더불어 응집소에도 차이가 있다.

혈액형	A형	B형	AB형	O형
응집원	응집원 A / 적혈구	응집원 B	응집원 B / 응집원 A	없음
응집소	응집소 β	응집소 α	없음	응집소 α / 응집소 β

응집원 A –응집소 α, 응집원 B –응집소 β는 서로 만났을 때 응집된다.
응집소 α=항A 혈청=B형 표준혈청, 응집소 β=항B 혈청=A형 표준혈청이라는 것도 기억하자.

구분	A형	B형	AB형	O형
항A 혈청	응집	X	응집	X
항B 혈청	X	응집	응집	X

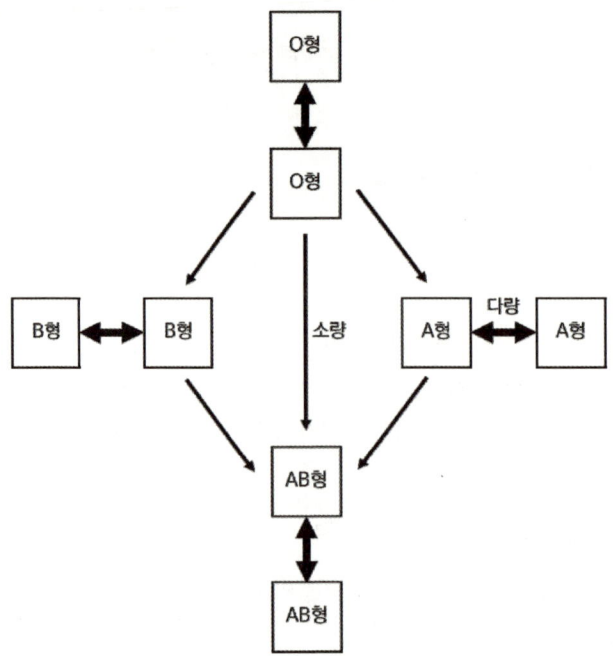

기본적으로 같은 혈액형끼리만 다량 수혈이 가능하지만,
주는 사람의 응집원이 받는 사람의 응집소와 결합하지 않는 경우에 한하여 소량 수혈이 가능하다.

즉, O형의 응집원과 A형의 응집소는 응집되지 않으므로 O형은 A형에게 소량 수혈이 가능하다.
AB형의 응집원과 B형의 응집소는 서로 응집되므로 AB형은 B형에게 소량 수혈도 불가능하다.

	A형 응집원	B형 응집원	AB형 응집원	O형 응집원
A형 응집소	X	응집	응집	X
B형 응집소	응집	X	응집	X
AB형 응집소	X	X	X	X
O형 응집소	응집	응집	응집	X

memo

01 2020학년도 9월 평가원 6번

표 (가)는 질병 A~C에서 특징 ㉠~㉢의 유무를 나타낸 것이고, (나)는 ㉠~㉢을 순서 없이 나타낸 것이다. A~C는 각각 결핵, 독감, 후천성 면역 결핍증(AIDS) 중 하나이다.

질병＼특징	㉠	㉡	㉢
A	O	X	X
B	O	O	X
C	O	O	O

(O : 있음, X : 없음)

(가)

특징 (㉠~㉢)
• 바이러스성 질병이다.
• 병원체는 유전 물질을 가진다.
• 원체는 인간 면역 결핍 바이러스(HIV)이다.

(나)

이에 대한 설명으로 옳은 것만을 <보기>에서 있는 대로 고르시오.

―――――――― <보 기> ――――――――

ㄱ. A는 독감이다.

ㄴ. B의 병원체는 세포 구조로 되어 있다.

ㄷ. C의 병원체는 스스로 물질대사를 하지 못한다.

02 2021학년도 9월 평가원 5번

표는 사람의 4가지 질병을 A와 B로 구분하여 나타낸 것이다.

구분	질병
A	천연두, 홍역
B	결핵, 콜레라

이에 대한 설명으로 옳은 것만을 <보기>에서 있는 대로 고르시오.

―――――――― <보 기> ――――――――

ㄱ. A의 병원체는 원생생물이다.

ㄴ. 결핵의 치료에는 항생제가 사용된다.

ㄷ. A와 B는 모두 감염성 질병이다.

03 2021학년도 수능 3번

표 (가)는 사람의 5가지 질병을 A~C로 구분하여 나타낸 것이고, (나)는 병원체의 3가지 특징을 나타낸 것이다.

구분	질병
A	말라리아
B	독감, 홍역
C	결핵, 탄저병

(가)

특징
• 유전 물질을 갖는다.
• 세포 구조로 되어 있다.
• 독립적으로 물질대사를 한다.

(나)

이에 대한 설명으로 옳은 것만을 <보기>에서 있는 대로 고르시오.

─────── <보 기> ───────

ㄱ. 말라리아의 병원체는 곰팡이다.

ㄴ. 독감의 병원체는 세포 구조로 되어 있다.

ㄷ. C의 병원체는 (나)의 특징을 모두 갖는다.

04 2022학년도 6월 평가원 5번

표 (가)는 병원체의 3가지 특징을, (나)는 (가)의 특징 중 사람의 질병 A~C의 병원체가 갖는 특징의 개수를 나타낸 것이다. A~C는 독감, 무좀, 말라리아를 순서 없이 나타낸 것이다.

특징
• 독립적으로 물질대사를 한다.
• ㉠ 단백질을 갖는다.
• 곰팡이에 속한다.

(가)

질병	병원체가 갖는 특징의 개수
A	3
B	?
C	2

(나)

이에 대한 설명으로 옳은 것만을 <보기>에서 있는 대로 고르시오.

─────── <보 기> ───────

ㄱ. A는 무좀이다.

ㄴ. B의 병원체는 특징 ㉠을 갖는다.

ㄷ. C는 모기를 매개로 전염된다.

05 2022학년도 9월 평가원 1번

그림 (가)와 (나)는 결핵의 병원체와 후천성 면역 결핍 증후군(AIDS)의 병원체를 순서 없이 나타낸 것이다. (나)는 세포 구조로 되어 있다.

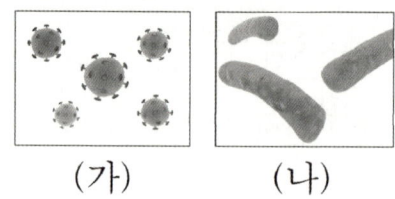

(가)   (나)

이에 대한 설명으로 옳은 것만을 <보기>에서 있는 대로 고르시오.

─────── <보   기> ───────

ㄱ. (가)는 결핵의 병원체이다.

ㄴ. (나)는 원생생물이다.

ㄷ. (가)와 (나)는 모두 단백질을 갖는다.

06 2022학년도 수능 5번

표는 사람 질병의 특징을 나타낸 것이다.

질병	특징
말라리아	모기를 매개로 전염된다.
결핵	(가)
헌팅턴 무도병	신경계의 손상(퇴화)이 일어난다.

이에 대한 설명으로 옳은 것만을 <보기>에서 있는 대로 고르시오.

─────── <보   기> ───────

ㄱ. 말라리아의 병원체는 바이러스이다.

ㄴ. '치료에 항생제가 사용된다.'는 (가)에 해당한다.

ㄷ. 헌팅턴 무도병은 비감염성 질병이다.

07 2023학년도 6월 평가원 3번

표는 사람 질병의 특징을 나타낸 것이다.

질병	특징
무좀	병원체는 독립적으로 물질대사를 한다.
독감	(가)
ⓐ 낫 모양 적혈구 빈혈증	비정상적인 헤모글로빈이 적혈구 모양을 변화시킨다.

이에 대한 설명으로 옳은 것만을 <보기>에서 있는 대로 고르시오.

―――――――――― <보 기> ――――――――――

ㄱ. 무좀의 병원체는 세균이다.

ㄴ. '병원체는 살아 있는 숙주 세포 안에서만 증식할 수 있다.'는 (가)에 해당한다.

ㄷ. 유전자 돌연변이에 의한 질병 중에는 ⓐ가 있다.

08 2023학년도 수능 2번

표는 사람의 5가지 질병을 병원체의 특징에 따라 구분하여 나타낸 것이다.

병원체의 특징	질병
세포 구조로 되어 있다.	결핵, 무좀, 말라리아
(가)	독감, 후천성 면역 결핍증(AIDS)

이에 대한 설명으로 옳은 것만을 <보기>에서 있는 대로 고르시오.

―――――――――― <보 기> ――――――――――

ㄱ. '스스로 물질대사를 하지 못한다.'는 (가)에 해당한다.

ㄴ. 무좀과 말라리아의 병원체는 모두 곰팡이다.

ㄷ. 결핵과 독감은 모두 감염성 질병이다.

다음은 병원성 세균 A와 B에 대한 생쥐의 방어 작용 실험이다.

[실험 과정 및 결과]

(가) A와 B 중 한 세균의 병원성을 약화시켜 백신 ㉠을 만든다.

(나) 유전적으로 동일하고 A와 B에 노출된 적이 없는 생쥐 I~V를 준비한다.

(다) 표와 같이 주사액을 I~III에게 주사한 지 1일 후 생쥐의 생존 여부를 확인한다.

생쥐	주사액의 조성	생존 여부
I	세균 A	죽는다
II	세균 B	죽는다
III	백신 ㉠	산다

(라) 2주 후 (다)의 III에서 혈청 ⓐ를 얻는다.

(마) 표와 같이 주사액을 IV와 V에게 주사한 지 1일 후 생쥐의 생존 여부를 확인한다.

생쥐	주사액의 조성	생존 여부
IV	혈청 ⓐ + 세균 A	산다
V	혈청 ⓐ + 세균 B	죽는다

이에 대한 설명으로 옳은 것만을 <보기>에서 있는 대로 고르시오.

───── <보 기> ─────

ㄱ. ㉠은 A의 병원성을 약화시켜 만들었다.

ㄴ. ⓐ에는 기억 세포가 들어 있다.

ㄷ. (마)의 IV에서 A에 대한 2차 면역 반응이 일어났다.

다음은 항원 X에 대한 생쥐의 방어 작용 실험이다.

[실험 과정]

(가) 유전적으로 동일하고 X에 노출된 적이 없는 생쥐 A와 B를 준비한다.

(나) A에게 X를 2회에 걸쳐 주사한다.

(다) 1주 후, (나)의 A에서 ㉠혈청을 분리하여 B에게 주사한다.

(라) 일정 시간이 지난 후, (다)의 B에게 X를 1차 주사한다.

(마) 일정 시간이 지난 후, (라)의 B에게 X를 2차 주사한다.

[실험 결과]

B의 X에 대한 혈중 항체 농도 변화는 그림과 같다.

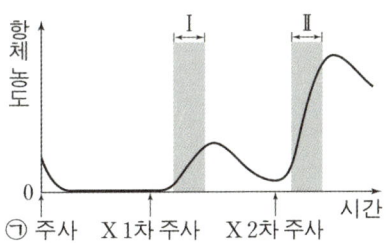

이에 대한 설명으로 옳은 것만을 <보기>에서 있는 대로 고르시오.

─────────── <보 기> ───────────

ㄱ. ㉠에는 X에 대한 T 림프구가 들어 있다.

ㄴ. 구간 I에서 X에 대한 체액성 면역 반응이 일어났다.

ㄷ. 구간 II에서 X에 대한 2차 면역 반응이 일어났다.

11 2019학년도 6월 평가원 16번

다음은 항원 A와 B의 면역학적 특성을 알아보기 위한 자료이다.

○ 항원 A와 B에 노출된 적이 없는 생쥐 ㉠에게 A와 B를 함께 주사하고, 4주 후 ㉠에게 동일한 양의 A와 B를 다시 주사하였다.

○ 그림은 ㉠에서 A와 B에 대한 혈중 항체 농도의 변화를, 표는 t_1 시점에 ㉠으로부터 혈청을 분리하여 A와 B에 각각 섞었을 때의 항원 항체 반응 여부를 나타낸 것이다.

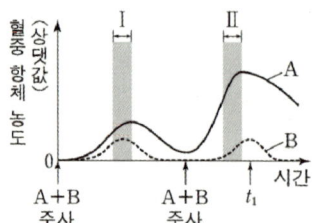

항원	반응 여부
A	○
B	ⓐ

(○ : 일어남, × : 일어나지 않음)

○ ㉠에서 A에 대한 기억 세포는 형성되었고, B에 대한 기억 세포는 형성되지 않았다.

이에 대한 설명으로 옳은 것만을 <보기>에서 있는 대로 고르시오.

───────────── <보 기> ─────────────

ㄱ. ⓐ는 'X'이다.

ㄴ. 구간 I에서 B에 대한 특이적 면역(방어) 작용이 일어났다.

ㄷ. 구간 II에서 A에 대한 항체가 형질 세포로부터 생성되었다.

다음은 항원 X에 대한 생쥐의 방어 작용 실험이다.

[실험 과정]

(가) 유전적으로 동일하고 X에 노출된 적이 없는 생쥐 ㉠, ㉡, ㉢을 준비한다.

(나) ㉠에게 X를 2회에 걸쳐 주사한다.

(다) 1주 후, (나)의 ㉠에서 ⓐ와 ⓑ를 각각 분리한다. ⓐ와 ⓑ는 혈청과 X에 대한 기억 세포를 순서 없이 나타낸 것이다.

(라) ㉡에게 ⓐ를, ㉢에게 ⓑ를 각각 주사한다.

(마) 일정 시간이 지난 후, ㉡과 ㉢에게 X를 각각 주사한다.

[실험 결과]

㉡과 ㉢의 X에 대한 혈중 항체 농도 변화는 그림과 같다.

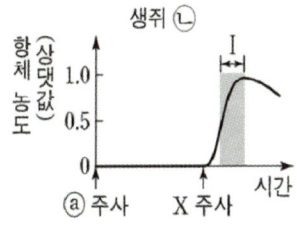
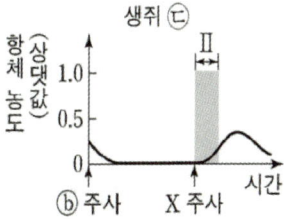

이에 대한 설명으로 옳은 것만을 <보기>에서 있는 대로 고르시오.

─────── <보 기> ───────

ㄱ. ⓐ는 혈청이다.

ㄴ. 구간 I에서 X에 대한 체액성 면역 반응이 일어났다.

ㄷ. 구간 II에서 X에 대한 B림프구가 형질 세포로 분화한다.

그림 (가)와 (나)는 어떤 사람이 세균 X에 처음 감염된 후 나타나는 면역 반응을 순차적으로 나타낸 것이다. ㉠과 ㉡은 B 림프구와 보조 T 림프구를 순서 없이 나타낸 것이다.

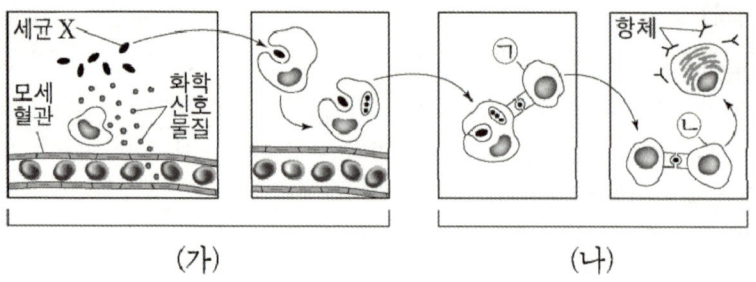

(가)   (나)

이에 대한 설명으로 옳은 것만을 <보기>에서 있는 대로 고르시오.

───────────── <보   기> ─────────────

ㄱ. (가)에서 X에 대한 비특이적 면역 반응이 일어났다.

ㄴ. ㉡은 가슴샘(흉선)에서 성숙되었다.

ㄷ. (나)에서 X에 대한 2차 면역 반응이 일어났다.

다음은 병원체 A~C를 이용한 생쥐의 방어 작용 실험이다.

○ A~C에 있는 항원은 그림과 같으며, A를 약화시켜 만든 백신 X에 A의 모든 항원이 포함되어 있다.

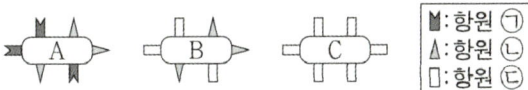

○ 병원체 ⓟ와 ⓡ은 각각 B와 C 중 하나이다.

[실험 과정 및 결과]

(가) A~C에 노출된 적이 없고, 유전적으로 동일한 생쥐1과 생쥐2에 각각 X를 주사한다.

(나) 일정 시간 후 생쥐1에 ⓟ를, 생쥐2에 ⓡ를 주사한다.

(다) 생쥐1과 생쥐2에서 혈중 항체 농도 변화는 그림과 같다.

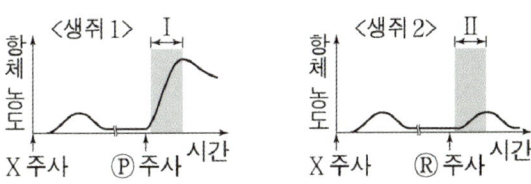

이에 대한 설명으로 옳은 것만을 <보기>에서 있는 대로 고르시오.

─────── <보   기> ───────

ㄱ. ⓡ에 ㉠~㉢ 중 2가지 항원이 있다.

ㄴ. 구간 I의 생쥐1에서 ㉡에 대한 기억 세포가 형질 세포로 분화되었다.

ㄷ. 구간 II의 생쥐2에서 특이적 방어 작용이 일어났다.

15 2020학년도 수능 11번

그림 (가)는 어떤 사람이 세균 X에 감염된 후 나타나는 특이적 면역(방어) 작용의 일부를, (나)는 이 사람에서 X의 침입에 의해 생성되는 X에 대한 혈중 항체의 농도 변화를 나타낸 것이다. ㉠과 ㉡은 보조 T림프구와 B림프구를 순서 없이 나타낸 것이다.

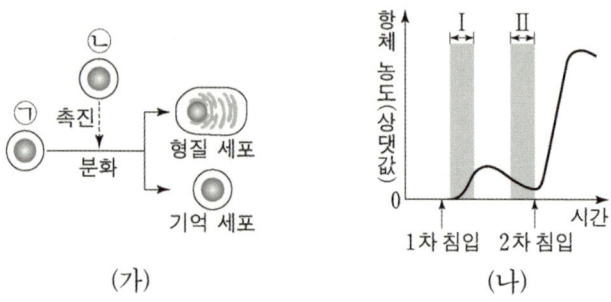

(가)   (나)

이에 대한 설명으로 옳은 것만을 <보기>에서 있는 대로 고르시오.

─── <보 기> ───

ㄱ. ㉠은 보조 T림프구이다.

ㄴ. 구간 Ⅰ에서 형질 세포로부터 항체가 생성되었다.

ㄷ. 구간 Ⅱ에는 X에 대한 기억 세포가 있다.

16 2021학년도 6월 평가원 15번

표 (가)는 세포 Ⅰ~Ⅲ에서 특징 ㉠~㉢의 유무를 나타낸 것이고, (나)는 ㉠~㉢을 순서 없이 나타낸 것이다. Ⅰ~Ⅲ은 각각 보조 T림프구, 세포독성 T림프구, 형질 세포 중 하나이다.

특징 세포	㉠	㉡	㉢
Ⅰ	O	O	O
Ⅱ	X	O	X
Ⅲ	O	O	X

(O : 있음, X : 없음)

특징 (㉠~㉢)
· 특이적 방어 작용에 관여한다.
· 가슴샘에서 성숙된다.
· 병원체에 감염된 세포를 직접 파괴한다.

(가)   (나)

이에 대한 설명으로 옳은 것만을 <보기>에서 있는 대로 고르시오.

─── <보 기> ───

ㄱ. Ⅰ은 보조 T림프구이다.

ㄴ. Ⅱ에서 항체가 분비된다.

ㄷ. ㉢은 '병원체에 감염된 세포를 직접 파괴한다.'이다.

그림 (가)와 (나)는 사람의 면역 반응을 나타낸 것이다. (가)와 (나)는 각각 세포성 면역과 체액성 면역 중 하나이며, ㉠~㉢은 기억 세포, 세포독성 T 림프구, B림프구를 순서 없이 나타낸 것이다.

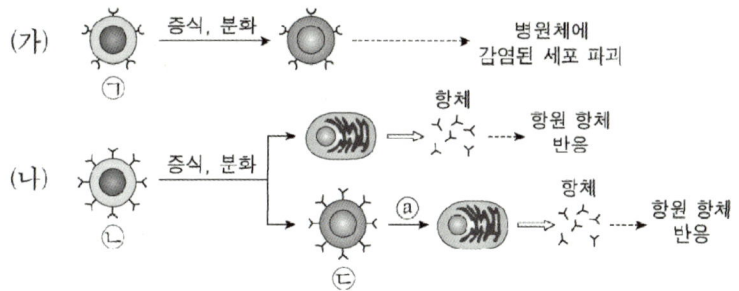

이에 대한 설명으로 옳은 것만을 <보기>에서 있는 대로 고르시오.

─────── <보 기> ───────

ㄱ. (가)는 체액성 면역이다.

ㄴ. 보조 T림프구는 ㉡에서 ㉢으로의 분화를 촉진한다.

ㄷ. 2차 면역 반응에서 과정 ⓐ가 일어난다.

다음은 병원체 ㉠과 ㉡에 대한 생쥐의 방어 작용 실험이다.

[실험 과정 및 결과]

(가) 유전적으로 동일하고 ㉠과 ㉡에 노출된 적이 없는 생쥐 I~VI를 준비한다.

(나) I에는 생리식염수를, II에는 죽은 ㉠을, III에는 죽은 ㉡을 각각 주사한다. II에서는 ㉠에 대한, III에서는 ㉡에 대한 항체가 각각 생성되었다.

(다) 2주 후 (나)의 I~III에게 각각 혈장을 분리하여 표와 같이 살아 있는 ㉠과 함께 IV~VI 에게 주사하고, 1일 후 생쥐의 생존 여부를 확인한다.

생쥐	주사액의 조성	생존 여부
IV	I의 혈장 + ㉠	죽는다
V	II의 혈장 + ㉠	산다
VI	ⓐIII의 혈장 + ㉠	죽는다

이에 대한 설명으로 옳은 것만을 <보기>에서 있는 대로 고르시오. (단, 제시된 조건 이외는 고려하지 않는다.)

<보 기>

ㄱ. (나)의 II에서 ㉠에 대한 특이적 방어 작용이 일어났다.

ㄴ. (다)의 V에서 ㉠에 대한 2차 면역 반응이 일어났다.

ㄷ. ⓐ에는 ㉡에 대한 형질 세포가 있다.

다음은 항원 X에 대한 생쥐의 방어 작용 실험이다.

[실험 과정 및 결과]

(가) 유전적으로 동일하고 X에 노출된 적이 없는 생쥐 A~D를 준비한다.

(나) A와 B에 X를 각각 2회에 걸쳐 주사한 후, A와 B에서 특이적 방어 작용이 일어났는지 확인한다.

생쥐	특이적 방어 작용
A	O
B	ⓐ

(O : 일어남, X : 일어나지 않음)

(다) 일정 시간이 지난 후, (나)의 A에서 ㉠을 분리하여 C에, (나)의 B에서 ㉡을 분리하여 D에 주사한다. ㉠과 ㉡은 혈장과 기억 세포를 순서 없이 나타낸 것이다.

(라) 일정 시간이 지난 후, C와 D에 X를 각각 주사한다. C와 D에서 X에 대한 혈중 항체 농도 변화는 그림과 같다.

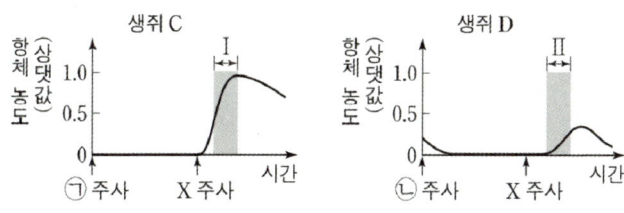

이에 대한 설명으로 옳은 것만을 <보기>에서 있는 대로 고르시오.

─────────── <보 기> ───────────

ㄱ. ⓐ는 'O'이다.

ㄴ. 구간 I에서 X에 대한 항체가 형질 세포로부터 생성되었다.

ㄷ. 구간 II에서 X에 대한 1차 면역 반응이 일어났다.

다음은 병원체 P에 대한 백신을 개발하기 위한 실험이다.

[실험 과정 및 결과]

(가) P로부터 두 종류의 백신 후보 물질 ㉠과 ㉡을 얻는다.

(나) P, ㉠, ㉡에 노출된 적이 없고, 유전적으로 동일한 생쥐 I~V를 준비한다.

(다) 표와 같이 주사액을 I~IV에게 주사하고 일정 시간이 지난 후, 생쥐의 생존 여부를 확인한다.

생쥐	주사액의 조성	생존 여부
I	㉠	산다
II, III	㉡	산다
IV	P	죽는다

(라) (다)의 III에서 ㉡에 대한 B림프구가 분화한 기억 세포를 분리하여 V에게 주사한다.

(마) (다)의 I과 II, (라)의 V에게 각각 P를 주사하고 일정 시간이 지난 후, 생쥐의 생존 여부를 확인한다.

생쥐	생존 여부
I	죽는다
II	산다
V	산다

이에 대한 설명으로 옳은 것만을 <보기>에서 있는 대로 고르시오. (단, 제시된 조건 이외는 고려하지 않는다.)

─────── <보 기> ───────

ㄱ. P에 대한 백신으로 ㉠이 ㉡보다 적합하다.

ㄴ. (다)의 II에서 ㉡에 대한 1차 면역 반응이 일어났다.

ㄷ. (마)의 V에서 기억 세포로부터 형질 세포로의 분화가 일어났다.

21 2022학년도 수능 9번

다음은 어떤 사람이 병원체 X에 감염되었을 때 나타나는 방어 작용에 대한 자료이다.

> (가) ㉠형질 세포에서 X에 대한 항체가 생성된다.
> (나) 세포독성 T 림프구가 X에 감염된 세포를 파괴한다.

이에 대한 설명으로 옳은 것만을 <보기>에서 있는 대로 고르시오.

─── <보 기> ───

ㄱ. X에 대한 체액성 면역 반응에서 (가)가 일어난다.
ㄴ. (나)는 특이적 방어 작용에 해당한다.
ㄷ. 이 사람이 X에 다시 감염되었을 때 ㉠이 기억 세포로 분화한다.

22 2023학년도 6월 평가원 12번

그림은 사람 P가 병원체 X에 감염되었을 때 일어난 방어 작용의 일부를 나타낸 것이다. ㉠과 ㉡은 보조 T 림프구와 세포독성 T 림프구를 순서 없이 나타낸 것이다.

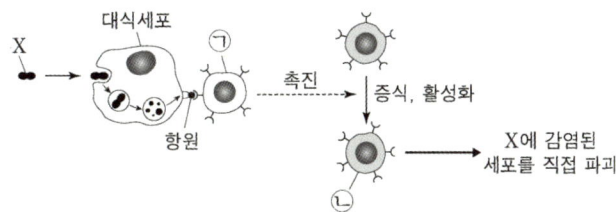

이에 대한 설명으로 옳은 것만을 <보기>에서 있는 대로 고르시오.

─── <보 기> ───

ㄱ. ㉠은 대식세포가 제시한 항원을 인식한다.
ㄴ. ㉡은 형질 세포로 분화된다.
ㄷ. P에서 세포성 면역 반응이 일어났다.

다음은 검사 키트를 이용하여 병원체 X의 감염 여부를 확인하기 위한 실험이다.

○ 사람으로부터 채취한 시료를 검사 키트에 떨어뜨리면 시료는 물질 ⓐ와 함께 이동한다. ⓐ는 X에 결합할 수 있고, 색소가 있다.

○ 검사 키트의 I에는 ㉠이, II에는 ㉡이 각각 부착되어 있다. ㉠과 ㉡ 중 하나는 'X에 대한 항체'이고, 나머지 하나는 'ⓐ에 대한 항체'이다.

○ ㉠과 ㉡에 각각 항원이 결합하면, ⓐ의 색소에 의해 띠가 나타난다.

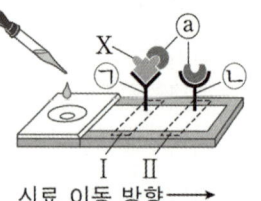

시료 이동 방향 ⟶

[실험 과정 및 결과]

(가) 사람 A와 B로부터 시료를 각각 준비한 후, 검사 키트에 각 시료를 떨어뜨린다.

(나) 일정 시간이 지난 후 검사 키트를 확인한 결과는 그림과 같고, A와 B 중 한 사람만 X에 감염되었다.

이 자료에 대한 설명으로 옳은 것만을 <보기>에서 있는 대로 고르시오. (단, 제시된 조건 이외는 고려하지 않는다.)

─────── <보 기> ───────

ㄱ. ㉡은 'ⓐ에 대한 항체'이다.

ㄴ. B는 X에 감염되었다.

ㄷ. 검사 키트에는 항원 항체 반응의 원리가 이용된다.

다음은 검사 키트를 이용하여 병원체 P와 Q의 감염 여부를 확인하기 위한 실험이다.

○ 사람으로부터 채취한 시료를 검사 키트에 떨어뜨리면 시료는 물질 ⓐ와 함께 이동한다. ⓐ는 P와 Q에 각각 결합할 수 있고, 색소가 있다.

○ 검사 키트의 Ⅰ에는 'P에 대한 항체'가, Ⅱ에는 'Q에 대한 항체'가, Ⅲ에는 'ⓐ에 대한 항체'가 각각 부착되어 있다.

Ⅰ ~ Ⅲ의 항체에 각각 항원이 결합하면, ⓐ의 색소에 의해 띠가 나타난다.

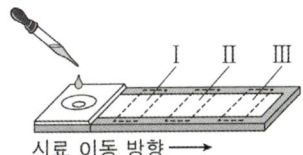

시료 이동 방향 ⟶

[실험 과정 및 결과]

(가) 사람 A와 B로부터 시료를 각각 준비한 후, 검사 키트에 각 시료를 떨어뜨린다.

(나) 일정 시간이 지난 후 검사 키트를 확인한 결과는 표와 같다.

(다) A는 P와 Q에 모두 감염되지 않았고 B는 Q에만 감염되었다.

사람	검사 결과
A	Ⅰ Ⅱ Ⅲ ↓ ↓ ↓ □□■
B	?

B의 검사 결과로 가장 적절한 것은? (단, 제시된 조건 이외는 고려하지 않는다.)

① 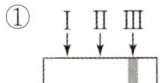 ② 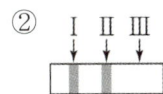 ③ 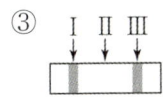 ④ 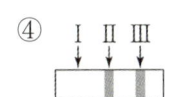 ⑤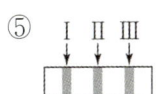

다음은 병원체 ㉠에 대한 생쥐의 방어 작용 실험이다.

[실험 과정 및 결과]

(가) 유전적으로 같고 ㉠에 노출된 적이 없는 생쥐 Ⅰ~Ⅴ를 준비한다.

(나) Ⅰ에는 생리식염수를, Ⅱ에는 죽은 ㉠을 각각 주사한다.

(다) 2주 후 Ⅰ에서는 혈장을, Ⅱ에서는 혈장과 기억 세포를 분리하여 표와 같이 살아 있는 ㉠과 함께 Ⅲ~Ⅴ에게 각각 주사하고, 일정 시간이 지난 후 생쥐의 생존 여부를 확인한다.

생쥐	주사액의 조성	생존 여부
Ⅲ	ⓐ Ⅰ의 혈장 + ㉠	죽는다
Ⅳ	Ⅱ의 혈장 + ㉠	산다
Ⅴ	Ⅱ의 기억 세포 + ㉠	산다

이에 대한 옳은 설명만을 <보기>에서 있는 대로 고르시오. (단, 제시된 조건 이외는 고려하지 않는다.)

— <보 기> —

ㄱ. ⓐ에는 ㉠에 대한 항체가 있다.

ㄴ. (나)의 Ⅱ에서 체액성 면역 반응이 일어났다.

ㄷ. (다)의 Ⅴ에서 ㉠에 대한 기억 세포로부터 형질 세포로의 분화가 일어났다.

다음은 병원체 X와 Y에 대한 생쥐의 방어 작용 실험이다.

○ X와 Y에 모두 항원 ㉮가 있다.

[실험 과정 및 결과]
(가) 유전적으로 동일하고 X와 Y에 노출된 적이 없는 생쥐 I~IV를 준비한다.
(나) I에게 X를, II에게 Y를 주사하고 일정 시간이 지난 후, 생쥐의 생존 여부를 확인한다
(다) (나)의 I에서 ㉮에 대한 B 림프구가 분화한 기억 세포를 분리한다.
(라) III에게 X를, IV에게 (다)의 기억 세포를 주사한다.
(마) 일정 시간이 지난 후, III과 IV에게 Y를 각각 주사한다. III과 IV에서 ㉮에 대한 혈중 항체 농도 변화는 그림과 같다.

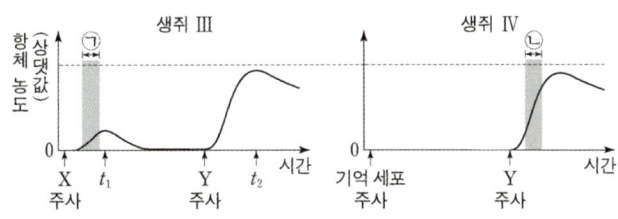

이 자료에 대한 설명으로 옳은 것만을 <보기>에서 있는 대로 고르시오.

<보기>

ㄱ. III에서 ㉮에 대한 혈중 항체 농도는 t_1일 때가 t_2일 때보다 높다.

ㄴ. 구간 ㉠에서 ㉮에 대한 특이적 방어 작용이 일어났다.

ㄷ. 구간 ㉡에서 형질 세포가 기억 세포로 분화되었다.

다음은 바이러스 X에 대한 생쥐의 방어 작용 실험이다.

[실험 과정 및 결과]

(가) 유전적으로 동일하고 X에 노출된 적이 없는 생쥐 A ~ D를 준비한다. A와 B는 ㉠이고, C와 D는 ㉡이다. ㉠과 ㉡은 '정상 생쥐'와 '가슴샘이 없는 생쥐'를 순서 없이 나타낸 것이다.

(나) A ~ D 중 B와 D에 X를 각각 주사한 후 A ~ D에서 ⓐ X에 감염된 세포의 유무를 확인한 결과, B와 D에서만 ⓐ가 있었다.

(다) 일정 시간이 지난 후, 각 생쥐에 대해 조사한 결과는 표와 같다.

구분	㉠		㉡	
	A	B	C	D
X에 대한 세포성 면역 반응 여부	일어나지 않음	일어남	일어나지 않음	일어나지 않음
생존 여부	산다	산다	산다	죽는다

이에 대한 설명으로 옳은 것만을 <보기>에서 있는 대로 고르시오. (단, 제시된 조건 이외는 고려하지 않는다.)

<보 기>

ㄱ. X는 유전 물질을 갖는다.

ㄴ. ㉡은 '가슴샘이 없는 생쥐'이다.

ㄷ. (다)의 B에서 세포독성 T 림프구가 ⓐ를 파괴하는 면역 반응이 일어났다.

---

28 2025학년도 6월 평가원 10번

표는 사람의 질병 A~C의 병원체에서 특징의 유무를 나타낸 것이다. A~C는 결핵, 독감, 말라리아를 순서 없이 나타낸 것이다.

특징 \ 병원체	A의 병원체	B의 병원체	C의 병원체
유전 물질을 갖는다.	㉠	?	○
스스로 물질대사를 한다.	○	?	×
원생생물에 속한다.	×	○	×

(○: 있음, ×: 없음)

이에 대한 설명으로 옳은 것만을 <보기>에서 있는 대로 고르시오.

─────── <보 기> ───────

ㄱ. ㉠은 '×'이다.

ㄴ. B는 비감염성 질병이다.

ㄷ. C의 병원체는 바이러스이다.

29 2025학년도 9월 평가원 4번

그림은 같은 수의 정상 적혈구 R와 낫 모양 적혈구 S를 각각 말라리아 병원체와 혼합하여 배양한 후, 말라리아 병원체에 감염된 R와 S의 빈도를 나타낸 것이다.

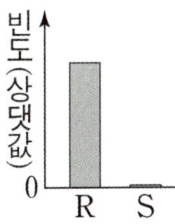

이에 대한 설명으로 옳은 것만을 <보기>에서 있는 대로 고르시오. (단, 제시된 조건 이외는 고려하지 않는다.)

─────── <보 기> ───────

ㄱ. 말라리아 병원체는 원생생물이다.

ㄴ. 낫 모양 적혈구 빈혈증은 비감염성 질병에 해당한다.

ㄷ. 말라리아 병원체에 노출되었을 때, S를 갖는 사람은 R만 갖는 사람보다 말라리아가 발병할 확률이 높다.

다음은 사람의 방어 작용에 대한 실험이다.

○ 침과 눈물에는 ㉠ 세균의 증식을 억제하는 물질이 있다.

[실험 과정 및 결과]

(가) 사람의 침과 눈물을 각각 표와 같은 농도로 준비한다.

(나) (가)에서 준비한 침과 눈물에 같은 양의 세균 G를 각각 넣고 일정 시간 동안 배양한 후, G의 증식 여부를 확인한 결과는 표와 같다.

농도 (상댓값)	침	눈물
1	ⓐ	×
0.1	×	?
0.01	○	×

(○: 증식됨, ×: 증식 안 됨)

이에 대한 설명으로 옳은 것만을 <보기>에서 있는 대로 고르시오. (단, 제시된 조건 이외는 고려하지 않는다.)

─────── <보 기> ───────

ㄱ. 라이소자임은 ㉠에 해당한다.

ㄴ. ⓐ는 '×'이다.

ㄷ. 사람의 침과 눈물은 비특이적 방어 작용에 관여한다.

그림은 사람 면역 결핍 바이러스(HIV)에 감염된 사람에서 체내 HIV의 수(ⓐ)와 HIV에 감염된 사람이 결핵의 병원체에 노출되었을 때 결핵 발병 확률(ⓑ)을 시간에 따라 각각 나타낸 것이다.

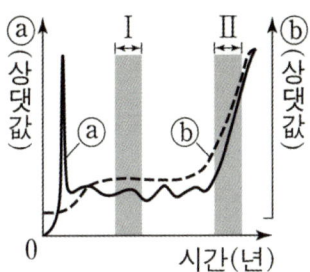

이에 대한 설명으로 옳은 것만을 <보기>에서 있는 대로 고르시오.

───────── <보 기> ─────────

ㄱ. 결핵의 치료에 항생제가 사용된다.

ㄴ. HIV는 살아 있는 숙주 세포 안에서만 증식할 수 있다.

ㄷ. ⓑ는 구간 I에서가 구간 II에서보다 높다.

다음은 병원체 ㉠과 ㉡에 대한 생쥐의 방어 작용 실험이다.

[실험 과정 및 결과]

(가) 유전적으로 동일하고 가슴샘이 없는 생쥐 I~VI을 준비한다. I~VI은 ㉠과 ㉡에 노출된 적이 없다.

(나) I과 II에 ㉠을, III과 IV에 ㉡을, V와 VI에 ㉠과 ㉡ 모두를 감염시키고, II, IV, VI에 ⓐ에 대한 보조 T 림프구를 각각 주사한다. ⓐ는 ㉠과 ㉡ 중 하나이다.

(다) 일정 시간이 지난 후, I~VI에서 ⓐ에 대한 항원 항체 반응 여부와 생존 여부를 확인한 결과는 표와 같다.

생쥐	I	II	III	IV	V	VI
항원 항체 반응 여부	일어나지 않음	일어나지 않음	?	일어남	?	일어남
생존 여부	죽는다	?	죽는다	산다	죽는다	죽는다

이에 대한 설명으로 옳은 것만을 <보기>에서 있는 대로 고르시오. (단, 제시된 조건 이외는 고려하지 않는다.)

<보 기>

ㄱ. ⓐ는 ㉠이다.

ㄴ. (다)의 IV에서 B 림프구로부터 형질 세포로의 분화가 일어났다.

ㄷ. (다)의 VI에서 ㉡에 대한 특이적 방어 작용이 일어났다.

그림은 철수의 혈액 응집 반응 결과를 나타낸 것이고, 표는 200명의 학생으로 구성된 집단을 대상으로 ABO식 혈액형에 대한 응집원 ㉠과 응집소 ㉡의 유무를 조사한 것이다. 이 집단에는 철수가 포함되지 않으며, A형, B형, AB형, O형이 모두 있다.

항 A 혈청	항 B 혈청
응집됨	응집됨

구분	사람 수
응집원 ㉠이 있는 사람	79
응집소 ㉡이 있는 사람	111
응집원 ㉠과 응집소 ㉡이 모두 있는 사람	57

이 집단에서 ABO식 혈액형이 철수와 같은 사람의 수는?

표는 사람 Ⅰ ~ Ⅲ 사이의 ABO식 혈액형에 대한 응집 반응 결과를 나타낸 것이다. ㉠ ~ ㉢은 Ⅰ ~ Ⅲ의 혈장을 순서 없이 나타낸 것이다. Ⅰ ~ Ⅲ의 ABO식 혈액형은 각각 서로 다르며, A형, AB형, O형 중 하나이다.

혈장 \ 적혈구	㉠	㉡	㉢
Ⅰ의 적혈구	?	−	+
Ⅱ의 적혈구	−	?	−
Ⅲ의 적혈구	?	+	?

(+: 응집됨, −: 응집 안 됨)

이에 대한 설명으로 옳은 것만을 <보기>에서 있는 대로 고르시오.

─── <보 기> ───

ㄱ. Ⅰ의 ABO식 혈액형은 A형이다.

ㄴ. ㉡은 Ⅱ의 혈장이다.

ㄷ. Ⅲ의 적혈구와 ㉢을 섞으면 항원 항체 반응이 일어난다.